高等院校"十三五"规划教材——Python系列

PYTHON
PROGRAMMING AND
DATA ANALYSIS

微课版

# Python

## 编程与数据分析应用

余本国◎编著

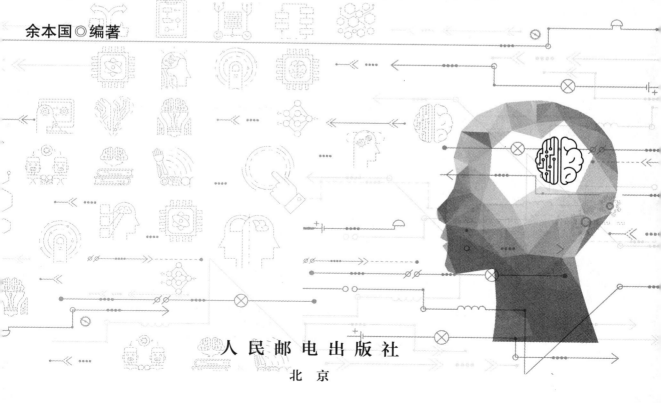

人民邮电出版社

北 京

**图书在版编目（ＣＩＰ）数据**

Python编程与数据分析应用：微课版 / 余本国编著
. — 北京：人民邮电出版社，2020.9（2023.2重印）
高等院校"十三五"规划教材. Python系列
ISBN 978-7-115-53429-3

Ⅰ. ①P… Ⅱ. ①余… Ⅲ. ①软件工具－程序设计－
高等学校－教材 Ⅳ. ①TP311.561

中国版本图书馆CIP数据核字(2020)第030614号

## 内 容 提 要

本书共 9 章，主要内容包括：Python 语法基础、Python 数据结构、函数和类、正则表达式与格式化输出、Numpy 和 Pandas、数据处理与分析、网络爬虫、数据可视化及应用案例分析。

本书内容丰富、浅显易懂，适合本科生、研究生及对 Python 语言感兴趣和拟使用 Python 语言进行数据分析的读者使用。

◆ 编　著　余本国
　责任编辑　许金霞
　责任印制　周昇亮

◆ 人民邮电出版社出版发行　　北京市丰台区成寿寺路 11 号
　邮编　100164　电子邮件　315@ptpress.com.cn
　网址　https://www.ptpress.com.cn
　北京天宇星印刷厂印刷

◆ 开本：787×1092　1/16
　印张：18　　　　　　　　　　2020 年 9 月第 1 版
　字数：438 千字　　　　　　　2023 年 2 月北京第 4 次印刷

定价：59.80 元

读者服务热线：(010)81055256　印装质量热线：(010)81055316
反盗版热线：(010)81055315
广告经营许可证：京东市监广登字 20170147 号

当前大数据与人工智能非常火爆，对于大数据分析领域的从业人员来说，选择一种合适的编程语言是至关重要的。尽管编程语言的选择取决于各自的目的和想法，但作为初学者，我强烈推荐读者将 Python 作为大数据领域编程的常用语言。Python 是一种解释型、面向对象、动态数据类型的高级程序设计语言，它不仅简单易学，而且可以达到使用最少的代码实现与其他语言同样的功能。

数据分析是科学研究中的重要环节，是指有针对性地收集、加工、整理数据，并采用统计和挖掘技术分析和解释数据的过程。本书旨在带领对数据分析感兴趣和拟从事数据分析的读者入门，并利用大量的实战案例，让读者领略 Python 在数据处理和分析方面的独特魅力。Python 作为面向对象的解释型计算机程序设计语言，具有丰富和强大的库，已经成为继 Java 和 C++之后的第三大语言。Python 可算得上是全能型的程序设计语言，可实现系统运维、图形处理、数学运算、文本处理、数据库编程、网络编程、爬虫编写、机器学习等。我曾在我的其他几本书中也提到，在学习数据分析之前，一定有许多初学者跟我一样有胆怯情绪：数据分析要用到那么多的数学知识，还要用到编程语言，我能行吗？一提到数学，估计很多人连翻开书本的勇气都没有了。另外，对计算机编程很多人会认为是不是要很精通 Python 呢？其实这多是误解。先来说说数学，如果仅仅做数据分析类的项目，对数学知识的要求其实根本没有你想象的那么高，甚至根本用不上高深的数学知识；对编程更是这样，Python 语言极其简单，完全可以现学现用，只要你能跟着本书努力地研习相关示例，你一定能够自如地使用 Python 这个工具去解决你在项目中遇到的各种难题。俗话说拳不离手，曲不离口，同样，学编程也要通过实例多做练习，并且亲手录入代码，复制源代码对于学习编程是没有益处的。尽管数据分析中需要的编程知识并不多，但是实际操作演练确是至关重要的。

本书共分 9 章，第 1 章～第 4 章介绍了 Python 语言的基础知识，对于做数据分析的新手入门来说，够用了；第 5 章和第 6 章是数据分析的基础，主要介绍了 Numpy 库和 Pandas 库，以及利用这两个库对数据的处理。以个人经验来看，这两章内容较为重要，数据分析 70%～80%的工作都是在进行数据处理；第 7 章简单介绍了爬虫的基础知识；第 8 章对数据可视化做了介绍，主要介绍了大众常用的 Matplotlib 和酷炫作图工具 Pyecharts 这两个库；第 9 章则是对本书所学的知识进行综合运用。本书由余本国统稿并编写第 1 章～第 6 章，李继平编写第 7 章～第 9 章。

由于作者能力有限，所以疏漏之处在所难免，恳请读者斧正，将错误和建议反馈给我（E-mail：120487362@qq.com），我将进行改正；同时也欢迎大家加入读者 QQ 群（群号码：818189260），相互交流探讨，本书相关的资料在群内有分享。更多的教学资源，欢迎各位老师联系索取。

余本国于海口

2020 年 6 月

# 目录

# 第 **1** 章 **Python 语法基础**

Python 是数据专业人士使用最广泛的编程语言，与传统的竞争对手 R 语言相比，R 语言已经远远落后于 Python 语言。据调查，十大最常用的数据工具中有 8 个来自或利用 Python。Python 广泛应用于所有数据科学领域，包括数据分析、机器学习、深度学习和数据可视化。

## 1.1 Python 概述

当下人工智能与大数据炒得火热，其中炙手可热的工具就是 Python。Python 大致可以归类为以下 3 个方面：Web 开发、数据科学和脚本。

Python 自从 1991 年正式发布以来，由于其代码简洁易懂，扩展性强，受到很多程序员的追捧。他们奉献了很多类库，使得 Python 的应用越来越方便，因此又吸引了更多的人来使用。尤其在近几年，随着机器学习、神经网络、模式识别、人脸识别、定理证明、大数据等的迅速发展，Python 在各个领域都产生了很多可以直接引用的功能模块，现在最流行的深度学习框架更是使用了 Python。随着人工智能的火爆，Python 获得了"人工智能标配语言"的美誉，相关程序员薪金也水涨船高，Python 几乎被推上了神坛。

随着 Python3 越来越稳定以及各种库的完善，在数据分析、科学计算领域用得越来越多，除了语言本身的特点，第三方库也比较丰富、易用。常见的数据分析库有 Pandas、Numpy、SciPy 等，在某些场景下已经完全取代了长期霸占工程领域的 Matlab。

Python 语言无疑是优雅和简洁的，尤其在数据获取、清洗、分析、可视化环节。正因为如此，其获得了无数应用开发工程师、运维工程师、数据科学家的青睐。

关于 Python 的更多介绍，请查阅百度百科。百度百科上有这么一段文字：Python 的创始人为 Guido van Rossum。1989 年圣诞节期间，在阿姆斯特丹，Guido 为了打发圣诞节的无趣，决心开发一个新的脚本解释程序，作为 ABC 语言的一种继承。之所以选中 Python（大蟒蛇的意思）作为该编程语言的名字，是因为他是 Monty Python 喜剧团的爱好者。

ABC 语言是由 Guido 参加设计的一种教学语言。就 Guido 本人看来，ABC 语言非常优美和强大，是专门为非专业程序员设计的。但是 ABC 语言并没有成功，究其原因，Guido 认为是其非开放性造成的。Guido 决心在 Python 中避免这一错误。同时，他还想实现在 ABC 语言开发中闪现过但未曾实现的东西。

就这样，Python 在 Guido 手中诞生了。可以说，Python 是从 ABC 语言发展起来的，主要受到了 Modula-3（另一种相当优美且强大的语言，为小型团体所设计的）的影响，并且结合了 UNIX shell 和 C 的习惯。

## 1.2 Anaconda

学习 Python 少不了使用集成开发环境（IDE）或者代码编辑器，这些 Python 开发工具可帮助开发者加快使用 Python 开发的速度，以提高效率。

古人说的好：工欲善其事必先利其器！所以，我们在使用 Python 编程的时候，也需要一个好用的"武器"来编写我们的代码，这个武器就是编辑器！Python 编辑器很多，甚至 Windows 自带的记事本都可以用于编写代码。

当前比较主流的编辑器如下。

### 1．IDLE

如果计算机安装的是 Windows 系统，可以使用 IDLE，它是 Pyhton 自带的一款编辑器，初学者使用 IDLE。IDLE 具备语法高亮功能，还可以运行程序。

### 2．Sublime Text

Sublime Text 也比较适合 Python 新手使用，Sublime Text 支持跨平台，而且提供丰富的插件和主题。Sublime Text 具备各种语法高亮和代码补全功能，视觉感受更舒适。

### 3．Vim

Vim 是一款强大的编辑器。熟练使用 Vim 的开发人员完全可以脱离鼠标，通过快捷命令即可实现代码的编辑和运行。不过使用 Vim 需要花点时间去研究一下各种快捷命令和插件的使用。

### 4．PyCharm

PyCharm 有一整套可以帮助开发人员提高开发效率的工具，如调试、语法高亮、Project 管理、代码跳转、智能提示、自动完成、单元测试、版本控制。此外，PyCharm 的 IDE 提供了一些高级功能，用于支持在 Django 框架下的专业 Web 开发。不过它的专业版并不免费。

### 5．Emacs

Emacs 是一款开源的编辑器，支持插件扩展，也支持所有编程语言。在编程方面，Emacs 的功能是非常全面的，支持从基本的语法高亮、语法式结构编辑、代码浏览管理、智能代码补全、实时语法检测等高级功能。

### 6．Spyder

Spyder 和其他 Python IDE 相比有一个很大的特点，可以用表格的形式查看数据，其针对数据科学做了一定的优化。初学者可以编写几行简单的 Python 代码，感觉一下 Python 的运行环境。使用 IDLE 交互式命令行确实方便，但是当代码越来越多或者越复杂时，就显得力不从心了。这时，选择一款适合的代码编辑器就显得很重要了。在本书推荐使用 Anaconda 软件。

Anaconda 软件安装完毕后，会得到两个常用的编辑器：Jupyter Notebook 和 Spyder。不管是用哪种类型的编辑器，适合自己的才是最好的。

### 1.2.1 安装 Anaconda

Anaconda 是一个开源的控制 Python 版本和包管理的软件，用于大规模数据的处理、预测分析和科学计算，致力于简化包的管理和部署。Anaconda 使用软件包管理系统 Conda 进行包管理。

编辑器 Anaconda
介绍——安装

Anaconda 是一个非常好用且省心的 Python 学习软件，它预装了很多第三方库。相比于 Python 用 pip install 命令安装库来说也较方便，Anaconda 中增加了 conda install 命令来安装第三方库，而且使用方法跟 pip 一样。下面介绍 Anaconda 软件的安装和简单的使用。

（1）进入 Anaconda 官方网站的下载页面，找到匹配个人计算机的版本，单击"Download"按钮，将文件安装包下载到本地，下载页面如图 1-1 所示。

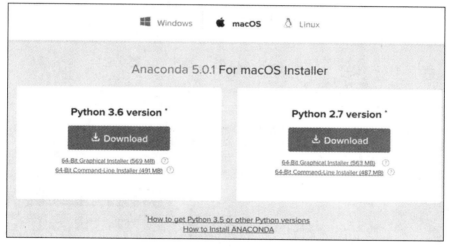

图 1-1 Anaconda 下载页面

（2）下载后在本地进行安装，安装完毕后会出现图 1-2 所示的界面。在界面中包含几个常用的 IDE，其中就有 Jupyter Notebook 和 Spyder。启动后可以得到图 1-3 所示的界面。

Anaconda 安装成功后，会自动附带安装常用的 Python 库，如 Numpy、Scipy、Pandas 等。

当然，很多的包和库都在不断地被开发和贡献出来，所以 Anaconda 不可能收集所有的包和库，当需要使用这些包和库可自行下载和安装。在 Windows 系统中可以打开开始菜单，选择 Anaconda3 目录下的 Anaconda prompt；在 MacOS 系统中直接打开终端，即可进行相关的操作。

（1）查找指定的库。

查找 jieba 库，可在提示符下输入：conda search jieba。

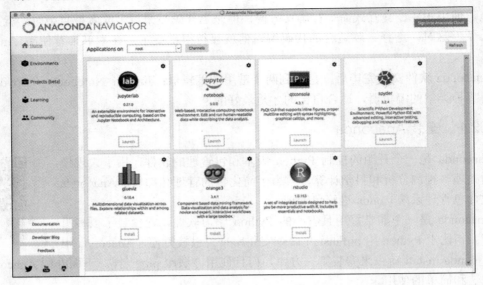

图 1-2　Anaconda 界面

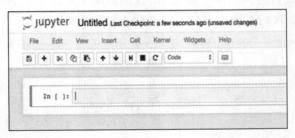

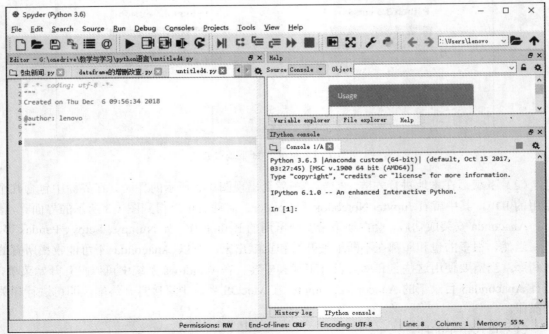

图 1-3　Jupyter Notebook 和 Spyder 开始界面

结果显示如图 1-4 所示。

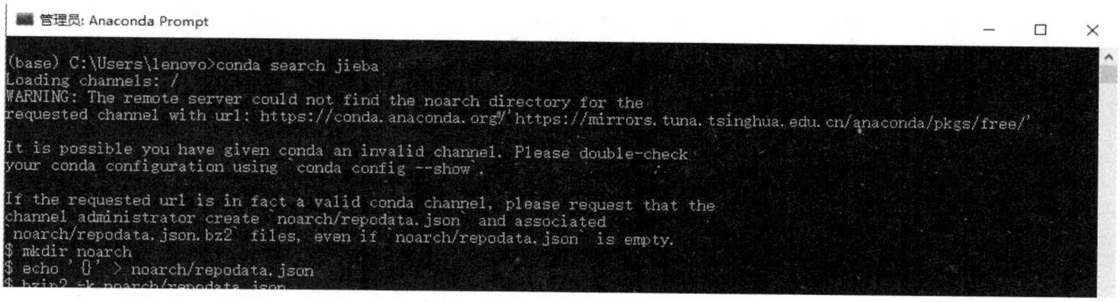

图 1-4　conda 搜索结果

（2）安装指定的库。

安装 jieba 库可在提示符下输入：conda install jieba 或者 pip install jieba。

（3）查看所有已安装的库。

在提示符下输入：conda list。

（4）创建一个名为 python35 的虚拟环境，指定 Python 版本为 3.5。

在提示符下输入：conda create --name python35 python=3.5。

（5）使用 activate 激活 python35 环境。

在 Windows 提示符下输入：activate python35。

在 Linux 或 Mac 提示符下输入：source activate python35。

（6）关闭激活的环境回到默认的环境。

在 Windows 提示符下输入：deactivate python35。

在 Linux 或 Mac 提示符下输入：source deactivate python35。

（7）删除一个已有的环境。

在提示符下输入：conda remove --name python35 --all。

（8）在指定环境中安装库。

在提示符下输入：conda install -n python35 numpy。

（9）在指定环境中删除库。

在提示符下输入：conda remove -n python35 numpy。

本书所有示例均采用 Python3.6 及其以上版本运行。

## 1.2.2　Spyder

Anaconda 软件安装完成后，会在目录下自动安装 Spyder。本书将主要使用 Spyder 和 Jupyter Notebook 两种 IDE。

Spyder 的操作界面如图 1-5 所示，不同的版本略有不同。

图 1-5 所示的 A 区域是工具栏区，B 区域是代码编辑区，C 区域是变量显示区，D 区域是结果显示区。当运行代码时，在编辑区中选中要运行的代码，再在工具栏上单击 Run current cell 按钮（　）或者按 "Ctrl+Enter" 组合键即可。

编辑器 Anaconda
介绍——快捷键

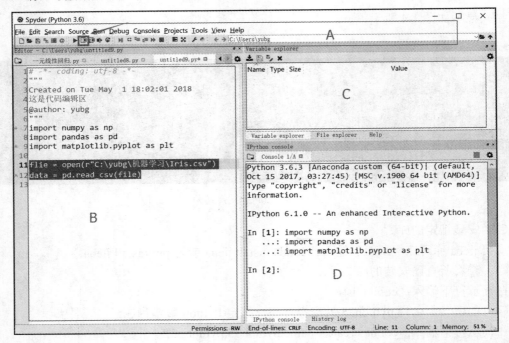

图 1-5　Spyder 界面

### 1.2.3　Jupyter Notebook

Jupyter Notebook 不同于 Spyder，Jupyter Notebook（此前被称为 IPython Notebook）是一个交互式笔记本，支持 40 多种编程语言的运行。它的出现是为了方便科研人员随时可以把自己的代码和运行结果生成 PDF 文件或者网页格式与大家分享交流。

启动 Jupyter Notebook 后，进入图 1-6 所示的界面，选择图中指示的 New 下拉选项中的 Python 3 选项，进入主区域（编辑区），可以看到很多个单元（Cell）。每个 Notebook 都由许多 cell 组成，每个 cell 的功能也不尽相同，代码 cell 前都带有"In[]"编号。Jupyter Notebook 操作界面的各功能区如图 1-7 所示。

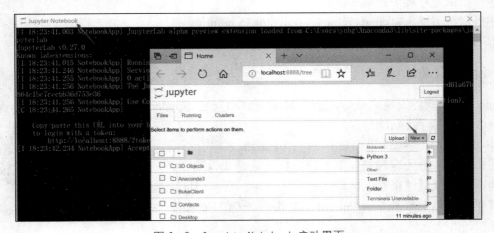

图 1-6　Jupyter Notebook 启动界面

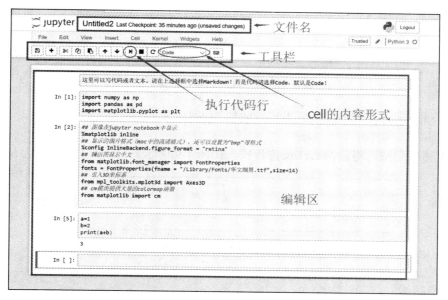

图 1-7　Jupyter Notebook 操作界面

如图 1-7 所示，第四个 cell 以 "In[5]" 开头，表示这是一个代码单元。在代码单元里，可以输入任何代码并执行。例如，输入 "a=1，b=2，print（a+b）"，然后按 "Shift+Enter" 组合键（或者单击 "Run current cell" 按钮），代码将被运行，并显示结果，同时切换到下一个新的 cell 中。

在操作界面中，可以对文件重命名。单击文件名区域的文件名即可弹出修改框进行修改，如图 1-7 所示。

关于 Jupyter Notebook 的操作方法可以在网上下载相关文档进行学习。这里简单列举一些。

### 1．单元操作

单元操作举例如下。

- 删除某个单元，可以选择该单元，然后依次单击 Edit -> Delete Cells。
- 移动某个单元，只需要依次单击 Edit -> Move cell [up | down]。
- 剪贴某个单元，可以先单击 Edit -> Cut Cells，然后再单击 Edit -> Paste Cells [Above | Below]。
- 将多个单元合并为一个单元，单击 Edit -> Merge Cells [Above | below]。

熟悉这些操作，可以帮助我们节省大量的时间。

### 2．Markdown 单元格高级用法

Markdown 单元格虽然类型是 markdown，但这类单元也接受 HTML 代码，这样可以在单元内实现更加丰富的样式，如添加图片、公式等。例如，在 Jupyter Notebook 中添加 Jupyter 的 logo，将其大小设置为 100 像素×100 像素，并且放置在单元的左侧，可以编写如下。

```
<img src="https://www.python.org/static/img/python-logo@2x.png"
style="width:100px;height:100px;float:left">
```

执行该单元格代码之后，会出现图 1-8 所示的结果。

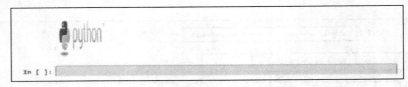

图 1-8　在 Markdown 单元格中嵌入图片

另外，Markdown 单元还支持 LaTex 语法。举例如下。

```
$$\int_0^{+\infty} x^2 dx$$
```

执行上述单元格，将获得 LaTex 方程式，如图 1-9 所示。

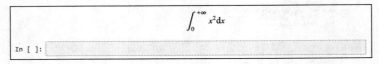

图 1-9　在 Markdown 单元格中嵌入 LaTex

### 3．导出功能

Jupyter Notebook 还有一个强大的特性，就是导出功能。可以将 Jupyter Notebook 导出为多种格式。

- HTML。
- Markdown。
- ReST。
- PDF（通过 LaTeX）。
- Raw Python。

使用 Jupyter Notebook，不用写 LaTex 即可创建漂亮的 PDF 文档。还可以将 Jupyter Notebook 导出为 HTML 格式发布在网站上。甚至可以将其导出为 ReST 格式，作为软件库的文档。

### 4．Matplotlib 集成

Matplotlib 是一个用于创建图形的 Python 库，结合 Jupyter Notebook 使用体验更好。在 Jupyter Notebook 中使用 Matplotlib 时，需要告诉 Jupyter Notebook 获取 Matplotlib 生成的所有图形，并将其嵌入 Jupyter Notebook 中。为此，需要执行如下魔术方法代码。

```
%matplotlib inline
```

运行这个指令可能要花几秒的时间，但在 Jupyter Notebook 中只需执行一次。接下来绘制一个图形例子，看看具体的集成效果。

```
import matplotlib.pyplot as plt
import numpy as np

x = np.arange(20)
y = x**3

plt.plot(x, y)
```

运行上面的代码将绘制方程式图形。计算单元后，会得到图 1-10 所示的图形。

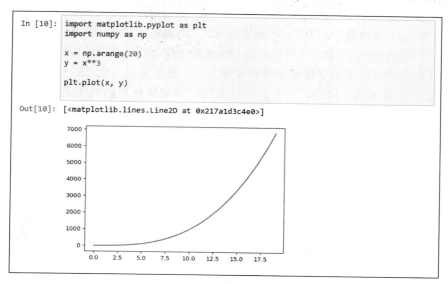

图 1-10　matplotlib 绘图

从图 1-10 中可以看到，绘制的图形直接添加在了 Jupyter Notebook 页面中，并显示在代码的下方，这就是代码%matplotlib inline 所起的作用。之后若需要修改代码，重新执行时，图形也会动态更新，这是每位数据科学家都想要的一个特性，即将代码和图片放在同一个文件中，可以清楚地看出每段代码的执行效果，便于分享与交流。

## 1.3　语法规范

Python 是一种解释型、面向对象、动态数据类型的高级程序设计语言。下面，我们先了解几个 Python 语法常识。

### 1．用缩进来表示分层

在编写程序代码时，需要有层次感，也就是说让我们能够很清晰地看出某段代码或某代码块的功能。这跟写文章一样，要有段落层次感，不能从头到尾全是逗号，仅末尾一个句号。

Python 的代码块是使用缩进 4 个空格来表示分层的，不像其他语言使用括号来表示层次。当然也可以使用一个"Tab"键来替代 4 个空格，但不要在程序中混合使用"Tab"键和空格来进行缩进，这会使程序在跨平台时不能正常运行，官方推荐的做法是使用 4 个空格，如下所示。

```
i = 2
lis=[1,2,3]
if i in lis:     #半角状态的冒号不能少，注意下一行要缩进 4 个空格
    print(i)
```

一般来说，行尾遇到"："就表示下一行缩进的开始。例如，上面的代码中"if i in lis："行尾有冒号，下一行的"print(i)"就需要缩进 4 个空格。

**2．引号的使用**

字符串（String）是由数字、字母、下画线组成的。Python 可以使用单引号（'）、双引号（"）、三引号（'''或"""）来表示字符串。引号的开始与结束必须使用相同类型的引号，即成对使用。

例如，当我们把 3 这个数字赋值给字符型变量时，需要用引号把"3"引起来：'3'或者"3"。单引号和双引号没有本质的区别，只有在同时出现时才能体现它们的区别。

三引号可以表示由多行组成的文本或字符串，在文件的特定位置被当作注释使用。

**3．代码注释方法**

所谓注释，就是解释、说明此行代码的功能、用途等，但注释部分不被计算机执行，如同我们看书时，在书眉上或页脚旁做的标注一样。注释是给读者看的，为了加深记忆或者注释说明，不算正文。同样，在写代码时，要养成良好的习惯，给代码写注释。开始写代码时思路非常清晰，但时隔三五天，甚至更长，再回头来看自己写的代码，不知所云，甚至理解不了，这种现象时有发生。所以，养成写注释的好习惯不仅是给自己带来方便，也可以给读你的代码的人带来方便。记住，注释是写给程序员看的，不是给机器执行的，所以尽可能多地对代码进行注释。

注释代码有以下两种方法。

（1）在一行中，"#"后的语句不再执行，而表示被注释，如【例 1-1】中的第 1、7、8、9、11 行等。

（2）如果要进行大段的注释可以使用三引号（'''或"""）将注释内容包围，如【例 1-1】中的第 3 至 5 行被第 2 行和第 6 行的三引号包围。

【例 1-1】代码注释。为了方便说明，我们把下面的代码加上了行号。

```
1  # -*- coding: utf-8 -*-
2  """
3  接收来自键盘的输入,判断键盘输入是数字，还是字母
4  Created on Sun Apr 13 21:20:06 2019
5  @author: yubg
6  """
7  k = input("请输入: ")                    #接收键盘输入
8  if k.isdigit():                          #判断输入是否为数字
9      print("您输入的是: ",k)              #将接收到的打印出来
10 else:
11     print("您输入的不是数字，而是字母: ",k)  #将接收到的打印出来
12
```

第 1 行，使用了#注释符，它仅仅是一个声明，说明使用的是 UTF-8 编码格式。其中的-*-没有什么特殊的作用。

第 2~6 行，使用的是双三引号"""，表明也是一个注释，说明了这段代码要干什么，是什么时间创建的，以及作者信息。

第 7~11 行，正式的代码行，其功能是判断来自键盘的输入。其中第 8 行和第 10 行语句后带有冒号"："，则下一行的开始必须空 4 格。

**4．print()的作用**

所有的计算机语言基本上都有这么一句开篇的代码：print("Hello World")。

Python 当然不能例外。在 Jupyter 下输入 print("Hello World")并执行，观察其效果。

如果不出意外，应该输出如下。

```
In [1]:print("Hello World !")
   Hello World !
```

若有意外，只有两种可能。

（1）print 后面的()输入成了中文状态下()，一定要牢记代码里的括号均是英文状态下的()，即半角字符状态下的()。

（2）忘记了 Hello World !需要用半角状态下的引号引起来。

print()会在输出窗口中显示一些文本或结果，便于监控、验证和显示数据。

```
In [2]: A=input('从键盘接收输入：')
        从键盘接收输入：我输入的是这些
In [3]: print("打印出刚才的输入A：",A)
Out[3]: 打印出刚才的输入A： 我输入的是这些
```

### 5．变量的命名

我们学过一元二次方程 $ax^2+bx+c=0$，其求根公式为 $x=\dfrac{-b\pm\sqrt{b^2-4ac}}{2a}$，这里的 $a$、$b$、$c$ 就类似于我们说的变量，这里的根 $x$ 完全取决于 $a$、$b$、$c$ 的值。

其实，变量主要的作用就是用来存储数据。例如，一个人的年龄可以用数字来存储，他的名字可以用字符来存储。那么这里的姓名和年龄就可以当成变量来记录。

变量有分类，如上面说到的年龄是数字，而姓名是字符，这就是变量的类型。

Python 定义了 6 个标准类型，用于存储各种类型的数据。

（1）Numbers（数字）。

（2）String（字符串）。

（3）List（列表）。

（4）Tuple（元组）。

（5）Dictionary（字典）。

（6）Set（集合）。

变量的命名规则如下。

（1）变量名的长度不受限制，但其中的字符必须是字母、数字或者下画线（_），而不能使用空格、连字符、标点符号、引号或其他字符。

（2）变量名的第一个字符不能是数字，必须是字母或下画线。

（3）变量名区分大小写。

（4）不能将关键字用作变量名，如 while、in、type 等。

### 6．语句断行

一般来说，Python 一条语句占一行，在每条语句的结尾处不需要使用"；"。但在 Python 中也可以使用"；"，表示将两条简单语句写在一行。如果一条语句较长要分几行来写，可以使用"\"来进行换行。分号还有个作用，在一行语句的末尾使用，表示对本行语句的结果不打印输出。

例如，前面的代码我们也可以写成如下形式。

```
i = 2; lis=[1,2,3]
if i in lis:
    print(i)
```

再如，下面两个输出效果是一样。

```
print("1111111111111111111111111111111111111111111111111111")

print("11111111111111111111111\
11111111111111111111111111111")
```

一般地，系统能够自动识别换行，如在一对括号中间或三引号之间均可换行。例如，上面代码中打印输出的 1，若要对其分行，则必须在括号内进行（包括圆括号、方括号和花括号），分行后的第二行一般空 4 个空格（在 3.5 以后版本中已经优化，可以不空 4 个空格，但是在较低的 3.x 版本中不空 4 个空格会报错）。为了代码的美观，层次感清晰，一般还是建议分行后的第二行要空一些合适的空格。

```
print("您输入的不是数字，而是字母: ",
        "k")
```

输出如下。

```
您输入的不是数字，而是字母: k
```

### 7. 标识符

标识符是开发人员在程序中自定义的一些符号和名称，如变量名、函数名等。标识符由字母、下画线和数字组成，并且开头不能是数字，具体为以下三点。

（1）必须以字母或下画线开头。

（2）标识符其他部分是字母、下画线和数字。

（3）大小写敏感。

变量、函数等命名规则是见名知意。起一个有意义的名字，尽量做到看一眼就知道是什么意思（提高代码可读性）。例如，"姓名"就定义为 name，"学生"用 student。

命名一般采用驼峰式命名法（upper camel case），即每一个单词的首字母都采用大写字母，如 FirstName、LastName。

不过在程序员中还有一种命名法比较流行，就是用下画线 "_" 来连接所有的单词，如 send_buf。

### 8. Python 运算符

数值运算符如表 1-1 所示。

表 1-1 数值运算符

| 运算符 | 含义 |
| --- | --- |
| + | 加：两个对象相加，或一元加 |
| - | 减：两个对象相减，或得到负数 |
| * | 乘：两个操作数相乘，或返回一个被重复若干次的字符串 |
| / | 除：两个操作数相除（总是浮点数） |

| 运算符 | 含义 |
| --- | --- |
| % | 取模：返回除法（/）的余数 |
| // | 取整除（地板除）：返回商的整数部分 |
| ** | 幂：返回 x 的 y 次幂，相当于 pow() |
| abs(x) | 返回 x 的绝对值 |
| int(x) | 返回 x 的整数值 |
| float(x) | 返回 x 的浮点数 |
| complex(re, im) | 定义复数 |
| c.conjugate() | 返回复数的共轭复数 |
| divmod(x, y) | 相当于(x//y, x%y) |
| pow(x, y) | 返回 x 的 y 次方 |

【例 1-2】Python 数值运算示例。

```
In [1]:x = 5
        y = 2
In [2]:x / y
Out[2]:2.5

In [3]:x % y
Out[3]:1

In [4]:x // y
Out[4]:2

In [5]:x ** y
Out[5]:25

In [6]:abs(-x)
Out[6]:5

In [7]:int(3 / 2)
Out[7]:1

In [8]:divmod(x,y)
Out[8]:(2, 1)

In [9]:pow(y,x)
Out[9]:32
```

比较运算符如表 1-2 所示。

**表 1-2**　　　　　　　　　　　　　　　　比较运算符

| 运算符 | 含义 | 示例 |
| --- | --- | --- |
| > | 大于：如果左操作数大于右操作数，则为 True | x>y |
| < | 小于：如果左操作数小于右操作数，则为 True | x<y |
| == | 等于：如果两个操作数相等，则为 True | x==y |

| 运算符 | 含义 | 示例 |
|---|---|---|
| != | 不等于：如果两个操作数不相等，则为 True | x!=y |
| >= | 大于等于：如果左操作数大于或等于右操作数，则为 True | x>=y |
| <= | 小于等于：如果左操作数小于或等于右操作数，则为 True | x<=y |

赋值运算符如表 1-3 所示。

表 1-3　　　　　　　　　　　赋值运算符

| 运算符 | 示例 | 示例含义 |
|---|---|---|
| = | x=2 | 把 2 赋值给 x |
| += | x+=2 | 把 x 加 2 再赋值给 x，即 x=x+2 |
| −= | x−=2 | 把 x 减 2 再赋值给 x，即 x=x−2 |
| *= | x*=2 | 把 x 乘以 2 再赋值给 x，即 x=x*2 |
| /= | x/=2 | 把 x 除以 2 再赋值给 x，即 x=x/2 |
| %= | x%=2 | 把 x 除以 2 取模（取余数）再赋值给 x，即 x=x%2 |
| //= | x//=2 | 把 x 除以 2 取整数再赋值给 x，即 x=x//2 |
| **= | x**=2 | 把 x 取 2 次幂再赋值给 x，即 x=x**2 |

位运算符如表 1-4 所示。

表 1-4　　　　　　　　　　　位运算符

| 运算符 | 含义 | 示例 |
|---|---|---|
| & | 按位与（AND）：参与运算的两个值的相应位都为 1，则该位的结果为 1，否则为 0 | x&y |
| \| | 按位或（OR）：参与运算的两个值的相应位有一个为 1，则该位的结果为 1，否则为 0 | x\|y |
| ~ | 按位翻转/取反（NOT）：对数据的每个二进制位取反，即把 1 变为 0，把 0 变为 1 | ~x |
| ^ | 按位异或（XOR）：当两个对应的二进制位相异时，结果为 1 | x^y |
| >> | 按位右移：运算数的各个二进制位全部右移若干位 | x>>2 |
| << | 按位左移：运算数的各个二进制位全部左移若干位，高位丢弃，低位不补 0 | x<<2 |

逻辑运算符如表 1-5 所示。

表 1-5　　　　　　　　　　　逻辑运算符

| 运算符 | 含义 | 示例 |
|---|---|---|
| and | 逻辑与：如果 x 为 False，返回 False，否则返回 y 的计算值 | x and y |
| or | 逻辑或：如果 x 是非 0，返回 x 的值，否则返回 y 的计算值 | x or y |
| not | 逻辑非：如果 x 为 False，返回 True；如果 x 为 True，返回 False | not x |

成员运算符如表 1-6 所示。

表 1-6　　　　　　　　　　　　　　　　　　　成员运算符

| 运算符 | 含义 | 示例 |
|---|---|---|
| in | 如果在指定序列中找到值或变量，返回 True，否则返回 False | 2 in x |
| not in | 如果在指定序列中没有找到值或变量，返回 True，否则返回 False | 2 not in x |

身份运算符如表 1-7 所示。身份运算符用于检查两个值（或变量）是否位于存储器的同一部分。

表 1-7　　　　　　　　　　　　　　　　　　　身份运算符

| 运算符 | 含义 | 示例 |
|---|---|---|
| is | 如果操作数相同，则为 True（引用同一个对象） | x is True |
| is not | 如果操作数不相同，则为 True（引用不同的对象） | x is not True |

### 9．如何在字符串中嵌入一个单引号

嵌入引号有两种方法。

（1）可以在单引号前加反斜杠（\），如\'。

（2）双引号中可以直接用，即' 和 " 在使用上没有本质差别，但同时使用时要区别。

【例 1-3】嵌入引号示例。

```
In [1]:s1 = 'I\'m a boy. '      #可以使用转义符\
In [2]:print(s1)
Out[2]:I'm a boy.

In [3]:s2="I'm a boy. " #也可以使用双引号引起来，此处用双引号是为了区分单引号
In [4]:print(s2)
Out[4]:I'm a boy.
```

## 1.4　程序结构

1996 年，计算机科学家 Bohm 和 Jacopini 证明了：任何简单或复杂的算法都可以由顺序结构、选择结构和循环结构这三种基本结构组合而成。

### 1.4.1　顺序结构

采用顺序结构的程序将直接按行顺序执行代码，直到程序结束。本节我们将使用顺序结构写一个求解一元二次方程的程序，对于该一元二次方程的要求是有解。

对于一元二次方程来说，根据 $\Delta = b^2 - 4ac$ 的情况判断解的个数，对于如下方程。

$ax^2 + bx + c = 0$

$\Delta = b^2 - 4ac$

解的情况如下。

当 $\Delta < 0$，无解；

当 $\Delta = 0$，$x = \dfrac{-b}{2a}$；

当 $\Delta > 0$，$x = \dfrac{-b \pm \sqrt{\Delta}}{2a}$。

本节只讨论存在解的情况（一解的情况可认为两解相同），程序流程如下。

（1）输入 $a$、$b$、$c$。

（2）计算 $\Delta$。

（3）计算解。

（4）输出解。

代码如下（code1-1）。

```
# 输入 a、b、c
a = float(input("输入 a:"))
b = float(input("输入 b:"))
c = float(input("输入 c:"))

# 计算 delta
delta = b**2 - 4 *a *c

# 计算解 x1、x2
x1 = (b + delta**0.5) / (-2 * a)
x2 = (b - delta**0.5) / (-2 * a)

# 输出 x1、x2
print("x1=", x1)
print("x2=", x2)
```

代码说明如下。

input()函数用来接收来自键盘的输入。

在 code1-1 中，首先要接收来自键盘的输入，即方程的系数 $a$、$b$、$c$，才能执行下面的代码计算出 delta 的值和方程的解。为了给用户一个友好的界面，提醒用户输入，我们在 input()函数的括号内可以写入一些提示信息，如 input("输入 a:")，当然也可以写成：input("亲爱的，我在等你输入方程的首系数 a 呢:")。

input()函数将用户输入的内容作为字符串形式返回，就算你输入的是数字，返回的"数字"的类型仍然是字符型。也就是说，尽管输入的是数字 1，input()接收到了也确实显示的是"1"，但是这跟输入一个字母的效果是一样的，它不能作为数值直接参加运算。我们可以用 type()函数查一下它的类型，就可知道是 string 类型。但是方程的系数应该是数字型的。当然，这里系数有可能是小数，所以我们在 input()函数外面再给它包裹一层函数，将字符型转换为数值型的浮点型，即 float(input(输入 a:))，这样从键盘接收到的就成了数值型。如果只接受整数型，用函数 int()包裹即可。

代码如下。

```
In [1]: a = input("请您输入数字: ")
请您输入数字: 11.1
In [2]:a
Out[2]:'11.1'
In [3]:type(a)
Out[3]:str
In [4]:b=input('等您输入呢:')
```

```
等您输入呢:abc
In [5]:b
Out[5]:'abc'
In [6]:type(b)
Out[6]:str
```

【例 1-4】对 $x^2-3x+2=0$ 求解。

代码如下。

```
In [7]:
A = float(input("输入 a:"))
B = float(input("输入 b:"))
C = float(input("输入 c:"))

# 计算 delta
delta = b**2 - 4 * a * c

#计算方程的两个根
x1 = (b + delta**0.5) / (-2 * a)
x2 = (b - delta**0.5) / (-2 * a)

#输出两个解
print("x1=", x1)
print("x2=", x2)
```

运行结果如下。

```
输入 a:1
输入 b:-3
输入 c:2
x1= 1.0
x2= 2.0
```

## 1.4.2　判断结构

判断结构给程序增加了判断机制。对上节的解方程程序,我们可以增加判断结构,从而让方程的解更加全面。

if判断结构

程序流程如下。

(1)输入 $a$、$b$、$c$。

(2)计算 Δ 。

(3)判断解的个数。

(4)计算解。

(5)输出解。

代码如下(code1-2)。

```
# 输入 a、b、c
a = float(input("输入 a:"))
b = float(input("输入 b:"))
c = float(input("输入 c:"))

# 计算 delta
delta = b**2 - 4 * a * c
```

```
# 判断解的个数
if delta < 0:
        print("该方程无解! ")
elif delta == 0:
        x = b / (-2 * a)
        print("x1=x2=", x)
else:
        # 计算x1、x2
        x1 = (b + delta**0.5) / (-2 * a)
        x2 = (b - delta**0.5) / (-2 * a)
        print("x1=", x1)
        print("x2=", x2)
```

这里用 if-else 判断结构，其格式如下。

```
if 条件:
    block1
else:
    block2
```

在执行时先执行 "if 条件:"，如果条件为真，则执行其下的 "block1"，否则执行 "block2"，当判断分支不止一个时，则应选择 "if-elif-else"，这里的 elif 可以有多个。

【例 1-5】运行 code1-2，求下面 3 个方程的解。

（1）不存在解：$x^2+2x+6=0$。

运行 code1-2，输入系数，运行结果如下。

```
输入a:1
输入b:2
输入c:6
该方程无解!
```

（2）存在一个解：$x^2-4x+4=0$。

运行 code1-2，输入系数，运行结果如下。

```
输入a:1
输入b:-4
输入c:4
x1=x2= 2.0
```

（3）存在两个解：$x^2+4x+2=0$。

运行 code1-2，输入系数，运行结果如下。

```
输入a:1
输入b:4
输入c:2
x1= -3.414213562373095
x2= -0.5857864376269049
```

### 1.4.3　循环结构

我们已经了解了程序结构中的顺序结构与判断结构，对于编写程序而言还有一种循环结构。本节我们学习 Python 中的 while 循环和 for 循环。

#### 1. while 循环

while 循环是最简单的循环，几乎所有程序语言中都存在 while 循环或者类似结构，while

循环结构如下。

while 循环条件为真:

    执行块

我们编写一个从 1 加到任意数的程序以体验 while 循环的妙处。

while 循环

代码如下（code1-3）。

```
n = int(input("请输入结束的数："))
i = 1
num = 0
while i <= n:
    num += i
    i += 1
print("从 1 加到%d 结果是：%d" % (n, num))
```

代码说明如下。

（1）num+=i 表示的是 num=num+i，同理，i+=1 表示的是 i=i+1。

（2）print("从 1 加到%d 结果是：%d" % (n, num))是格式化输出（详见第 4.6 节）。%d 在这里相当于占位符，类似的还有%s 和%f 等，%d 表示整数占位，%s 表示字符串占位，%f 表示浮点数占位。这里的第一个%d 就表示在这个位置上应该输出的是整数，先占个位置，同理第二个%d 也表示在这个位置上输出整数。第三个%（n，num）则表示在第一个%d 的位置上要输出的是 n，第二个%d 位置上输出的是 num。举例如下。

```
In [1]:print("His name is %s,%d years old."%("Aviad",10))
Out[2]:His name is Aviad,10 years old.
```

执行 code1-3，运行结果如下。

```
请输入结束的数: 100
从 1 加到 100 结果是: 5050
```

### 2．for 循环

for 循环常用来遍历集合，较 while 循环而言，在程序中的使用更为普遍。我们用 while 循环计算了从 1 到任意数的和，现在用 for 循环完成这个任务。

假设 A 是一个集合，element 代表集合 A 中的元素，for 循环就是每次取 A 中的一个元素 element 都执行一次"循序体"，格式如下。

for 循环

```
for element in A:
    循环体
```

代码如下（code1-4）。

```
n = int(input("请输入结束的数："))
i = 1
num = 0
for i in range(n + 1):
    num += i
print("从 1 加到%d 结果是：%d" % (n, num))
```

代码说明如下。

range(n)函数表示一个从 0 到 *n*-1 的长度为 *n* 的序列，不包含 *n*。例如，range(5)表示从 0 到 5 但不包含 5 的一个长度为 5 的序列：0、1、2、3、4。也可以自定义需要的起始点和结束点。例如，range(2,5)表示从 2 到 5（不包含 5），即 2、3、4。Python 中的索引序列一般都是左闭右开的，即不包含右边的数据。range()函数还可以定义步长。例如，定义一个从 1 开始到 30 结束，步长为 3 的序列 range(1,30,3)，即 1、4、7、10、13、16、19、22、25、28。在Python3.x 中，range()作为一个容器存在，当需要将容器中的这个序列作为列表时，需要在外面包裹一个 list()转化一下。同样，要将它作为元组，只需要用 tuple()包裹。List()和 tuple()在后续的章节再学习。

```
In [1]:a=range(5)
In [2]:list(a)
Out[2]:[0, 1, 2, 3, 4]

In [3]:tuple(a)
Out[3]:(0, 1, 2, 3, 4)
```

执行 code1-4，运行结果如下。
```
请输入结束的数：100
从 1 加到 100 结果是：5050
```

range 函数

## 1.5 异常值处理

在 Python 中，程序在正常执行过程中可能会出现一些异常情况，如语法错误、除零错误、未定义的变量取值等，我们希望程序能够帮我们监控和捕捉到相应的错误。Python 为我们提供了异常值处理 try 语句，其完整的形式为 try/except/else/finally。

Python 中 try/except/else/finally 语句的完整格式如下。

异常值的处理 try

```
try:
    Normal execution block
except A:
    Exception A handle
except B:
    Exception B handle
except:
    Other exception handle
else:     #可选。若有，则必有 except x 或 except 存在，仅在 try 后无异常执行
    if no exception, get here
finally:        #此语句可选，但务必放在最后，并且是必须执行的语句
    print("finally")
```

正常执行的程序是在 try 下的 Normal execution block 语句块中执行，在执行过程中如果发生了异常，则中断当前在 Normal execution block 中执行的程序，跳转到对应的异常处理块except x(A 或 B)中开始执行。Python 从第一个 except x 处开始查找，如果找到了对应的 exception类型，则进入其提供的 exception 类型中进行处理；如果没有，则依次进入第二个；如果都没有找到，则直接进入 except 语句块进行处理。except 语句块是可选项，如果没有提供，该 exception将会被提交给 Python 进行默认处理，处理方式是终止应用程序并打印提示信息。

如果在 Normal execution block 语句块中执行程序时，没有发生任何异常，则在执行完Normal execution block 后，程序会进入 else 语句块中（若存在）执行。

无论发生异常与否，若有 finally 语句，以上 try/except/else 语句块执行的最后一步总是执行 finally 所对应的语句块。

## 1．try-except

这是最简单的异常处理结构，其结构如下。

```
try:
    处理代码
except Exception as e:
    处理代码发生异常, 在这里进行异常处理
```

例如，我们先来看一下 1/0 会出现什么情况。

```
[In 1]:1/0
Traceback (most recent call last):
    File "<ipython-input-11-05c9758a9c21>", line 1, in <module>
    1/0
ZeroDivisionError: division by zero
```

报错。下面继续触发除以 0 的异常，然后捕捉错误并处理。

```
[In 2]:try:
            print(1 / 0)
        except Exception as e:
            print('代码出现除 0 异常, 这里进行处理! ')
        print("我还在运行")
```

测试及运行结果如下。

```
代码出现除 0 异常, 这里进行处理!
我还在运行
```

"except Exception as e:" 捕获错误，并输出信息。程序捕获错误后，并没有"死掉"或者终止，而是继续执行后面的代码。

## 2．try-except-finally

这种异常处理结构通常用于无论程序是否发生异常，必须执行相应操作的情况。例如，关闭数据库资源、关闭打开的文件资源等，但必须执行的代码需要放在 finally 语句块中。

```
try:
    print(1 / 0)
except Exception as e:
    print("除 0 异常")
finally:
    print("必须执行")
print("~~~~~~~~~~~~~~~~~~~~~~~")

try:
    print("这里没有异常")
except Exception as e:
    print("这句话不会输出")
finally:
    print("这里是必须执行的")
```

测试及运行结果如下。

```
除 0 异常
必须执行
~~~~~~~~~~~~~~~~~~~~~~~
```

这里没有异常
这里是必须执行的

### 3．try-except-else

该异常处理结构运行的过程是程序进入 try 语句块，try 语句块发生异常，则进入 except 语句块，若不发生异常，则进入 else 语句块。

```python
try:
    print("正常代码! ")
except Exception as e:
    print("将不会输出这句话")
else:
    print("这句话将被输出")
print("~~~~~~~~~~~~~~~~~~~~~")
try:
    print(1 / 0)
except Exception as e:
    print("进入异常处理")
else:
    print("不会输出")
```

测试及运行结果如下。

正常代码!
这句话将被输出
 ~~~~~~~~~~~~~~~~~~~~
进入异常处理

### 4．try-except-else-finally

try-except-else-finally 是 try-except-else 的升级版，在 try-except-else 的基础上增加了必须执行的语句块，示例代码如下。

```python
try:
    print("没有异常! ")
except Exception as e:
    print("不会输出! ")
else:
    print("进入else")
finally:
    print("必须输出! ")

print("~~~~~~~~~~~~~~~~~~~~~")

try:
    print(1 / 0)
except Exception as e:
    print("引发异常! ")
else:
    print("不会进入else")
finally:
    print("必须输出! ")
```

测试及运行结果如下。

```
没有异常!
进入 else
必须输出!
~~~~~~~~~~~~~~~~~~~
引发异常!
必须输出!
```

注意:

（1）在上面所示的完整语句中 try、except、else、finally、except x 出现的顺序必须是 try→except x→except→else→finally，即所有的 except 必须在 else 和 finally 之前，else（若有）必须在 finally 之前，而 except x 必须在 except 之前，否则会出现语法错误。

（2）对于上面所展示的 try 或 except 完整格式而言，else 和 finally 都是可选的，而不是必需的。finally（如果存在）必须在整个语句的最后位置。

（3）在上面的完整语句中，else 语句的存在必须以 except x 或者 except 语句为前提，如果没有 except 语句，使用 else 语句会发生语法错误。

## 1.6 实战体验：一行代码能干啥

感受一下 Python 的魅力，看看一行 Python 代码能干什么。

### 1．Python 之一行代码

```
In [1]: import this
        The Zen of Python, by Tim Peters
        Beautiful is better than ugly.
        Explicit is better than implicit.
        Simple is better than complex.
        Complex is better than complicated.
        Flat is better than nested.
        Sparse is better than dense.
        Readability counts.
        Special cases aren't special enough to break the rules.
        Although practicality beats purity.
        Errors should never pass silently.
        Unless explicitly silenced.
        In the face of ambiguity, refuse the temptation to guess.
        There should be one--and preferably only one --obvious way to do it.
        Although that way may not be obvious at first unless you' re Dutch.
        Now is better than never.
        Although never is often better than * right* now.
        If the implementation is hard to explain, it's a bad idea.
        If the implementation is easy to explain, it may be a good idea.
        Namespaces are one honking great idea--let's do more of those!
```

### 2．九九乘法口诀表

```
In [2]:print('\n'.join([' '.join(['%s*%s=%-2s'%(y,x,x*y)for y in range(1,x+1)])
for x in range(1,10)]))

1*1=1
1*2=2  2*2=4
1*3=3  2*3=6  3*3=9
```

```
1*4=4  2*4=8  3*4=12 4*4=16
1*5=5  2*5=10 3*5=15 4*5=20 5*5=25
1*6=6  2*6=12 3*6=18 4*6=24 5*6=30 6*6=36
1*7=7  2*7=14 3*7=21 4*7=28 5*7=35 6*7=42 7*7=49
1*8=8  2*8=16 3*8=24 4*8=32 5*8=40 6*8=48 7*8=56 8*8=64
1*9=9  2*9=18 3*9=27 4*9=36 5*9=45 6*9=54 7*9=63 8*9=72 9*9=81
```

### 3. 打印心形图案（其中的 yubg 字符串可以修改为自己想要的字符）

```
In [3]: print('\n'.join([''.join([('yubg'[(x-y) % len('yubg')] if
((x*0.05)**2+(y*0.1)**2-1)**3-(x*0.05)**2*(y*0.1)**3 <= 0 else ' ') for x in range(-30,
30)]) for y in range(30, -30, -1)]))
```

```
            bgyubgyub          bgyubgyub
         gyubgyubgyubgyubg    gyubgyubgyubgyubg
      bgyubgyubgyubgyubgyubgyubgyubgyubgyubgyub
     bgyubgyubgyubgyubgyubgyubgyubgyubgyubgyubgyub
    bgyubgyubgyubgyubgyubgyubgyubgyubgyubgyubgyubgyub
    gyubgyubgyubgyubgyubgyubgyubgyubgyubgyubgyubgyubg
    gyubgyubgyubgyubgyubgyubgyubgyubgyubgyubgyubgyubgy
    ubgyubgyubgyubgyubgyubgyubgyubgyubgyubgyubgyubgyu
     bgyubgyubgyubgyubgyubgyubgyubgyubgyubgyubgyubgyub
      gyubgyubgyubgyubgyubgyubgyubgyubgyubgyubgyubg
      ubgyubgyubgyubgyubgyubgyubgyubgyubgyubgyubg
       gyubgyubgyubgyubgyubgyubgyubgyubgyubgyubg
        yubgyubgyubgyubgyubgyubgyubgyubgyubgy
        gyubgyubgyubgyubgyubgyubgyubgyubgyubg
         ubgyubgyubgyubgyubgyubgyubgyubgyubg
          bgyubgyubgyubgyubgyubgyubgyubgyub
          ubgyubgyubgyubgyubgyubgyubgyubu
           yubgyubgyubgyubgyubgyubgy
            yubgyubgyubgyub
             yubgyubgy
              yub
               b
```

### 4. 一行代码实现求解 2 的 1000 次方的各位数字之和

```
In [4]:print(sum(map(int, str(2**1000))))
Out[4]: 1366
```

### 5. 一行代码实现变量值互换

```
In [5]: a, b = 1, 2; a, b = b, a
```
这一行代码看起来没什么特别，先把 1 和 2 赋值给 a 和 b，再把 a、b 的值交换。但是这个功能在其他语言中实现起来比较复杂。通过下面的代码查看最终结果。
```
In [6]: print("a=",a,";","b=",b)
Out[6]: a=2;b= 1
```

# 第2章 Python 数据结构

Python 中常见的数据结构统称为容器（Container）。序列（如列表和元组）、映射（如字典）以及集合是三类主要的容器。

本章将具体介绍 Python 中的字符串（String）、列表（List）、元组（Tuple）、字典（Dict）、集合（set）等数据类型。

## 2.1 字符串

字符串（String）是字符的序列，基本上就是一组单词。创建字符串需用一对单引号（"）或一对双引号（""）引起来。

使用单引号（'）：可以用单引号指示字符串，如'Quote me on this'。所有的空白，即空格和制表符都照原样保留。

使用双引号（"）：双引号与单引号中的字符串在使用上完全相同，如"What's your name?"。

使用三引号（'''或"""）：利用三引号可以指示一个多行的字符串。可以在三引号中自由地使用单引号和双引号。

字符串是 Python 中最常用的数据类型。创建字符串比较简单，只要为变量分配一个值并用引号引起来。举例如下。

```
a = 'Hello World!'
b = "hello_2"
```

但有时候字符串中含有一些特殊的符号，如"\""'"等，我们需要借用转义符才能"依原样"显示。

【例 2-1】打印输出"转义符使用符号\"。

```
In [1]: print("转义符使用符号\")

        File "<ipython-input-7-6668988fe352>", line 1
        print("转义符使用符号\")
                               ^
SyntaxError: EOL while scanning string literal
```

运行结果显示错误。

【例 2-2】打印输出"'What's your name?'"。

```
In [2]: print('What's your name?')
        File "<ipython-input-8-7736cf26ef3d>", line 1
```

```
print('What's your name?')
              ^
SyntaxError: invalid syntax
```

运行结果也显示错误。错误的地方主要是使用了特殊符号。在"转义符使用符号\"中"\"是特殊符号——转义符，其有特殊的"使命"，即让那些特殊符号正确地显示出来。在'What's your name?'中主要是因为外面使用了单引号，这里有三个单引号，机器无法识别第一个单引号该跟后面两个中的哪一个匹配，可以将外层的单引号改成双引号，正确的代码如下。

```
In [3]:
        print("转义符使用符号\\")
        print('What\'s your name?')
```

输出结果如下。

转义符使用符号\
What's your name?

转义符有很多作用，现将常用的转义符列表如下（见表 2-1）。

表 2-1　　　　　　　　　　　　　　转义符

| 转义字符 | 描述 |
| --- | --- |
| \（在行尾时） | 续行符 |
| \\ | 反斜杠符号 |
| \' | 单引号 |
| \" | 双引号 |
| \a | 响铃 |
| \b | 退格（Backspace） |
| \e | 转义 |
| \000 | 空 |
| \n | 换行 |
| \v | 纵向制表符 |
| \t | 横向制表符 |
| \r | 回车 |
| \f | 换页 |

如果想按"原样"输出字符串，即不需要转义符来处理字符串，则称该字符串为自然字符串。输出自然字符串可以通过给字符串加上前缀 r 或 R 来指定。例如，a=r"Newlines are indicated by \n"。

如果不想让反斜杠发生转义，可以在字符串前添加一个 r，表示按原始字符输出。

【例 2-3】输出一个路径。

```
In [3]: print('C:\some\name')    #此行中的"\n"被机器识别成了换行符
```
输出结果如下，字符串中的"\n"被识别成了换行符，分行显示了。

C:\some
ame

正确的是应在字符串前添加"r"。

```
In [4]: print(r'C:\some\name')
```

输出结果如下。

```
C:\some\name
```

字符串一旦被创建就不能再修改，它是一个整体。我们可以根据字符串的索引读出或者取出字符串中的一部分。

Python 中的字符串有两种索引方式：第一种是从左往右，从 0 开始依次增加；第二种是从右往左，从–1 开始依次减少。字符串"Python"的各字符索引如图 2-1 所示。

字符串"Python"中的"y"的索引号是 1 或者–5。在 Python 语言中，索引号都是从 0 开始，而不是从 1 开始的。

```
  0   1   2   3   4   5
  P   y   t   h   o   n
 -6  -5  -4  -3  -2  -1
```

图 2-1　字符串索引两种方式

例如，我们要提取变量 s ＝ "Python"中的"y"，可以使用切片的方式。切片（也叫分片）就是从给定的字符串中分离出部分内容，在 Python 中用冒号分隔两个索引来表示，形式如下。

字符串的索引

```
变量名[start : stop]
```

截取的范围是左闭右开，即不包含 stop。

```
In [1]: s = "Python"
In [2]: s[1:2]   #取索引 1 到 2 但不含 2 的字符，即提取索引为 1 的字符
Out[2]: 'y'

In [3]: s[1:]  #冒号后可以省略，表示从 1 开始后面的全部取
Out[3]: 'ython'

In [4]: s[:2]   #冒号前可省略，表示从 0 开始到 2 但取不到 2
Out[4]: 'Py'

In [5]: s[:]    #相当于等于 s
Out[5]: 'Python'
```

字符串也可以运算，可以通过"＋"运算符将字符串连接在一起，或者用*运算符重复。

```
In [5]: print('str'+'ing', 'my'*3)
        string mymymy
```

常见的字符串运算符如表 2-2 所示。

表 2-2　　　　　　　　　　　　字符串运算符

| 操作符 | 描述 | 实例（a="Hello"，b="Python"） |
|---|---|---|
| + | 字符串连接 | a + b 输出结果：HelloPython |
| * | 重复输出字符串 | a*2 输出结果：HelloHello |
| [] | 通过索引获取字符串中字符 | a[1]输出结果 e |
| [:] | 截取字符串中的一部分，遵循左闭右开原则，str[0,2]是不包含第 3 个字符的 | a[1:4]输出结果 ell |
| in | 成员运算符——如果字符串中包含给定的字符返回 True | 'H' in a 输出结果 True |
| not in | 成员运算符——如果字符串中不包含给定的字符返回 True | 'M' not in a 输出结果 True |
| r/R | 原始字符串——自然字符串：所有的字符串都直接按照字面的意思来使用，没有转义 | print( r'\n' )<br>print( R'\n' ) |
| % | 格式字符串 | Print('请输出%s' %a)，输出结果：请输出 Hello |

有时字符串还需要一些加工处理，如首字母大写、除去字符串前后空格等，这些操作可以用字符串函数进行处理，字符串函数及其意义如表 2-3 所示。

表 2-3　　　　　　　　　　　　　　字符串函数及其意义

| 函数名 | 意义 |
| --- | --- |
| str.capitalize() | 首字母大写 |
| str.casefold() | 将字符串 str 中的大写字符转换为小写 |
| str.lower() | 同 str.casefold()，只能转换英文字母 |
| str.upper() | 将字符串 str 中的小写转换为大写 |
| str.count(sub[, start[, end]]) | 返回字符串 str 的子字符串 sub 出现的次数 |
| str.encode(encoding="utf-8", errors="strict") | 返回字符串 str 经过 encoding 编码后的字节码，errors 指定了遇到编码错误时的处理方法 |
| str.find(sub[, start[, end]]) | 返回字符串 str 的子字符串 sub 第一次出现的位置 |
| str.format(*args, **kwargs) | 格式化字符串 |
| str.join(iterable) | 用 str 连接可迭代对象 iterable 返回连接后的结果 |
| str.strip([chars]) | 去除 str 字符串两端的 chars 字符（默认去除"\n""\t"" "），返回操作后的字符串 |
| str.lstrip([chars]) | 同 strip，去除字符串最左边的字符 |
| str.rstrip([chars]) | 同 strip，去除字符串最右边的字符 |
| str.replace(old, new[, count]) | 将字符串 str 的子字符串 old 替换成新串 new 并返回操作后的字符串 |
| str.split(sep=None, maxsplit=-1) | 将字符串 str 按 sep 分隔符分割 maxsplit 次，并返回分割后的字符串数组 |

【例 2-4】字符串操作函数。

```
In [1]:
        s="Hello World !"
        c=s.capitalize()   #首字母大写
c
Out[1]: 'Hello world !'

In [2]: id(s),id(c)         #id()函数用于查询变量的存储地址
Out[2]:
        (1575498635568, 1575498635632)

In [3]: s.casefold()
Out[3]: 'hello world !'

In [4]: s.lower()
Out[4]: 'hello world !'

In [5]: s.upper()
Out[5]: 'HELLO WORLD !'

In [6]:
        s="111222asasas78asas"
```

```
            s.count("as")

Out[6]: 5

 In [7]: s.encode(encoding="gbk")
Out[7]: b'111222asasas78asas'

 In [8]: s.find("as")
Out[8]: 6

 In [9]:
            s="This is {0} and {1} is good ! {word1} are {word2}"
            s
Out[9]: 'This is {0} and {1} is good ! {word1} are {word2}'

 In [10]:
            it=["Join","the","str","!"]
            it
Out[10]: ['Join', 'the', 'str', '!']

 In [11]: " ".join(it)
Out[11]: 'Join the str !'

 In [12]: '\n\t  aaa \n\t aaa \n\t'.strip()
Out[12]: 'aaa \n\t aaa'

 In [13]: '\n\t  aaa \n\t aaa \n\t'.rstrip()
Out[13]: '\n\t  aaa \n\t aaa'

 In [14]: '\n\t  aaa \n\t aaa \n\t'.lstrip()
Out[14]: 'aaa \n\t aaa \n\t'

 In [15]: 'xx 你好'.replace('xx','小明')
Out[15]: '小明你好'

 In [16]: '1,2,3,4,5,6,7'.split(',')
Out[16]: ['1', '2', '3', '4', '5', '6', '7']
```

字符串格式化如下。

```
 In [17]: x1 = 'Yubg'
    ...: x2 = 40
    ...: print('He said his name is %s.'%x1)   #%s 表示占位字符型
    ...: print('He said he was %d.'%x2)         #%d 表示占位 int
    ...: print(f'He said his name is {x1}.')    #这里 f 也可以大写

He said his name is Yubg.
He said he was 40.
He said his name is Yubg.
```

## 2.2　列表

列表（List）是程序中常见的类型。Python 的列表功能相当强大，可以作为栈（先进后出表）、队列（先进先出表）等使用。

列表

list 只需要在中括号[]中添加列表的项（元素），以半角逗号隔开每个元素即可。例如：

```
s=[1,2,3,4,5]
```

获取列表中的元素只需要 list[index]。例如，对于上面的 s 列表，可以用下面的方式取值。

```
In [1]: s=[1,2,3,4,5]
        s[0]
Out[1]: 1

In [2]: s[2]
Out[2]: 3

In [3]: s[-1]       #倒序取值，同字符串方法
Out[3]: 5

In [4]: s[-2]
Out[4]: 4

In [5]: s[1:3]      #取子列表
Out[5]: [2, 3]

In [6]: s[1:]
Out[6]: [2, 3, 4, 5]

In [7]: s[:-2]
Out[7]: [1, 2, 3]
```

list 常用函数及其功能如表 2-4 所示。

表 2-4                                list 常用函数

| 函数名 | 作用 |
| --- | --- |
| list.append(x) | 将元素 x 追加到列表 list 尾部 |
| list.extend(L) | 将列表 L 中的所有元素追加到列表 list 尾部形成新列表 |
| list.insert(i , x) | 在 list 列表中索引为 i 的位置插入 x 元素 |
| list.remove(x) | 将列表中第一个为 x 的元素移除，若不存在 x 元素将引发一个错误 |
| list.pop(i) | 删除 index 为 i 的元素，并将删除的元素显示，若不指定 i，则默认删除最后一个元素 |
| list.clear() | 清空列表 list |
| list.index(x) | 返回第一个 x 元素的位置，若不存在 x，则报错 |
| list.count(x) | 统计列表 list 中 x 元素的个数 |
| list.reverse() | 将列表反向排列 |
| list.sort() | 将列表从小到大排序，若需从大到小，则使用 list.sort(reverse=True) |
| list.copy() | 返回列表的副本 |

【例 2-5】list 操作函数。

```
In [1]: s = [1, 3, 2, 4, 6, 1, 2, 3]
        s
```

```
Out[1]: [1, 3, 2, 4, 6, 1, 2, 3]

 In [2]: s.append(0)  #在末尾追加元素
         s
Out[2]: [1, 3, 2, 4, 6, 1, 2, 3, 0]

 In [3]: s.extend([1, 2, 3, 4])#合并列表
         s
Out[3]: [1, 3, 2, 4, 6, 1, 2, 3, 0, 1, 2, 3, 4]

 In [4]: s.insert(0, 100)#在指定的位置插入元素
         s
Out[4]: [100, 1, 3, 2, 4, 6, 1, 2, 3, 0, 1, 2, 3, 4]

 In [5]: s.remove(100)    #移除元素
         s
Out[5]: [1, 3, 2, 4, 6, 1, 2, 3, 0, 1, 2, 3, 4]

 In [6]: print(s.pop(0))  #删除指定索引上的元素

         1

 In [7]: s
Out[7]: [3, 2, 4, 6, 1, 2, 3, 0, 1, 2, 3, 4]

 In [8]: s.pop() #默认删除最后一个元素
Out[8]: 4

 In [9]: s
Out[9]: [3, 2, 4, 6, 1, 2, 3, 0, 1, 2, 3]

 In [10]: s.index(3)#找出第一个等于 3 的索引
Out[10]: 0

 In [11]: s.count(1) #统计元素等于 1 的个数
Out[11]: 2

 In [12]: s
Out[12]: [3, 2, 4, 6, 1, 2, 3, 0, 1, 2, 3]

 In [13]: s.reverse()  #倒序
          s
Out[13]: [3, 2, 1, 0, 3, 2, 1, 6, 4, 2, 3]

 In [14]: s.sort()    #排序
          s
Out[14]: [0, 1, 1, 2, 2, 2, 3, 3, 3, 4, 6]

 In [15]: s.sort(reverse=True)#倒序
          s
```

```
Out[15]: [6, 4, 3, 3, 3, 2, 2, 2, 1, 1, 0]

In [16]: k = s.copy() #复制，k 和 s 的存储地址不同
         k
Out[16]: [6, 4, 3, 3, 3, 2, 2, 2, 1, 1, 0]

In [17]: k.clear() #清除 k 不会影响 s
         k
Out[17]: []

In [18]: s
Out[18]: [6, 4, 3, 3, 3, 2, 2, 2, 1, 1, 0]

In [19]: m=s  #赋值，k 和 s 的存储地址相同
         m
Out[19]: [6, 4, 3, 3, 3, 2, 2, 2, 1, 1, 0]

In [20]: m.clear() #清除 m 会影响 s
         m
Out[20]: []

In [21]: s
Out[21]: []
```

## 2.3　元组

元组（Tuple）跟列表很像，只不过使用的是小括号()，并且元组中的元素一旦确定就不可更改。下面的两种方式都是定义一个 tuple。

```
In [1]: t=(1,2,3)
        t
Out[1]: (1, 2, 3)

In [2]: y=1,2,3
        y
Out[2]: (1, 2, 3)
```

在 Python 中，如果多个变量用半角逗号隔开，则默认将多个变量按 tuple 的形式组织起来，因此在 Python 中两个变量相互交换值可以像下面这样操作。

```
In [3]: x,y=1,2

In [4]: x
Out[4]: 1

In [5]: y
Out[5]: 2

In [6]: x,y=y,x
In [7]: x
Out[7]: 2
```

```
In [8]:y
Out[7]:1
```

元组与列表的取值方式相同，这里不再赘述。

元组常用函数如下。

tuple.count(x)：统计 x 在 tuple 中出现的次数。

tuple.index(x)：查找第一个 x 元素的位置。

【例 2-6】tuple 操作函数。

```
In [9]:  t=1,1,1,1,2,2,3,1,1,1
         t
Out[9]:  (1, 1, 1, 1, 2, 2, 3, 1, 1, 1)

In [10]: t.count(1)
Out[10]: 7

In [11]: t.index(2)   #查找 t 中第一个等于 2 值的索引
Out[11]: 4
```

## 2.4　字典

字典（Dict）又叫键值对。前面简单地介绍过这种数据类型。可以如下定义一个 dict。

```
In [1]: d={1:10,2:20,"a":12,5:"hello"}
        d
Out[1]: {1: 10, 2: 20, 'a': 12, 5: 'hello'}

In [2]: d1=dict(a=1,b=2,c=3)
        d1
Out[2]: {'a': 1, 'b': 2, 'c': 3}

In [3]: d2=dict([['a',12],[5,'a4'],['hel','rt']])#将二元列表转化为字典
        d2
Out[3]: {'a': 12, 5: 'a4', 'hel': 'rt'}
```

字典

其中，dict 中每一项以半角逗号隔开，每一项包含 key 与 value，key 与 value 之间用半角的冒号隔开，但 dict 里的元素（键值对）是无序的。字典取值的方式如下。

```
In [4]: d={1:10,2:20,"a":12,5:"hello"} #定义一个字典
        d
Out[4]: {1: 10, 2: 20, 'a': 12, 5: 'hello'}

In [5]: d[1]   #取键名为 1 的值
Out[5]: 10

In [6]: d['a'] #取键名为'a'的值
Out[6]: 12

In [7]: d.get(1) #取键名为 5 的值，若不存在，则返回默认值 None
Out[7]: 10

In [8]: d.get('a')
```

```
Out[8]:12

In [9]:d.get('b',"不存在")
Out[9]:'不存在'
```
【例 2-7】dict 操作函数。
```
In [10]: d={1:10,2:20,"a":12,5:"hello"}
         d
Out[10]: {1: 10, 2: 20, 'a': 12, 5: 'hello'}

In [11]: dc=d.copy()     #复制字典
         dc
Out[11]: {1: 10, 2: 20, 'a': 12, 5: 'hello'}

In [12]: dc.clear()#字典的清除
         dc
Out[12]: {}

In [13]: d.items()        #获取字典的项列表
Out[13]: dict_items([(1, 10), (2, 20), ('a', 12), (5, 'hello')])

In [14]: d.keys()        #获取字典的键名 key 列表
Out[14]: dict_keys([1, 2, 'a', 5])

In [15]: d.values()       #获取字典的 value 列表
Out[15]: dict_values([10, 20, 12, 'hello'])

In [16]: d.pop(1)         #删除并抛出 key=1 的项
Out[16]: 10

In [17]: d
Out[17]: {2: 20, 'a': 12, 5: 'hello'}

In [18]: d_0 = {'c': 10, '1': 'yubg'}
         d.update(d_0)          #合并两个字典。也可以使用 dict(d,**d_0)方法
         d
Out[18]: {2: 20, 'a': 12, 5: 'hello', 'c': 10, '1': 'yubg'}
```
字典合并还可以使用 dict(list(d.items())+list(d_0.items()))方法。

## 2.5　集合

集合（Set）的表现形式跟字典很像，都用大括号{}表示。这种数据类型是大多数程序语言都有的功能，它不能保存重复的数据，即它具有过滤重复数据的功能。
```
In [1]: s={1,2,3,4,1,2,3}
        s
Out[1]: {1, 2, 3, 4}
```
对于一个数组或者元组来说，也可以用 set 函数去重。
```
In [2]: L=[1,1,1,2,2,2,3,3,3,4,4,5,6,2]
        T=1,1,1,2,2,2,3,3,3,4,4,5,6,2
```

```
         L
Out[2]: [1, 1, 1, 2, 2, 2, 3, 3, 3, 4, 4, 5, 6, 2]

In [3]: T
Out[3]: (1, 1, 1, 2, 2, 2, 3, 3, 3, 4, 4, 5, 6, 2)

In [4]: SL=set(L)
        SL
Out[4]: {1, 2, 3, 4, 5, 6}

In [5]: ST=set(T)
        ST
Out[5]: {1, 2, 3, 4, 5, 6}
```

注意：set 和 dict 中元素一样是无序的，因此不能用 set[i]这样的方式获取其元素。

【例 2-8】set 操作函数。

```
In [6]: s1=set("abcdefg")
        s2=set("defghijkl")
        s1
Out[6]: {'a', 'b', 'c', 'd', 'e', 'f', 'g'}

In [7]: s2
Out[7]: {'d', 'e', 'f', 'g', 'h', 'i', 'j', 'k', 'l'}

In [8]: s1-s2    #取出 s1 中不包含 s2 的部分
Out[8]: {'a', 'b', 'c'}

In [9]: s2-s1
Out[9]: {'h', 'i', 'j', 'k', 'l'}

In [10]: s1|s2    #取出 s1 与 s2 的并集
Out[10]: {'a', 'b', 'c', 'd', 'e', 'f', 'g', 'h', 'i', 'j', 'k', 'l'}

In [11]: s1&s2    #取出 s1 与 s2 的交集
Out[11]: {'d', 'e', 'f', 'g'}

In [12]: s1^s2    #取出 s1 与 s2 的并集但不包括交集部分
Out[12]: {'a', 'b', 'c', 'h', 'i', 'j', 'k', 'l'}

In [13]: 'a' in s1    #判断'a'是否在 s1 中
Out[13]: True

In [14]: 'a' in s2
Out[14]: False
```

set 操作符、函数及其意义如表 2-5 所示。

表 2-5　set 操作符、函数及其意义

| 操作符或函数 | 意义 |
| --- | --- |
| x in S | 如果 S 中包含 x 元素，则返回 True，否则返回 False |
| x not in S | 如果 S 中不包含 x 元素，则返回 True，否则返回 False |
| len(S) | 返回 S 的长度 |

【例 2-9】list、tuple、dict、set 数据类型的运算。

```
In [15]: L=[i for i in range(1,11)]
         S=set(L)
         T=tuple(L)
         D=dict(zip(L,L))
         L
Out[15]: [1, 2, 3, 4, 5, 6, 7, 8, 9, 10]

In [16]: S
Out[16]: {1, 2, 3, 4, 5, 6, 7, 8, 9, 10}

In [17]: T
Out[17]: (1, 2, 3, 4, 5, 6, 7, 8, 9, 10)

In [18]: D
Out[18]: {1: 1, 2: 2, 3: 3, 4: 4, 5: 5, 6: 6, 7: 7, 8: 8, 9: 9, 10: 10}

In [19]: 3 in L,3 in S,3 in T,3 in D
Out[19]: (True, True, True, True)

In [20]: 3 not in L,3 not in S,3 not in T,3 not in D
Out[20]: (False, False, False, False)

In [21]: L+L
Out[21]: [1, 2, 3, 4, 5, 6, 7, 8, 9, 10, 1, 2, 3, 4, 5, 6, 7, 8, 9, 10]

In [22]: S+S # set 不能连接
         Traceback (most recent call last):
             File "<pyshell#11>", line 1, in <module>
                 S+S
TypeError: unsupported operand type(s) for +: 'set' and 'set'

In [23]: T + T
Out[23]: (1, 2, 3, 4, 5, 6, 7, 8, 9, 10, 1, 2, 3, 4, 5, 6, 7, 8, 9, 10)

In [24]: D + D # dict 不能连接
         Traceback (most recent call last):
             File "<pyshell#13>", line 1, in <module>
                 D + D
TypeError: unsupported operand type(s) for +: 'dict' and 'dict'

In [25]: L * 3
Out[25]: [1, 2, 3, 4, 5, 6, 7, 8, 9, 10, 1, 2, 3, 4, 5, 6, 7, 8, 9, 10, 1, 2, 3,
         4, 5, 6, 7, 8, 9, 10]

In [26]: S * 3 # set 不能用*运算
         Traceback (most recent call last):
             File "<pyshell#15>", line 1, in <module>
                 S * 3
TypeError: unsupported operand type(s) for *: 'set' and 'int'
```

```
In [27]: T * 3
Out[27]: (1, 2, 3, 4, 5, 6, 7, 8, 9, 10, 1, 2, 3, 4, 5, 6, 7, 8, 9, 10, 1, 2, 3,
          4, 5, 6, 7, 8, 9, 10)

In [28]: D * 3 # dict 不能用*运算
          Traceback (most recent call last):
            File "<pyshell#17>", line 1, in <module>
              D * 3
TypeError: unsupported operand type(s) for *: 'dict' and 'int'

In [29]: len(L),len(S),len(T),len(D)
Out[29]: (10, 10, 10, 10)
```

对于 list、tuple、set 这 3 种数据类型有相同的操作函数可以使用，下面给出例子。

```
In [30]: L=[1,2,3,4,5]
          T=1,2,3,4,5
          S={1,2,3,4,5}
          len(L),len(T),len(S)          #求长度
Out[30]: (5, 5, 5)

In [31]: min(L),min(T),min(S)      #求最小值
Out[31]: (1, 1, 1)

In [32]: max(L),max(T),max(S)      #求最大值
Out[32]: (5, 5, 5)

In [33]: sum(L),sum(T),sum(S)      #求和
Out[33]: (15, 15, 15)

In [34]: def add1(x):              #定义一个函数
              return x+1           #让给输入的参数加 1 输出

In [35]: list(map(add1,L)),list(map(add1,T)),list(map(add1,S))
          #将函数应用于每一项
Out[35]: ([2, 3, 4, 5, 6], [2, 3, 4, 5, 6], [2, 3, 4, 5, 6])

In [36]: for i in L:                    #迭代（tuple 与 set 都可以迭代）
              print(i)
Out[36]:
          1
          2
          3
          4
          5

In [37]: i=iter(L)           #获取迭代器，（tuple 与 set 都可以获取迭代器）
          next(i)
Out[37]: 1

In [38]: next(i)
Out[38]: 2
```

```
In [39]: next(i)
Out[39]: 3

In [40]: i.__next__()
Out[40]: 4

In [41]: i.__next__()
Out[41]: 5

In [42]: i.__next__()
         Traceback (most recent call last):
             File "<pyshell#199>", line 1, in <module>
                 i.__next__()
StopIteration
```

对于 dict 类型，常用的操作有如下几种。

```
In [43]: d={1:2,3:4,'a':'2sd','er':34}
         d
Out[43]: {1: 2, 3: 4, 'a': '2sd', 'er': 34}

In [44]: for i in d:                    #迭代
           print(i,d[i])
Out[44]:
         1 2
         3 4
         a 2sd
         er 34

In [45]: i=iter(d)                      #取迭代器
         k=next(i)
         k,d[k]
Out[45]:(1, 2)

In [46]: k=next(i)
         k,d[k]
Out[46]: (3, 4)
```

其他方法和注意事项请查阅附件 A。

## 2.6  实战体验：提取特定的字符

提取字符串"xxxxxxxxxxxx5 [50,0,51]>,xxxxxxxxxx"中的 50,0,51。

```
In[1]: str="xxxxxxxxxxxx5 [50,0,51]>,xxxxxxxxxx"
  ...: lst = str.split("[")[1].split("]")[0].split(",")
  ...: print(lst)
Out[1]:
['50', '0', '51']
```

分解说明如下。

```
>>> list =str.split("[")                        #按照左边分割
>>> print(list)
['xxxxxxxxxxxx5 ', '50,0,51]>,xxxxxxxxxx']
```

```
>>> str.split("[")[1].split("]")                #再对 list 的 index=1 的元素按"]"分割
['50,0,51', '>,xxxxxxxxxx']
>>> str.split("[")[1].split("]")[0]             #提取分割后的第一个元素，即 index=0
'50,0,51'
>>> str.split("[")[1].split("]")[0].split(",")  #在提取后的元素按 ","分割
['50', '0', '51']
```

注意：在 Python 编辑器 IDLE 下输入提示符>>>。

函数在数学中可以解释为，凡是公式中包含未知数（变量）$x$ 的式子都叫作函数，即通过给 $x$ 赋不同的值，在公式的关系作用下得到不同的结果。在计算机语言中的函数类似，就是为了编写程序的方便，把具有相同功能的代码写成一个函数，以便于重复利用。例如，常用的计算器上有加法和减法，更高级的计算器上会有积分运算，只要你输入数值，它就会给出结果，其实计算器里面已经编辑好了各种运算的代码，输入相应变量值，就会给出对应的结果。

## 3.1 函数

函数是一种程序结构，大多数程序语言都允许使用者定义并使用函数。在之前的程序中我们已经使用过 Python 自带的一些函数，像 print()、input()、range() 等都是函数。数学上我们定义一个函数像这样：$f(x,y)=x^2+y^2$，但在 Python 中，定义一个函数需要通过 def 关键字来声明。

自定义函数和
特殊函数

### 3.1.1 函数结构

函数有固定的格式，它是通过关键字 def 来声明的，其结构如下。

```
def 函数名(参数):
    函数体
    return 返回值
```

例如，对于数学函数 $f(x,y)=x^2+y^2$，利用 Python 语言定义如下。

```
def f(x, y):
    z = x**2 + y**2
    return z
```

函数定义完毕，下面给出完整的程序代码，并计算 $f(2,3)$。

```
def f(x, y):
    z = x**2 + y**2
    return z


res = f(2, 3)
print(res)
```

运行结果如下。

13

在函数中，一般还需要有一个函数说明文档，放在函数的 def 声明行和函数体之间。文档中主要描述函数的功用以及参数的用法等，便于函数的使用者调用 help()函数对函数进行查询。也就是说，我们用 help()函数查到的帮助文档都是放在函数文档中的。函数文档使用三引号引起来放在函数头和函数体之间。其结构如下。

```
def 函数名(参数):
    """
    函数文档
    """
    函数体
    return 返回值
```

举例如下。

```
In [1]:
        def f(x, y):
            """
            本函数主要是计算 z = x**2 + y**2 的值
            函数需要接收两个参数: x 和 y
            """
            z = x**2 + y**2
            return z

In [2]: help(f)
Out[2]:
        Help on function f in module __main__:

        f(x, y)
            本函数主要是计算 z = x**2 + y**2 的值
            函数需要接收两个参数: x 和 y

In [3]: f(2,3)
Out[3]: 13
```

注意：对于初学者而言，也许 help()和 dir()这两个函数是最有用的，使用 dir()函数可以查看指定模块中所包含的所有成员或者指定对象类型所支持的操作，而 help()函数则返回指定模块或函数的说明文档。例如，list 和 tuple 是否都有 pop 和 sort 方法呢？用 help()函数查一下就会清楚，并会列出具体的用法。查询 print()函数的使用方法如下。

```
In [4]: help(print)
        Help on built-in function print in module builtins:

        print(...)
            print(value, ..., sep=' ', end='\n', file=sys.stdout, flush=False)

            Prints the values to a stream, or to sys.stdout by default.
            Optional keyword arguments:
            file: a file-like object (stream); defaults to the current sys.stdout.
             sep: string inserted between values, default a space.
             end: string appended after the last value, default a newline.
            flush: whether to forcibly flush the stream.
```

41

想知道某函数具有哪些方法和属性时，使用 dir()函数，想知道其具体的使用方法时，使用 help()函数。

### 3.1.2　参数结构

函数的参数分为形参和实参。形参即形式参数，在使用 def 定义函数时，函数名后面的括号里的变量称作形式参数。在调用函数时提供的值或者变量称作实际参数，实际参数简称为实参。

形参和实参示例如下。

```
#这里的 a 和 b 就是形参
def add(a,b):
    return a+b

#这里的 1 和 2 是实参
add(1,2)

#这里的 x 和 y 是实参
x=2
y=3
add(x,y)
```

函数是可以传递参数的，当然也可以不传递参数。例如：

```
def func():
    print("这是无参传递")
```

调用 func()函数会打印出"这是无参传递"字符串。

同样，函数可以有返回值，也可以没有返回值。为了方便介绍，将 Python 的传参方式归为 4 类，下面将一一介绍。

Python 中函数传递参数有以下 4 种形式。

```
fun1(a,b,c)          固定参数
fun2(a=1,b=2,c=3)    带有默认参数
fun3(*args)          未知参数个数
fun4(**kargs)        带键参数
```

最常见是前两种 fun1 和 fun2 形式，后两种 fun3 和 fun4 形式一般很少单独出现，常用在混合模式中。

第一种 fun1(a,b,c)，直接将实参赋给形参，根据位置做匹配，即严格要求实参的数量与形参的数量以及位置均相同。大多数语言常用这种形式。

```
def func(x, y, z):
    print(x,z,y)
```

调用 func('yubg', 30, '男')，打印输出结果为：yubg 男 30。

这里 func()函数必须输入 3 个参数值，否则报错，并且它们的位置对应着 x、y、z，也就是说，第一个输入的参数赋值给 x，第二个输入的参数赋值给 y，第三个输入的参数赋值给 z。

第二种 fun2(a=1,b=2,c=3)，根据键值对的形式做实参与形参的匹配，通过这种形式直接根据关键字进行赋值，同时这种传参方式还有个好处，可以在调用函数时不要求输入参数数量上的相等，即可以用 fun2(3,4)来调用 fun2()函数，这里的实参 3、实参 4 覆盖了原来 a、b

两个形参的值，但 c 还是采用原来的默认值 3，即 fun2(3,4)与 fun2(3,4,3)是一样的。这种方式相比第一种方式更加灵活。还可以通过 fun2(c=5,a=2,b=7)来打乱形参的位置。

代码如下。

```
In [1]: def func(x=1, y=2):
            print(x, y)

In [2]: func()
Out[2]: 1 2

In [3]: func(1)
Out[3]: 1 2

In [4]: func(1,2)
Out[4]: 1 2

In [5]: func(y=2,x=1)
Out[5]: 1 2

In [6]: func(y=2)
Out[6]: 1 2

In [7]: func(2,x=1)#这种赋值方法是不可以的，忽略位置时必须是对形参赋值的形式

---------------------------------------------
TypeError                                 Traceback (most recent call last)
<ipython-input-26-1bd6965a994a> in <module>()
----> 1 func(2,x=1)

TypeError: func() got multiple values for argument 'x'
```

第三种 fun3(*args)，可以传入任意个参数，这些参数被放到 tuple 元组中赋值给形参 args，之后要在函数中使用这些形参，直接操作 args 这个 tuple 元组就可以了，这样的好处是在参数的数量上没有了限制，由于 tuple 本身还是有次序的，这就仍然存在一定的束缚，对参数操作上也会有一些不便。

例如，某人身份证上姓名叫孙赵钱，在家里有个小名叫二毛，在中学阶段同学给你取了个外号孙猴子，高中阶段同学们又送了个雅称孙学霸，现在要把这些外号作为一个函数中的参数，绰号可能多了，或许大学阶段还有，所以绰号的数量不能确定，这时候在参数前面加个*即可解决。

```
In [8]:
        def func(name,*args):
            print(name+" 有以下雅称: ")
            for i in args:
                print(i)

In [28]: func('孙赵钱','孙猴子','二毛','孙学霸')
孙赵钱有以下雅称:
孙猴子
二毛
孙学霸
```

第四种 fun4(**kargs)，最为灵活，以键值对字典的形式向函数传入参数，既有第二种方式在位置上的灵活，同时还具有第三种方式在数量上的无限制。此外第三种和第四种以函数声明的方式在参数前面加'*'做声明标识。

大多数情况是这 4 种传递方式混合使用的，如 fun0(a,b,*c,**d)。

【例 3-1】传入参数的方式。

```
In [1]: def test(x,y=5,*a,**b):
             print(x,y,a,b)

In [2]: test(1)
Out[2]: 1 5 () {}

In [3]: test(1,2)
Out[3]: 1 2 () {}

In [4]: test(1,2,3)
Out[4]: 1 2 (3,) {}

In [5]: test(1,2,3,4)
Out[5]: 1 2 (3, 4) {}

In [6]: test(x=1)
Out[6]: 1 5 () {}

In [7]: test(x=1,y=1)
Out[7]: 1 1 () {}

In [8]: test(1,y=1)
Out[8]: 1 1 () {}

In [9]: test(1,2,3,4,a=1)
Out[9]: 1 2 (3, 4) {'a': 1}

In [10]: test(y=2,x=1,3,4,a=1)
         File "<ipython-input-16-2e23f21ada05>", line 1
           test(y=2,x=1,3,4,a=1)
                 ^
SyntaxError: positional argument follows keyword argument

In [11]: test(2,x=1,3,4,a=1)
         File "<ipython-input-17-2c6c9470d16c>", line 1
           test(2,x=1,3,4,a=1)
                  ^
SyntaxError: positional argument follows keyword argument

In [12]: test(1,2,3,4,k=1,t=2,o=3)
Out[12]: 1 2 (3, 4) {'k': 1, 't': 2, 'o': 3}
```

### 3.1.3　函数的递归与嵌套

#### 1．递归

函数的递归是指函数在函数体中直接或间接调用自身的现象。递归要有停止条件，否则函数将永远无法跳出递归，造成死循环。下面我们将用递归写一个经典的斐波那契数列，斐波那契数列的每一项等于它前面两项的和。

$$f(n) = f(n-1) + f(n-2) \quad n > 2$$
$$f(n) = 1 \qquad\qquad n \leqslant 2$$

定义菲波那契数列如下。

```python
def fib(n):
    if n <= 2:
        return 1
    else:
        return fib(n - 1) + fib(n - 2)


for i in range(1, 10):
    print("fib(%s)=%s" % (i, fib(i)))        #格式化输出
```

测试及运行结果如下。

```
fib(1)=1
fib(2)=1
fib(3)=2
fib(4)=3
fib(5)=5
fib(6)=8
fib(7)=13
fib(8)=21
fib(9)=34
```

注：递归结构往往消耗内存较大，能用迭代解决的就尽量不用递归。

#### 2．嵌套

函数的嵌套是指在函数中调用另外的函数，这是函数式编程的重要结构，也是我们在程序中最常用的一种程序结构。我们将利用函数的嵌套重写二次方程解的程序。

【例 3-2】利用函数嵌套方法解二次方程。

```python
#定义输入函数
def args_input():
    try:
        A = float(input("输入 A:"))
        B = float(input("输入 B:"))
        C = float(input("输入 C:"))
        return A, B, C
    except:        # 输入出错，则重新输入
        print("请输入正确的数值类型！")
        return args_input()        #为了出错时能够重新输入


#计算 delta
```

```
def get_delta(A, B, C):
        return B**2 - 4 * A * C

#求解方程的根
def solve():
        A, B, C = args_input()
        delta = get_delta(A, B, C)
        if delta < 0:
                print("该方程无解! ")
        elif delta == 0:
                x = B / (-2 * A)
                print("x=", x)
        else:
                # 计算 x1、x2
                x1 = (B + delta**0.5) / (-2 * A)
                x2 = (B - delta**0.5) / (-2 * A)
                print("x1=", x1)
                print("x2=", x2)

#在当前程序下直接执行本程序
def main():
        solve()

if __name__ == '__main__':
        main()
```

测试及运行结果如下。

输入 A:2
输入 B:a
请输入正确的数值类型!

输入 A:2
输入 B:5
输入 C:1
x1= -2.2807764064044154
x2= -0.21922359359558485

代码说明如下。

if __name__ == '__main__'的意思是该代码.py 文件被直接运行时，if __name__ == '__main__'之下的代码块将被运行；当该代码.py 文件以模块形式被其他代码调用或者导入时，if __name__ == '__main__'之下的代码块则不被运行。

## 3.2 特殊函数

### 3.2.1 匿名函数 lambda

Python 中允许用 lambda 函数定义一个匿名函数，所谓匿名函数即调用一次就不再被调用的函数，属于"一次性"函数。

```
#求两数之和，定义函数 f(x,y)=x+y
f = lambda x, y: x + y
```

```
print(f(2, 3))
```

```
#求两数的平方和: g(x,y)= x**2 + y**2
print((lambda x, y: x**2 + y**2)(3, 4))  #其实就是 print(g(3,4))
```
测试及运行结果如下。
```
5
25
```

### 3.2.2 关键字函数 yield

yield 函数可以将函数执行的中间结果返回但又不结束程序。听起来比较抽象，但是用起来很简单，下面的例子将模仿 range()函数写一个自己的 range。

```
def func(n):
    i = 0
    while i < n:
        yield i         #为什么不是 print(i)？
        i += 1


for i in func(10):
    print(i)
```
测试及运行结果如下。
```
0
1
2
3
4
5
6
7
8
9
```

yield 函数的作用就是把一个函数变成一个 generator（生成器），带有 yield 的函数不再是一个普通函数，Python 解释器会将其视为一个 generator。在上面的代码中若把 yield i 改为 print(i)，就达不到 iterable 的效果。再举一个斐波那契（Fibonacci）数列的例子。

斐波那契数列是一个非常简单的递归数列，除第一个和第二个数外，数列中的任意一个数都可由前两个数相加得到。用计算机程序输出斐波那契数列的前 $n$ 个数是一个非常简单的问题，许多初学者都可以轻易写出如下函数。

代码（code3-1）：简单输出斐波那契数列前 $n$ 个数。
```
def fab(max):
    n, a, b = 0, 0, 1
    while n < max:
        print(b)
        a, b = b, a + b
        n = n + 1
```
执行 fab(5)，可以得到如下输出。
```
In[1]: fab(5)
Out[1]:
1
```

```
1
2
3
5
```

输出结果正确，但有经验的开发者会指出，直接在 fab()函数中用 print 打印数字会导致该函数可复用性较差，因为 fab()函数返回 None，其他函数无法获得该函数生成的数列。要提高 fab()函数的可复用性，最好不要直接打印出数列，而是返回一个 list。以下是 fab()函数改写后的第二个版本。

代码（code3-2）：输出斐波那契数列前 *n* 个数。

```
In[2]:
    def fab(max):
        n, a, b = 0, 0, 1
        L = []
        while n < max:
            L.append(b)
            a, b = b, a + b
            n = n + 1
        return L
```

可以使用如下方式打印出 fab()函数返回的 List。

```
In[3]:
    for n in fab(5):
        print(n)
Out[3]:
    1
    1
    2
    3
    5
```

改写后的 fab()函数通过返回 list 能满足复用性的要求，但是更有经验的开发者会指出，该函数在运行中占用的内存会随着参数 max 的增大而增大，如果要控制内存占用，最好不要用 list 来保存中间结果，而是通过 iterable 对象来迭代。

代码（code3-3）：使用 yield 函数改写。

```
In[4]:
    def fab(max):
        n, a, b = 0, 0, 1
        while n < max:
            yield b
            # print(b)
            a, b = b, a + b
            n = n + 1
```

code3-3 与 code3-1 相比，仅仅把 print (b)改为了 yield b，就在保持简洁性的同时获得了 iterable 的效果。

调用 code3-3 的 fab()和 code3-2 的 fab()，结果完全一致。

```
In[5]:
    for n in fab(5):
        print(n)
Out[5]:
```

```
1
1
2
3
5
```

简单地讲，yield 函数的作用就是把一个函数变成一个 generator，带有 yield 的函数不再是一个普通函数，Python 解释器会将其视为一个 generator，调用 fab(5) 不会执行 fab () 函数，而是返回一个 iterable 对象。在 for 循环执行时，每次循环都会执行 fab() 函数内部的代码，执行到 yield b 时，fab()函数就返回一个迭代值，下次迭代时，代码从 yield b 的下一条语句继续执行，而函数的本地变量看起来和上次中断执行前是完全一样的，于是函数继续执行，直到再次遇到 yield。

### 3.2.3　函数 map()、filter()、reduce()

map()和 filter()函数属于内置函数，reduce() 函数在 Python 2 中是内置函数，从 Python 3 开始移到了 functools 模块中，使用时需要导入 functools 模块。

#### 1. 遍历函数 map()

遍历序列，对序列中每个元素进行同样的操作，最终获取新的序列。
`map(f, S)`
将函数 f 作用在序列 S 上。
代码如下。

```
In [1]: li=[11, 22, 33]
        new_list = map(lambda a: a + 100, li)
        list(new_list)
Out[1]:
        [111, 122, 133]

In [2]: li = [11, 22, 33]
        sl = [1, 2, 3]
        new_list = map(lambda a, b: a + b, li, sl)
        list(new_list)
Out[2]:
        [12, 24, 36]
```

#### 2. 筛选函数 filter()

对序列中的元素进行筛选，最终获取符合条件的序列。
`filter(f, S)`
将条件函数 f 作用在序列 S 上，符合条件函数的输出。
代码如下。

```
In [3]: li = [11, 22, 33]
        new_list = filter(lambda x: x > 22, li)
        list(new_list)
Out[3]:
        [33]
```

## 3. 累计函数 reduce()

对序列内的所有元素进行累计操作。

```
reduce(f(x,y), S)
```

将序列 S 中第一个和第二个数用二元函数 f(x,y) 作用后的结果与第三个数继续用 f(x,y) 作用，再将这个结果与第四个数继续用 f(x,y) 作用，直到最后。

代码如下。

```
In [4]: from functools import reduce  #从 functools 模块导入 reduce 函数
        li = [11, 22, 33, 44]
        reduce(lambda arg1, arg2: arg1 + arg2, li)
Out[4]:
        110
```

reduce() 函数有 3 个参数。

第一个参数是含有两个参数的函数，即第一个参数是函数且必须含有两个参数：f(x,y)。

第二个参数是作用域，表示要循环的序列：S。

第三个参数是初始值，可选。

上例计算过程如下。

第一步：计算第一个和第二个元素：lambda 11, 22，结果为 33。

第二步：把结果和第三个元素计算：lambda 33, 33，结果为 66。

第三步：把结果和第四个元素计算：lambda 66, 44，结果为 110。

reduce() 函数还可以接收第三个可选参数，作为计算的初始值。例如，把初始值设为 100。

```
In [5]: reduce(lambda arg1, arg2: arg1 + arg2, li, 100)
Out[5]: 210
```

计算过程如下。

第一步：计算初始值和第一个元素：100+11，结果为 111。

第二步：把结果和第二个元素计算：111+22，结果为 133。

第三步：把结果和第三个元素计算：133+33，结果为 166。

第四步：把结果和第四个元素计算：166+44，结果为 210。

### 3.2.4 函数 eval()

eval() 函数将字符串 str 当成有效的表达式来求值并返回计算结果，也就是实现 list、dict、tuple 与 str 之间的转化。代码如下。

```
In [1]: #字符串转换成列表
        a = "[[1,2], [3,4], [5,6], [7,8], [9,0]]"
        print(type(a))
        b = eval(a)
        print(b)
Out[1]:
        <class 'str'>
        [[1, 2], [3, 4], [5, 6], [7, 8], [9, 0]]

In [2]: a = "17"  #这里的 a 是字符型 17
        b = eval(a)
```

50

```
          print(b)
Out[2]:17

In [3]: type(b)
Out[3]: int
```

函数的强大也是有代价的，安全性是其最大的缺点。例如，下面的代码存在较大的风险。
代码如下（code3-4）。

```
In [2]: __import__('os').system('dir >dir.txt')
Out[2]: 0

In [3]: open('dir.txt').read()
Out[3]:
    ' 驱动器 C 中的卷是 Windows\n 卷的序列号是 9EF4-9E16\n\n C:\\Users\\yubg 的目录
    \n\n2019-01-17  23:46    <DIR>        .\n2019-01-17  23:46    <DIR>
    ..\n2018-12-22  20:32    <DIR>        .anaconda\n2018-06-09  18:12    <DIR>
    .android\n2018-12-22  21:54    <DIR>        .conda\n2018-12-22  21:53
    739 .condarc\n2017-12-11  10:16    <DIR>        .continuum\n2018-06-14
    21:08    <DIR>        .idlerc\n2019-01-17  23:41    <DIR>
    ......
    552,498 衬衫.csv\n2018-07-25  22:36   715,980 衬衫.html\n2018-07-25  23:21
    332,600 衬衫 1.xlsx\n2018-07-25  23:49    332,602 衬衫 2.xlsx\n2018-07-26
    00:28        60 裤子.csv\n2018-07-19  18:18        193,740 选修课:
    Python 数据分析基础 2017 年 11 月 5 日.ipynb\n    150 个文件    560,986,394 字节\n
    35 个目录 139,845,382,144 可用字节 \n'
```

执行上面两句代码 code3-4，其实就已经在 Python3.x 安装目录下建立了一个名为 dir.txt
的文件。如若再运行下面这两句代码，则可以将新建的 dir.txt 文件删除。
代码如下（code3-5）。

```
In [4]: import os  #导入 os 模块
        os.system('del dir.txt /q')
Out[4]: 0
```

上面新建的 dir.txt 文件已经被删除了。也就是说，code3-5 中的这两句代码可以删除本台
计算机上的任何文件，下面的代码请自行测试。

```
In [5]: eval("__import__('os').system(r'md c:\\testtest')")  #建立了一个 testtest
文件夹
Out[5]: 0

In [6]: eval("__import__('os').system(r'rd/s/q c:\\testtest')")  #删除了 testtest 文件夹
Out[6]: 0

In [7]: eval("__import__('os').startfile(r'c:\windows\\notepad.exe')")
#运行 notepad.exe
```

如果在计算机上运行了这样几句代码，则该计算机上所有的文件都可以被别人任意处理，
或使系统崩溃。

## 3.3　类

面向对象编程（Object Oriented Programming，OOP）是一种程序设计思想。

面向对象的程序设计是把计算机程序视为一组对象的集合，而每个对象都可以接收其他 对象发过来的消息，并处理这些消息，计算机程序的执行就是一系列消息在各个对象之间传递的过程。

类

在 Python 中，所有数据类型都可以视为对象，当然也可以自定义对象。自定义的对象数据类型就是面向对象中的类（Class）的概念。

面向对象最重要的概念就是类（Class）和实例（Instance），必须牢记类是抽象的模板，如 Employee 类，而实例是根据类创建出来的一个个具体的"对象"，每个对象都拥有相同的方法，但各自的数据可能不同。在 Python 中，通过 class 关键字定义类，以 Employee 类为例。

```
class Employee(object):
    pass
```

class 后面紧接着是类名，即 Employee，类名通常是以大写开头的单词，紧接着是（object），表示该类是从哪个类继承下来的，关于继承的概念这里不做过多说明，读者可以自行查询资料。通常，如果没有合适的继承类，就使用 object 类，这是所有类最终都会继承的类。

定义好了 Employee 类，就可以根据 Employee 类创建出 Employee 的实例，创建实例是通过"类名 ()"实现的。

```
In [1]: class Employee(object):  #定义一个类
            pass

In [2]: amy = Employee()          #根据类创建一个类的实例
            amy
Out[2]:
        <__main__.Employee at 0x22eaf229208>

In [3]: Employee
Out[3]:
        __main__.Employee
```

可以看到，变量 amy 指向的就是一个 Employee 的实例，后面的 0x22eaf229208 是内存地址，每个 object 的地址都不一样，而 Employee 本身则是一个类。

可以自由地给一个实例变量绑定属性。例如，给实例 amy 绑定一个 name 属性。

```
In [4]: amy.name = 'Amy Simpson'
        amy.name
Out[4]:
        'Amy Simpson'
```

类可以起到模板的作用，因此，可以在创建实例的时候，把一些我们认为必须绑定的属性强制填写进去。通过定义一个特殊的__init__方法，在创建实例的时候，就把 name、salary 等属性绑上去。

```
In [5]:class Employee(object):
            def __init__(self, name, salary):
                self.name = name
                self.salary = salary
```

注意：特殊方法 "__init__" 前后分别为两个下画线。

__init__方法的第一个参数永远是 self，表示创建的实例本身，因此在__init__方法内部可以把各种属性绑定到 self。有了__init__方法，再创建实例时，就不能传入空参数了，必须传入与__init__方法匹配的参数，但 self 不需要传，Python 解释器自己会把实例变量传进去。

```
In [6]: amy = Employee('Amy Simpson', 59)
        amy.name
Out[6]:
        'Amy Simpson'

In [7]: amy.salary
Out[7]:
        59
```

和普通的函数相比，在类中定义的函数只有一点不同，就是第一个参数永远是实例变量 self，并且调用时，不用传递该参数。除此之外，类的方法和普通函数没有什么区别，所以仍然可以用默认参数、可变参数、关键字参数和命名关键字参数。

面向对象编程有一个重要的特点就是数据封装。在上面的 Employee 类中，每个实例都拥有各自的 name 和 salary 这些数据。我们可以通过函数来访问这些数据。例如，打印一个员工的工资。

```
In [8]: def print_salary(std):
            print('%s: %s' % (std.name, std.salary))

In [9]: print_salary(amy)
Out[9]:
        Amy Simpson: 59
```

既然 Employee 实例本身就拥有这些数据，那么访问这些数据就没有必要从外部的函数去访问，可以直接在 Employee 类的内部定义访问数据的函数，这样就把"数据"给封装起来了。这些封装数据的函数和 Employee 类本身是关联起来的，我们称之为类的方法。

```
In [10]: class Employee(object):
             def __init__(self, name, salary):
                 self.name = name
                 self.salary = salary

             def print_salary(self):
                 print('%s: %s' % (self.name, self.salary))
```

要定义一个方法，除了第一个参数是 self 外，其他和普通函数一样。要调用一个方法，只需要在实例变量上直接调用，除了 self 不用传递，其他参数正常传入。

```
In [11]: amy.print_salary()
Out[11]:
        Amy Simpson: 59
```

通过上面的操作，我们从外部看 Employee 类，创建实例只需要给出 name 和 salary，而如何打印，都是在 Employee 类的内部定义的，这些数据和逻辑被"封装"起来了，很容易调用，但不用知道内部实现的细节。

## 3.4　函数和类的调用

当写好了函数和类之后，在其他代码中该如何调用呢？
首先将函数和类命名保存成文件，便于其他代码的调用，具体的调用方法如下文。

### 3.4.1 调用函数

在同一个文件夹下调用。例如，有一个加法 add() 函数，命名保存为 A.py。内容如下。

函数的调用

```
#A.py 文件:
def add(x,y):
    print('和为: %d'%(x+y))
```

下面要在另一个代码文件 B.py 中调用 A.py 中的加法 add() 函数。在调用时，我们需要把 A.py 文件导入，导入时使用 import 命令。B 文件内容具体如下。

```
#B.py 文件:
import A
A.add(1,2)
```

再如，调用 A.py 文件中的 add 方法，调用方法为 A.add()。计算 2 和 3 的和，方法如下。

```
In [1]: import A
        A.add(2,3)
Out[1]:
        和为: 5
```

为了调用方便，减少输入的麻烦，我们在调用时使用 from 指明具体的调用函数的名称，这样每次调用时就不需要填写 "A." 前缀了，方法如下。

```
    from A import add
    add(1,2)
In [2]: from A import add
        add(2,3)
Out[2]:
        和为: 5
```

### 3.4.2 调用类

类的调用跟函数的调用差别不大。

```
#Cl_A.py 文件:
class Ax:
    def __init__(self,xx,yy):
        self.x=xx
        self.y=yy
    def add(self):
        print("x 和 y 的和为: %d"%(self.x+self.y))
```

下面在 B.py 文件中调用 Cl_A.py 文件中的类 Ax 中的 add 方法。

```
#B.py 文件:
from Cl_A import Ax
a=Ax(2,3)
a.add()
```
或
```
import Cl_A
a=Cl_A.Ax(2,3)
a.add()
```

以上函数和类的调用方法都是在同一个文件下的调用，对于不同文件下的调用，需要进行说明，即应有个"导引"，假如 Cl_A.py 文件的文件路径为：C:\Users\lenovo\Documents，现有 D:\yubg 下的 B.py 文件需要调用 Cl_A.py 文件中类 Ax 的 add 方法，调用方法如下。

```
import sys
sys.path.append(r' C:\Users\lenovo\Documents ')

import Cl_A
a=Cl_A.Ax(2,3)
a.add()
```

Python 在 import 函数或模块时，是在 sys.path 中按顺序查找的。sys.path 是一个列表，其中以字符串的形式存储了许多路径。使用 A.py 文件中的函数需要先将它的文件路径放到 sys.path 中。

```
In [2]:import sys
       sys.path.append(r'C:\Users\lenovo\Documents')
       from Cl_A import Ax
       a=Ax(2,3)
       a.add()
Out[2]: x 和 y 的和为: 5
```

## 3.5　实战体验：编写阶乘函数

编写计算阶乘的函数。

方法 1：递归法。

```
In [1]: def factl_0(n):
            '''
            利用递归法编写阶乘函数。
            输入参数 n，将计算出 n!。
            '''
            if n == 0:
                return 1
            else:
                return n * factl_0(n - 1)


In [2]: factl_0(3)
Out[2]: 6
```

方法 2：reduce 方法。

```
In [3]: def factl_1(n):
            '''
            利用 reduce 函数编写阶乘函数。此处用到了匿名函数 lambda。
            输入参数 n，将计算出 n!。
            '''
            from functools import reduce
            return reduce(lambda x,y:x*y,[1]+list(range(1,n+1)))


In [4]: factl_1(3)
Out[4]: 6


In [5]: help(factl_1)
    Help on function factl_1 in module __main__:
```

```
        factl_1(n)
        利用 reduce 函数编写阶乘函数。此处用到了匿名函数 lambda。
        输入参数 n，将计算出 n!。
```

从 help(factl_1)可以看出，函数体内的函数文档部分是为了给 help()函数调用的。

方法 3：range 函数遍历法。

```
In [6]: def factl_2(n):
            a = 1
            for i in range(1, n+1):
                a = a*i
            return a
In [7]: factl_2(6)
Out[7]: 720
```

# 第4章 正则表达式与格式化输出

正则表达式（Regular Expression）描述了一种字符串匹配的模式（Pattern），可以用来检查一个字符串是否含有某种子串、将匹配的子串替换或者从某个字符串中取出符合某个条件的子串等。

为了让输出显示更符合我们的要求，需要对输出进行控制——格式化输出。Python 的格式化方法有多种。如使用占位符%，使用 format，或者 f 输出（Python3.6 版本以上）等。

## 4.1　正则表达式基础

正则表达式又称正规表示式、规则表达式、常规表示法等，在代码中常简写为 regex、regexp 或 RE，是计算机科学的一个概念。在很多文本编辑器里，正则表达式通常被用来检索、替换那些匹配某个模式的文本。

许多程序设计语言都支持利用正则表达式对字符串操作。正则表达式这个概念最初是由 UNIX 中的工具软件（如 sed 和 grep）普及开的。

正则表达式对于 Python 来说并不是独有的。Python 中正则表达式的模块通常叫作"re"，利用"import re"来引入，它是一种用来匹配字符串的强有力武器。其设计思想是用一种描述性的语言来给字符串定义一个规则，凡是符合规则的字符串，我们就认为它"匹配"了，否则，该字符串就是不合法的。例如，判断一个字符串是不是合法 E-mail 的方法如下。

（1）创建一个匹配 E-mail 的正则表达式。

（2）用该正则表达式去匹配用户的输入判断是否合法。

因为正则表达式是用字符串表示的，所以首先要了解如何用字符来描述字符。

我们来举个例子。在爬取某网页中的所有的图片时，需要进行匹配，因为图片有 jpg、png、gif 等格式。下面的代码对百度贴吧网站上的 jpg 图片进行了匹配和下载。

【例 4-1】对网站上的图片进行匹配并下载。

```
In [1]: import re              # 导入正则表达式
        import urllib.request  # 获取网页源代码

        # 用正则表达式写一个小爬虫用于保存贴吧里的所有图片
        # 获取网页源代码
        def getHtml(url):
            page = urllib.request.urlopen(url)  # 打开 url，返回页面对象
```

```
                   html = page.read().decode('utf-8')    # 读取页面源代码
                   return html


          # 获得图片地址
          def getImg(html):
                   reg = r'src="(.*?\.jpg)" size="'   # 定义一个正则表达式来匹配页面当中的图片
                   imgre = re.compile(reg)            # 为了让正则表达式更快，给它来个编译

                   imglist = re.findall(imgre, html)      # 通过正则表达式返回所有数据列表
                   # 根据地址逐个进行下载
                   x = 0
                   for imgurl in imglist:
                           urllib.request.urlretrieve(imgurl,'%s.jpg' % x)
                                           # urlretrieve 直接将远程数据下载到本地
                           x+=1
      In [2]: html = getHtml("https://tieba.baidu.com/p/5154221980")
                   getImg(html)
```

我们在网上填表时，经常需要填写手机号码，当只有输入数字才被接收时，就可以用正则表达式去匹配数字。一个数字可以用"\d"匹配，而一个字母或数字可以用"\w"匹配，"."可以匹配任意字符。

'00\d'可以匹配'007'，但无法匹配'00A'，也就是说'00'后面只能是数字。

'\d\d\d'可以匹配'010'，只可匹配三位数字。

'\w\w\d'可以匹配'py3'，前两位可以是数字或者字母，但是第三位只能是数字。

'py.'可以匹配'pyc'、'pyo'、'py!'等。

在正则表达式中，用*表示任意个字符（包括 0 个），用+表示至少一个字符，用?表示 0 个或 1 个字符，用{n}表示 n 个字符，用{n,m}表示 n～m 个字符。

下面看一个复杂的例子：\d{3}\s+\d{3,8}。

从左到右解读如下。

（1）\d{3}表示匹配 3 个数字，如'010'。

（2）\s 可以匹配一个空格（也包括 Tab 等空白符），所以\s+表示至少有一个空格，如匹配' ', '   '等。

（3）\d{3,8}表示匹配 3～8 个数字，如'1234567'。

综合以上，上述正则表达式可以匹配以任意个空格隔开的带区号为 3 个数字、号码为 3～8 个数字的电话号码，如'021  8234567'。

如果要匹配'010-12345'这样的号码呢？因为'-'是特殊字符，在正则表达式中，要用'\'转义，所以正则式是\d{3}\-\d{3,8}。

但是，仍然无法匹配'010 - 12345'，因为'-'两侧带有空格，所以需要更复杂的匹配方式。要做更精确的匹配，可以用[ ]表示范围。

[0-9a-zA-Z\_]可以匹配一个数字、字母或者下画线。

[0-9a-zA-Z\_]+可以匹配至少由一个数字、字母或者下画线组成的字符串，如'a100', '0_Z', 'Py3000'等。

[a-zA-Z\_][0-9a-zA-Z\_]*可以匹配由字母或下画线开头，后接任意个由一个数字、字母或者下画线组成的字符串，也就是 Python 合法的变量。

re 匹配规则

[a-zA-Z\_][0-9a-zA-Z\_]{0, 19}更精确地限制了变量的长度是 1～20 个字符（前面 1 个字符+后面最多 19 个字符）。

A|B 可以匹配 A 或 B，所以(P|p)ython 可以匹配'Python'或者'python'。

^表示行的开头，^\d 表示必须以数字开头。

$表示行的结束，\d$表示必须以数字结束。

需要注意，py 也可以匹配'python'，但是加上^py$就变成了整行匹配，就只能匹配'py'了。

具体的正则表达式常用符号如表 4-1 所示。

表 4-1　　　　　　　　　　　　正则表达式常用符号表

| 符号 | 含义 | 例子 | 匹配结果 |
|---|---|---|---|
| * | 匹配前面的字符、表达式或括号里的字符 0 次或多次 | a*b* | aaaaaaa；aaaaabbb；bbb；aa |
| + | 匹配前面的字符、表达式或括号里的字符至少一次 | a+b+ | aabbb；abbbbb；aaaaab |
| ? | 匹配前面的 1 次或 0 次 | Ab? | A、Ab |
| . | 匹配任意单个字符，包括数字、空格和符号 | b.d | bad；b3d；b#d |
| [ ] | 匹配[ ]内的任意一个字符，即任选一个 | [a-z]* | zero；hello |
| \ | 转义符，把后面的特殊意义的符号按原样输出 | \.\|\\ | .\| |
| ^ | 字符串开始位置的字符或子表达式 | ^a | apple；aply；asdfg |
| $ | 经常用在表达式的末尾，表示从字符串的末端匹配，如果不用它，则每个正则表达式的实际表达形式都带有.*作为结尾。这个符号可以看成^符号的反义词 | [A-Z]*[a-z]*$ | ABDxerok；Gplu；yubg；YUBEG |
| \| | 匹配任意一个由\|分割的部分 | b(i\|ir\|a)d | bid；bird；bad |
| ?! | 不包含，这个组合经常放在字符或者正则表达式前面，表示这些字符不能出现。如果在整个字符串中全部排除某个字符，就要加上^和$符号 | ^((?![A-Z]).)*$ | 除了大写字母以外的所有字母字符均可：nu-here；&hu238-@ |
| ( ) | 表达式编组，()内的正则表达式会优先运行 | (a*b)* | aabaaab；aaabab；abaaaabaaaabaaab |
| {n} | 匹配前一个字符串 n 次 | Ab{2}c | abbc |
| {m,n} | 匹配前面的字符串或者表达式 m 到 n 次，包含 m 和 n 次 | go{2,5}gle | gooogle；goooogle；gooooogle；goooooogle |
| [^] | 匹配任意一个不在中括号内的字符 | [^A-Z]* | sed；sead@；hes#23 |
| \d | 匹配一位数字 | a\d | a3；a4；a9 |
| \D | 匹配一位非数字 | 3\D | 3A；3a；3- |
| \w | 匹配一个字母或数字 | \w | 3；A；a |
| \W | 同[^\w] | a\Wc | a c |
| \A | 仅匹配字符串开头 | \Aabc | Abc |
| \Z | 仅匹配字符串结尾 | Abc\Z | abc |

## 4.2　re 模块

Python 提供 re 模块，其包含所有正则表达式的功能。由于 Python 的字符串本身也用\转义，所以要特别注意。

```
s = 'ABC\\-001'                              # Python 的字符串
```
对应的正则表达式字符串变成：'ABC\-001'。

因此强烈建议使用 Python 的 r 做前缀，这样就不用考虑转义的问题了。

```
s = r'ABC\-001' # Python 的字符串
```
对应的正则表达式字符串不变： 'ABC\-001'。

## 4.2.1　判断匹配

先看看如何判断正则表达式是否匹配。代码如下。

```
In [1]: import re
In [2]: re.match(r'^\d{3}\-\d{3,8}$', '010-12345')
        <_sre.SRE_Match object; span=(0, 9), match='010-12345'>
In [3]:re.match(r'^\d{3}\-\d{3,8}$', '010 12345')
```

**re.match** 尝试从字符串的起始位置匹配一个模式，如果不是起始位置匹配，match()函数返回 None。

```
re.match(pattern, string)
```
函数参数说明如下。

　　　　**pattern**：匹配的正则表达式。

　　　　**string**：要匹配的字符串。

举例如下。

```
print(re.match(r'How', 'How are you').span()) # 在起始位置匹配，输出结果为(0, 3)
print(re.match(r'are', 'How are you'))    # 不在起始位置匹配，输出结果为 None
```

**match()**函数判断是否匹配，如果匹配成功，返回一个 match 对象，否则返回 None。常见的判断方法如下。

```
In [4]: test = '用户输入的字符串'
        if re.match(r'正则表达式', test):
            print('ok')
        else:
            print('failed')
Out[4]:
        Failed
```

**match()**函数在后面还会详细讨论。

## 4.2.2　切分字符串

用正则表达式切分字符串比用固定的字符更灵活，一般切分方法如下。

```
In [1]: 'a b   c'.split(' ')
        ['a', 'b', '', '', 'c']
```
执行上面代码结果显示，无法识别连续的空格。运行正则表达式结果如下。

```
In [2]: re.split(r'\s+', 'a b   c')
        ['a', 'b', 'c']
```
无论多少个空格都可以正常分割。加入"\,"试看结果。

```
In [3]: re.split(r'[\s\,]+', 'a,b, c  d')
        ['a', 'b', 'c', 'd']
```
再加入"\,\;"试试。

```
In [4]: re.split(r'[\s\,\;]+', 'a,b;; c  d')
        ['a', 'b', 'c', 'd']
```
如果用户输入了一组标签，可以用正则表达式把不规范的输入转化成正确的数组。

### 4.2.3　分组

除了简单地判断是否匹配之外，正则表达式还有提取子串的强大功能。用()表示的即为要提取的分组（Group）。

【例 4-2】^(\d{3})-(\d{3,8})$分别定义了两个组，可以直接从匹配的字符串中提取出区号和本地号码。

```
In [1]: m = re.match(r'^(\d{3})-(\d{3,8})$', '010-12345')
        m
Out[1]:
        <_sre.SRE_Match object; span=(0, 9), match='010-12345'>
In [2]: m.group(0)
Out[2]:
        '010-12345'
In [3]: m.group(1)
Out[3]:
        '010'
In [4]: m.group(2)
Out[4]:
        '12345'
```

如果正则表达式中定义了组，就可以在 match 对象上用 group()方法提取出子串。注意到 group(0)是原始字符串，group(1)、group(2)……表示第 1、2……个子串。提取子串非常有用，举例如下。

```
In [5]: t = '19:05:30'
        m = re.match(r'^(0[0-9]|1[0-9]|2[0-3]|[0-9])\:(0[0-9]|1[0-9]|2[0-
        9]|3[0-9]|4[0-9]|5[0-9]|[0-9])\:(0[0-9]|1[0-9]|2[0-9]|3[0-
        9]|4[0-9]|5[0-9]|[0-9])$', t)
In [6]: m.groups()
Out[6]:
        ('19', '05', '30')
```

这个正则表达式可以直接识别合法的时间。但有些时候，用正则表达式也无法做到完全验证，识别日期代码如下。

```
'^(0[1-9]|1[0-2]|[0-9])-(0[1-9]|1[0-9]|2[0-9]|3[0-1]|[0-9])$'
```

对于'2-30''4-31'这样的非法日期，用正则还是识别不了，或者说写出来非常困难，这时就需要程序配合识别了。

## 4.3　贪婪匹配

需要特别指出的是正则匹配默认是贪婪匹配，也就是匹配尽可能多的字符。

【例 4-3】匹配出数字后面的 0。

```
In [1]: re.match(r'^(\d+)(0*)$', '102300').groups()
Out[1]:
        ('102300', '')
```

由于\d+采用贪婪匹配，直接把后面的 0 全部匹配了，结果 0*只能匹配空字符串了。

必须让\d+采用非贪婪匹配（也就是尽可能少匹配），才能把后面的 0 匹配出来，加个?就可以让\d+采用非贪婪匹配。

```
In [2]: re.match(r'^(\d+?)(0*)$', '102300').groups()
Out[2]:
        ('1023', '00')
```

## 4.4 编译

当我们在 Python 中使用正则表达式时，re 模块内部会做两件事情。

（1）编译正则表达式，如果正则表达式的字符串本身不合法，会报错。

（2）用编译后的正则表达式去匹配字符串。

如果一个正则表达式要重复使用几千次，出于效率的考虑，我们可以预编译该正则表达式，接下来重复使用时就不再需要编译这个步骤，直接匹配。

```
In [1]: import re

In [2]: re_telephone = re.compile(r'^(\d{3})-(\d{3,8})$') # 编译

In [3]: re_telephone.match('010-12345').groups()    # 使用

Out[3]:
        ('010', '12345')

In [4]: re_telephone.match('010-8086').groups()    # 使用
Out[4]:
        ('010', '8086')
```

编译后生成 Regular Expression 对象，由于该对象自己包含了正则表达式，所以调用对应的方法时不用给出正则字符串。

## 4.5 正则函数

在 Python 中，re 模块提供了几个函数对输入的字符串进行确切的查询，具体如下。

- re.match()。
- re.search()。
- re.findall()。

每一个函数都接收一个正则表达式和一个待查找匹配的字符串。

### 4.5.1 re.compile() 函数

re.compile()函数编译正则表达式模式，返回一个对象。可以把常用的正则表达式编译成正则表达式对象，方便后续调用及提高效率。

```
re.compile(pattern, flags=0)
```

pattern：指定编译时的表达式字符串。

flags：编译标志位，用来修改正则表达式的匹配方式。支持 re.L|re.M 同时匹配 flags 标

志位参数。

- re.I(re.IGNORECASE)：使匹配对大小写不敏感。
- re.L(re.LOCAL)：做本地化识别（Locale-aware）匹配。
- re.M(re.MULTILINE)：多行匹配，影响^和 $。
- re.S(re.DOTALL)：使.匹配包括换行在内的所有字符。
- re.U(re.UNICODE)：根据 Unicode 字符集解析字符。这个标志影响\w，\W，\b，\B。
- re.X(re.VERBOSE)：该标志通过给予更灵活的格式以便将正则表达式写得更易于理解。

re.compile()函数的用法示例如下。

```
In [1]: import re
        content = 'Citizen wang, always fall in love with neighbour, WANG'
        rr = re.compile(r'wan\w', re.I)  # 不区分大小写
        print(type(rr))
Out[1]:
        <class '_sre.SRE_Pattern'>
In [2]: a = rr.findall(content)
        print(type(a))
        print(a)
Out[2]:
        <class 'list'>
        ['wang', 'WANG']
```

### 4.5.2　re.match()函数

re.match()函数总是从字符串"开头匹配"，并返回匹配的字符串的 match 对象<class '_sre.SRE_Match'>。格式如下。

```
re.match(pattern, string[, flags=0])
pattern: 匹配模式，由 re.compile 获得。
string: 需要匹配的字符串。
```

re.match()函数的工作方式是只有当被搜索字符串的开头匹配模式的时候，它才能查找到匹配对象。

【例 4-4】对字符串'dog rat dog'调用 re.match()函数，查找模式匹配'dog'。

```
In [1]: import re
        re.match(r'dog', 'dog rat dog')
Out[1]:
        <_sre.SRE_Match object; span=(0, 3), match='dog'>

In [2]: m1 = re.match(r'dog', 'dog rat dog')
        m1.group(0)
Out[2]:
        'dog'
```

但是，如果我们对 'rat'查找，则不会找到匹配。

```
In [3]: re.match(r'rat', 'dog rat dog')
```

再如：

```
In [3]: import re
        pattern = re.compile(r'hello')
        a = re.match(pattern, 'hello world')
        b = re.match(pattern, 'world hello')
```

```
        c = re.match(pattern, 'hell')
        d = re.match(pattern, 'hello ')
        if a:
            print(a.group())
        else:
            print('a 失败')
        if b:
            print(b.group())
        else:
            print('b 失败')
        if c:
            print(c.group())
        else:
            print('c 失败')
        if d:
            print(d.group())
        else:
            print('d 失败')
```

```
Out[3]:
        Hello
        b 失败
        c 失败
        hello
```

re.match()函数的使用方法和属性如下。

```
In [4]: import re
        str = 'hello world! hello python'
        pattern = re.compile(r'(?P<first>hell\w)(?P<symbol>\s)
                    (?P<last>.*ld!)')
                        # 分组，0 组是整个 hello world!，1 组 hello，2 组 ld!
        match = re.match(pattern, str)
        print('group 0:', match.group(0)) # 匹配 0 组，整个字符串
        print('group 1:', match.group(1)) # 匹配第一组，hello
        print('group 2:', match.group(2)) # 匹配第二组，空格
        print('group 3:', match.group(3)) # 匹配第三组，ld!
        print('groups:', match.groups())   # groups 方法，返回一个包含所有分组匹配的元组
        print('start 0:', match.start(0), 'end 0:', match.end(0))
        # 整个匹配开始和结束的索引值
        print('start 1:', match.start(1), 'end 1:', match.end(1))
        # 第一组开始和结束的索引值
        print('start 2:', match.start(1), 'end 2:', match.end(2))
        # 第二组开始和结束的索引值
        print('pos 开始于: ', match.pos)
        print('endpos 结束于: ', match.endpos) # string 的长度
        print('lastgroup 最后一个被捕获的分组的名字: ', match.lastgroup)
        print('lastindex 最后一个分组在文本中的索引: ', match.lastindex)
        print('string 匹配时候使用的文本: ', match.string)
        print('re 匹配时候使用的 Pattern 对象: ', match.re)
        print('span 返回分组匹配的 index(start(group),end(group)):', match.span(2))
```

```
Out[4]:
        group 0: hello world!
        group 1: hello
        group 2:
        group 3: world!
        groups: ('hello', ' ', 'world!')
        start 0: 0 end 0: 12
        start 1: 0 end 1: 5
        start 2: 0 end 2: 6
        pos 开始于: 0
        endpos 结束于: 25
        lastgroup 最后一个被捕获的分组的名字: last
        lastindex 最后一个分组在文本中的索引: 3
        string 匹配时候使用的文本: hello world! hello python
        re 匹配时候使用的 Pattern 对象:
        re.compile('(?P<first>hell\\w)(?P<symbol>\\s)(?P<last>.*ld!)')
        span 返回分组匹配的 index(start(group),end(group)):  (5, 6)
```

### 4.5.3　re.search()函数

re.search()函数对整个字符串进行搜索匹配，返回第一个匹配的字符串的 match 对象。格式如下。

```
re.search(pattern, string[, flags=0])
pattern: 匹配模式, 由 re.compile 获得。
string: 需要匹配的字符串。
```

re.search()函数和 re.match()函数类似，不过 re.search()函数不会限制我们只从字符串的开头查找匹配，在【例 4-4】的字符串中查找'rat'会查找到一个匹配。

```
In [4]: m21 = re.search(r'rat', 'dog rat dog')
        m21.group(0)
Out[4]:
        'rat'
```

然而 re.search()函数会在它查找到一个匹配项之后停止继续查找，因此在示例字符串中用 re.search()函数查找'dog'只找到其首次出现的位置。

```
In [5]: m22 = re.search(r'dog', 'dog rat dog')
        m22.group(0)
Out[5]:
        'dog'
```

其他代码如下。

```
In [5]: import re
        str = 'say hello world! hello python'
        pattern = re.compile(r'(?P<first>hell\w)(?P<symbol>\s)
            (?P<last>.*ld!)')#分组, 0 组是整个 hello world!,1 组 hello, 2 组 ld!
        search = re.search(pattern, str)
        print('group 0:', search.group(0)) # 匹配 0 组, 整个字符串
        print('group 1:', search.group(1)) # 匹配第一组, hello
        print('group 2:', search.group(2)) # 匹配第二组, 空格
        print('group 3:', search.group(3)) # 匹配第三组, ld!
        print('groups:', search.groups())
```

```
                                    # groups 方法，返回一个包含所有分组匹配的元组
print('start 0:', search.start(0), 'end 0:', search.end(0))
                                    # 整个匹配开始和结束的索引值
print('start 1:', search.start(1), 'end 1:', search.end(1))
                                    # 第一组开始和结束的索引值
print('start 2:', search.start(1), 'end 2:', search.end(2))
                                    # 第二组开始和结束的索引值
print('pos 开始于: ', search.pos)
print('endpos 结束于: ', search.endpos) # string 的长度
print('lastgroup 最后一个被捕获的分组的名字: ', search.lastgroup)
print('lastindex 最后一个分组在文本中的索引: ', search.lastindex)
print('string 匹配时候使用的文本: ', search.string)
print('re 匹配时候使用的 Pattern 对象: ', search.re)
print('span 返回分组匹配的 index（start(group),end(group)): ',
        search.span(2))
```

```
Out[5]:
    group 0: hello world!
    group 1: hello
    group 2:
    group 3: world!
    groups: ('hello', ' ', 'world!')
    start 0: 4 end 0: 16
    start 1: 4 end 1: 9
    start 2: 4 end 2: 10
    pos 开始于: 0
    endpos 结束于: 29
    lastgroup 最后一个被捕获的分组的名字: last
    lastindex 最后一个分组在文本中的索引: 3
    string 匹配时候使用的文本: say hello world! hello python
    re 匹配时候使用的 Pattern 对象:
        re.compile('(?P<first>hell\\w)(?P<symbol>\\s)(?P<last>.*ld!)')
    span 返回分组匹配的 index（start(group),end(group)):  (9, 10)
```

re.search()函数和 re.match()函数返回的"匹配对象"实际上是一个关于匹配子串的包装类。先前我们看到可以通过调用 group()函数得到匹配的子串，但是匹配对象还包含了更多关于匹配子串的信息。

例如，match 对象可以告诉我们，匹配的内容在原始字符串中的开始位置和结束位置。

```
In [8]: m0 = re.search(r'dog', 'dog rat dog')
        m0.start()
Out[8]: 0

In [9]: m0.end()
Out[9]: 3
```

这些信息有时候非常有用。

### 4.5.4   re.findall()函数

其实在 Python 中使用最多的查找方法是调用 re.findall()函数。当我们调用 re.findall()函数

时可以非常简单地得到一个所有匹配模式的列表，而不是得到 match 的对象。
对示例字符串调用 re.findall()函数得到结果如下。

re_findall 和
match 函数

```
In [6]:re.findall(r'dog', 'dog rat dog')
Out[6]:['dog', 'dog']

In [7]:re.findall(r'rat', 'dog rat dog')
Out[7]:['rat']
```

### 4.5.5　字符串的替换和修改

re 模块还提供了对字符串的替换和修改函数，它们比字符串对象提供的函数功能要强大。
```
sub (rule , replace , target [,count] )
subn(rule , replace , target [,count] )
```
在目标字符串中按规则查找匹配的字符串，再把它们替换成指定的字符串。我们可以指定被替换的次数，否则将替换所有匹配到的字符串。

第一个参数是正则规则，第二个参数是将要被替换的字符串，第三个参数是目标字符串，第四个参数是被替换的次数。这两个函数的唯一区别是返回值。sub 返回一个被替换的字符串，subn 返回一个元组，第一个元素是被替换的字符串，第二个元素是一个数字，表明产生了多少次替换。

【例 4-5】将下面字符串中的'dog'全部替换成'cat'。
```
In [8]: s='I have a dog , you have a dog , he have a dog'
        re.sub( r'dog' , 'cat' , s )
Out[8]:
        ' I have a cat , you have a cat , he have a cat '
```
如果只想替换前面两个，则可以写如下代码。
```
In [8]: re.sub( r'dog' , 'cat' , s , 2 )
Out[8]: ' I have a cat , you have a cat , he have a dog '
```
或者我们想知道发生了多少次替换，则可以使用 subn。
```
In [8]: re.subn( r'dog' , 'cat' , s )
Out[8]: (' I have a cat , you have a cat , he have a cat ', 3)
```

## 4.6　格式化输出

Python 格式化输出有两种方式：%和 format。format 的功能要比%方式强大，其中 format 可以自定义字符填充空白、字符串居中显示、转换二进制、整数自动分割、百分比显示等功能。Python3.6 新增了 f 格式化。

### 4.6.1　使用%符号进行格式化

首先看一个用%进行格式化的代码示例。
```
In [1]: name1 = "Yubg"
        print("He said his name is %s." %name1)
Out[1]:
        He said his name is Yubg.
```
%格式如下。
```
"%[(name)][flags][width].[precision]typecode "%x
```

格式化输出

如图 4-1 所示，第一个%为格式化开始，其后为格式字符串，第二个%之后的 x 为需要进行格式化的内容。使用这种方式进行字符串格式化时，要求被格式化的内容和格式字符之间必须一一对应。具体的参数描述如下。

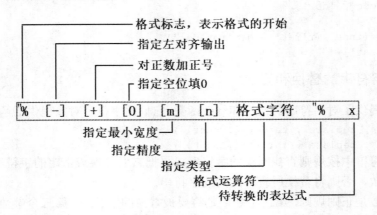

图 4-1　字符串格式化

- (name)：可选，用于选择指定的 key。
- flags：可选，可供选择的值有+、−、空格、0。
  - +：右对齐；正数前加正号，负数前加负号。
  - −：左对齐；正数前无符号，负数前加负号。
  - 空格：右对齐；正数前加空格，负数前加负号。
  - 0：右对齐；正数前无符号，负数前加负号；用 0 填充空白处。
- width：可选，占有宽度。
- .precision：可选，小数点后保留的位数。
- typecode：必选。
  - s：字符串。
  - r：字符串。
  - d：将整数、浮点数转换成十进制表示，并将其格式化到指定位置。
  - f：将整数、浮点数转换成浮点数表示，并将其格式化到指定位置（默认保留小数点后 6 位）。
  - F：同上。
  - c：整数——将数字转换成其 unicode 对应的值；字符——将字符添加到指定位置。
  - o：将整数转换成八进制表示，并将其格式化到指定位置。
  - x：将整数转换成十六进制表示，并将其格式化到指定位置。
  - e：将整数、浮点数转换成科学计数法，并将其格式化到指定位置（小写 e）。
  - E：将整数、浮点数转换成科学计数法，并将其格式化到指定位置（大写 E）。
  - g：自动调整将整数、浮点数转换成浮点型或科学计数法表示（超过 6 位数用科学计数法），并将其格式化到指定位置（如果是科学计数，则是 e）。
  - G：自动调整将整数、浮点数转换成浮点型或科学计数法表示（超过 6 位数用科学计数法），并将其格式化到指定位置（如果是科学计数，则是 E）。

○ %：当字符串中存在格式化标志时，需要用 %% 表示一个百分号。

用 % 进行格式化的示例如下。

```
In [1]: name1="Yubg"
   ...: print("He said his name is %d."%name1)
Traceback (most recent call last):

File "<ipython-input-1-d3549f33c4f0>", line 2, in <module>
print("He said his name is %d."%name1)

TypeError: %d format: a number is required, not str


In [2]: "i am %(name)s age %(age)d" % {"name": "alex", "age": 18}
Out[2]: 'i am alex age 18'

In [3]: "percent %.2f" % 99.97623
Out[3]: 'percent 99.98'

In [4]: "i am %(pp).2f" % {"pp": 123.425556 }
Out[4]: 'i am 123.43'

In [5]: "i am %(pp)+.2f %%" % {"pp": 123.425556,}
Out[5]: 'i am +123.43 %'
```

## 4.6.2　使用 format() 函数进行格式化

除了 % 字符串格式化方法之外，推荐使用 format() 函数进行格式化，该方法非常灵活，不仅可以使用位置进行格式化，还支持使用关键参数进行格式化。

Python 中 format() 函数用于字符串的格式化。

### 1. 通过关键字

```
print('{名字}今天{动作}'.format(名字='陈某某',动作='拍视频'))#通过关键字
grade = {'name' : '陈某某', 'fenshu': '59'}
print('{name}电工考了{fenshu}'.format(**grade))#通过关键字，可用字典当关键字传入值时，
```
在字典前加 ** 即可

### 2. 通过位置

```
print('{1}今天{0}'.format('拍视频','陈某某'))#通过位置
print('{0}今天{1}'.format('陈某某','拍视频'))
```
^、<、> 分别表示居中、左对齐、右对齐，后面带宽度。
```
print('{:^14}'.format('陈某某'))   #共占位 14 个宽度，陈某某居中
print('{:>14}'.format('陈某某'))   #共占位 14 个宽度，陈某某居右对齐
print('{:<14}'.format('陈某某'))   #共占位 14 个宽度，陈某某居左对齐
print('{:*<14}'.format('陈某某'))  #共占位 14 个宽度，陈某某居左对齐其他的*填充
print('{:&>14}'.format('陈某某'))  #共占位 14 个宽度，陈某某居右对齐其他的&填充
#填充和对齐^<>分别表示居中、左对齐、右对齐，后面 14 是总宽度（一个汉字为一个宽度）
```
精度和 f 类型，小数位数的精度常和浮点型 f 类型一起使用。

```
print('{:.1f}'.format(4.234324525254))
print('{:.4f}'.format(4.1))
```

进制转化，b、o、d、x 分别表示二、八、十、十六进制。

```
print('{:b}'.format(250))
print('{:o}'.format(250))
print('{:d}'.format(250))
print('{:x}'.format(250))
```

千分位分隔符，这种情况只针对数字。

```
print('{:,}'.format(100000000))
print('{:,}'.format(235445.234235))
```

通过位置格式化 format 格式如下。

```
"{[name][:][[fill]align][sign][#][0][width][,][.precision][type]} ".format()
```

各参数描述如下。

- fill：可选，空白处填充的字符。
- align：可选，对齐方式（需配合 width 使用）。
  - <：内容左对齐。
  - >：内容右对齐（默认）。
  - =：内容右对齐，将符号放置在填充字符的左侧，并且只对数字类型有效，即符号+填充物+数字。
  - ^：内容居中。
- sign：可选，只对数字有效。
  - +：所有数字均带有符号。
  - −：仅负数带有符号（默认选项）。
  - 空格：正数前面带空格，负数前面带符号。
- #：可选，对于二进制、八进制、十六进制，如果加上#，会显示 0b/0o/0x，否则不显示。
- ,：可选，为数字添加分隔符，如 1,000,000。
- width：可选，格式化位所占宽度。
- .precision：可选，小数位保留精度。
- type：可选，格式化类型。

type 传入"字符串类型"的参数。
  - s：格式化字符串类型数据。
  - 空白：未指定类型，则默认是 None，同 s。

type 传入"整数类型"的参数。
  - b：将十进制整数自动转换成二进制表示，然后格式化。
  - c：将十进制整数自动转换为其对应的 unicode 字符。
  - d：十进制整数。
  - o：将十进制整数自动转换成八进制表示，然后格式化。
  - x：将十进制整数自动转换成十六进制表示，然后格式化（小写 x）。
  - X：将十进制整数自动转换成十六进制表示，然后格式化（大写 X）。

type 传入"浮点型或小数类型"的参数。

○ e：转换为科学计数法（小写 e）表示，然后格式化。
○ E：转换为科学计数法（大写 E）表示，然后格式化。
○ f：转换为浮点型（默认小数点后保留 6 位）表示，然后格式化。
○ F：转换为浮点型（默认小数点后保留 6 位）表示，然后格式化。
○ g：自动在 e 和 f 中切换。
○ G：自动在 E 和 F 中切换。
○ %：显示百分比（默认显示小数点后 6 位）。

### 4.6.3　f 方法格式化

在普通字符串前添加 f 或 F 前缀，其效果类似于%方式或者 format()。
示例如下。

```
In [1]: name1 = "Fred"
        print("He said his name is %s." %name1)
Out[1]:
        He said his name is Fred.

In [2]: print("He said his name is {name1}.".format(**locals()))
Out[2]:
        He said his name is Fred.

In [3]: f"He said his name is {name1}."        #py3.6 之后才有的新功能
Out[3]:
        'He said his name is Fred.'
```

locals()函数使用方法如下。

```
In [4]: def test(arg):
            z = 1
            print(locals())
In [5]: test(4)
Out[5]:
        {'z': 1, 'arg': 4}
```

在 test()函数的局部名字空间中有两个变量：arg（它的值被传入函数）和 z（它是在函数里定义的）。locals 返回一个名字/值对的字典，这个字典的键是字符串形式的变量名字，字典的值是变量的实际值。所以用 4 来调用 test()函数，会打印出包含函数两个局部变量的字典：arg (4) 和 z (1)。

```
In [6]: test('doulaixuexi')  #locals 可以用于所有类型的变量
Out[6]:
        {'z': 1, 'arg': 'doulaixuexi'}
```

## 4.7　实战体验：验证信息的正则表达式

在填写个人信息时，对有些信息需要进行验证，如手机号码、身份证、E-mail 等。下面对从键盘输入的 E-mail 进行验证，代码如下。

```
In [1]: import re
        text = input("Please input your E-mail address: \n")
        if re.match(r'^\w+([-+.]\w+)*@\w+([-.]\w+)*\.\w+([-.]\w+)*$',
                    text):
            print('E-mail address is Right!')
        else:
            print('Wrong!Please reset your right E-mail address!')
Out[1]:
        Please input your E-mail address:
        120487362@qq.com
        E-mail address is Right!

In [2]: text = input("Please input your E-mail address: \n")
        if re.match(r'^\w+([-+.]\w+)*@\w+([-.]\w+)*\.\w+
                    ([-.]\w+)*$',text):
            print('E-mail address is Right!')
        else:
             print('Wrong!Please reset your right E-mail address!')
Out[2]:
        Please input your E-mail address:
        123@
        Wrong!Please reset your right E-mail address!
```

对于判断输入的身份证号码，可以将匹配规则进行以下替换。

^([0-9]){7,18}(x|X)?$

或

^\d{8,18}|[0-9x]{8,18}|[0-9X]{8,18}?$

若是判断输入的是手机号码，则进行如下替换。

^(13[0-9]|14[5|7]|15[0|1|2|3|5|6|7|8|9]|18[0|1|2|3|5|6|7|8|9])\d{8}$

为了方便读者的学习，下面收集和整理了一些可以判断的规则。

### 1．校验数字的表达式

（1）数字：^[0-9]*$。

（2）$n$ 位的数字：^\d{n}$。

（3）至少 $n$ 位的数字：^\d{n,}$。

（4）$m$～$n$ 位的数字：^\d{m,n}$。

（5）零和非零开头的数字：^(0|[1-9][0-9]*)$。

（6）非零开头的最多带两位小数的数字：^([1-9][0-9]*)+(.[0-9]{1,2})?$。

（7）带 1～2 位小数的正数或负数：^(\-)?\d+(\.\d{1,2})?$。

（8）正数、负数和小数：^(\-|\+)?\d+(\.\d+)?$。

（9）有两位小数的正实数：^[0-9]+(.[0-9]{2})?$。

（10）有 1～3 位小数的正实数：^[0-9]+(.[0-9]{1,3})?$。

（11）非零的正整数：^[1-9]\d*$、^([1-9][0-9]*){1,3}$ 或^\+?[1-9][0-9]*$。

（12）非零的负整数：^\-[1-9][]0-9"*$ 或^-[1-9]\d*$。

（13）非负整数：^\d+$ 或^[1-9]\d*|0$。

（14）非正整数：^-[1-9]\d*|0$ 或^((-\d+)|(0+))$。

（15）非负浮点数：^\d+(\.\d+)?$ 或^[1-9]\d*\.\d*|0\.\d*[1-9]\d*|0?\.0+|0$。

### 2．校验字符的表达式

（1）汉字：^[\u4e00-\u9fa5]{0,}$。

（2）英文和数字：^[A-Za-z0-9]+$ 或^[A-Za-z0-9]{4,40}$。

（3）长度为 3～20 的所有字符：^.{3,20}$。

（4）由 26 个英文字母组成的字符串：^[A-Za-z]+$。

（5）由 26 个大写英文字母组成的字符串：^[A-Z]+$。

（6）由 26 个小写英文字母组成的字符串：^[a-z]+$。

（7）由数字和 26 个英文字母组成的字符串：^[A-Za-z0-9]+$。

（8）由数字、26 个英文字母或者下画线组成的字符串：^\w+$ 或^\w{3,20}$。

（9）中文、英文、数字包括下画线：^[\u4E00-\u9FA5A-Za-z0-9_]+$。

（10）中文、英文、数字但不包括下画线等符号：^[\u4E00-\u9FA5A-Za-z0-9]+$ 或 ^[\u4E00-\u9FA5A-Za-z0-9]{2,20}$。

### 3．特殊需求表达式

（1）E-mail 地址：^\w+([-+.]\w+)*@\w+([-.]\w+)*\.\w+([-.]\w+)*$。

（2）域名：[a-zA-Z0-9][-a-zA-Z0-9]{0,62}(/.[a-zA-Z0-9][-a-zA-Z0-9]{0,62})+/.?。

（3）InternetURL：[a-zA-z]+://[^\s]* 或^http://([\w-]+\.)+[\w-]+(/[\w-./?%&=]*)?$。

（4）手机号码：^(13[0-9]|14[5|7]|15[0|1|2|3|5|6|7|8|9]|18[0|1|2|3|5|6|7|8|9])\d{8}$。

（5）电话号码（"×××-××××××××""××××-××××××××""×××-×××××××" "×××-×××××××"、"×××××××" 和 "××××××××）：^(\(\d{3,4}-)|\d{3.4}-)?\d{7,8}$。

（6）国内电话号码（0511-4405222、021-87888822）：\d{3}-\d{8}|\d{4}-\d{7}。

（7）身份证号（15 位、18 位数字）：^\d{15}|\d{18}$。

（8）短身份证号码（数字、字母 x 结尾）：^([0-9]){7,18}(x|X)?$ 或^\d{8,18}|[0-9x]{8,18}|[0-9X]{8,18}?$。

（9）账号是否合法（字母开头，允许 5～16 字节，允许字母数字下画线）：^[a-zA-Z][a-zA-Z0-9_]{4,15}$。

（10）密码（以字母开头，长度为 6～18，只能包含字母、数字和下画线）：^[a-zA-Z]\w{5,17}$。

（11）强密码（必须包含大小写字母和数字的组合，不能使用特殊字符，长度为 8～10）：^(?=.*\d)(?=.*[a-z])(?=.*[A-Z]).{8,10}$。

（12）日期格式：^\d{4}-\d{1,2}-\d{1,2}。

（13）一年的 12 个月（01～09 和 1～12）：^(0?[1-9]|1[0-2])$。

（14）一个月的 31 天（01～09 和 1～31）：^((0?[1-9])|((1|2)[0-9])|30|31)$。

（15）钱的输入格式，有 4 种钱的表示形式可以接收，"10000.00" 和 "10,000.00"，没有"分"的"10000"和"10,000"：^[1-9][0-9]*$。

（16）空白行的正则表达式：\n\s*\r (可以用来删除空白行)。

（17）首尾空白字符的正则表达式：^\s*|\s*$或(^\s*)|(\s*$)，可以用来删除行首行尾的空白字符（包括空格、制表符、换页符等）。

（18）中国邮政编码（6 位数字）：[1-9]\d{5}(?!\d)。

（19）IP 地址：\d+\.\d+\.\d+\.\d+　（提取 IP 地址时有用）。

（20）IP 地址：((?:(?:25[0-5]|2[0-4]\\d|[01]?\\d?\\d)\\.){3}(?:25[0-5]|2[0-4]\\d|[01]?\\d?\\d))。

在本章中我们介绍了 Python 中使用正则表达式的一些基础知识，学习了原始字符串类型，还学习了如何使用 match()、search()和 findall()函数进行基本的匹配查询。

# 第 5 章 Numpy 和 Pandas

数据处理绕不开的两个库就是 Numpy（Numerical Python）和 Pandas。

Numpy 库是 Python 中科学计算的基础软件包。它可以提供多维数组对象、多种派生对象（如掩码数组、矩阵）以及用于快速操作数组的函数及 API，包括数学、逻辑、数组形状变换、排序、选择、I/O、离散傅立叶变换、基本线性代数、基本统计运算、随机模拟等。Numpy 库的核心是 ndarray 对象。

Pandas 是一个提供快速、灵活和表达数据结构的 Python 库。Pandas 库的两个主要数据结构 Series（一维）和 DataFrame（二维），适用于金融、统计等社会科学以及许多工程领域中的绝大多数典型用例。在实际应用中，Pandas 是使用的比较多的一个库，尤其在数据清洗方面。

## 5.1　Numpy 库

标准安装的 Python 用列表（List）保存一组值，可以当作数组使用，不过列表的元素可以是任何对象，因此列表中所保存的是对象的指针。为了保存一个简单的[1,2,3]，需要有 3 个指针和 3 个整数对象。对于数值运算来说，这种结构显然比较浪费内存和 CPU 计算时间。

此外 Python 还提供了一个 array 模块。array 对象和列表不同，它直接保存数值。但是它不支持多维，也没有各种运算函数，因此也不适合做数值运算。

Numpy 库的诞生弥补了这些不足，Numpy 库提供了两种基本的对象：ndarray（N-dimensional Array Object）和 ufunc（Universal Function Object）。ndarray（下文统一称之为数组）是存储单一数据类型的多维数组，而 ufunc 则是能够对数组进行处理的函数。

Numpy 库是 Python 中的一个线性代数库。对每一个数据科学或机器学习的 Python 库而言，这都是一个非常重要的库，SciPy（Scientific Python）、Matplotlib（Plotting Library）、Scikit-learn 等都在一定程度上依赖 Numpy 库。

Numpy 库的安装比较简单，在安装了 Anaconda 后，基本的 Numpy、Pandas 和 Matplotlib 库就都已经安装了。可以通过 Anaconda 选项下的 Anaconda Prompt 执行命令 conda list 查看所安装的包，如图 5-1 所示。

如果列表中没有 Numpy 库，则可直接继续执行安装命令 conda install numpy。

对数组执行数学运算和逻辑运算时，Numpy 库是非常有用的。在用 Python 对 n 维数组和矩阵进行运算时，Numpy 库提供了大量有用特征。Numpy 库数组有两种形式：向量和矩阵。严格地讲，向量是一维数组，矩阵是多维数组。在某些情况下，矩阵只有一行或一列。

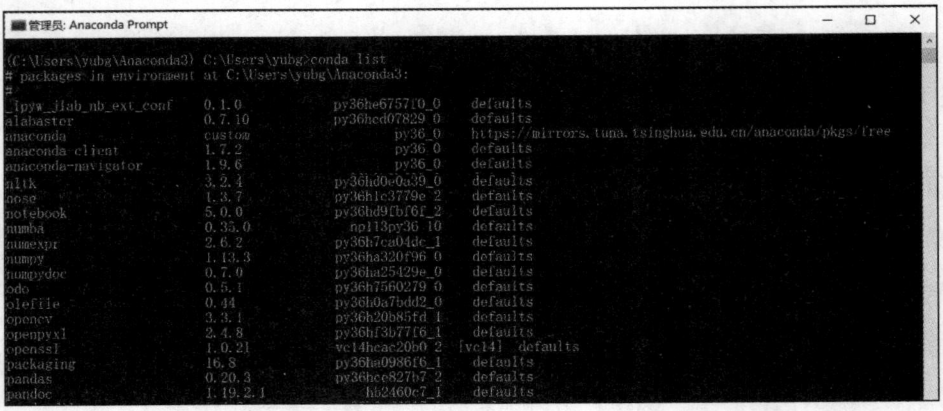

图 5-1　查看 Anaconda 所安装的包

在导入 Numpy 库时，我们通过 as 将 np 作为 Numpy 的别名，导入方式如下。

```
import numpy as py
```

### 5.1.1　数组的创建

先从 Python 列表中创建 Numpy 数组。

```
In [1]: import numpy as np
   ...: my_list = [1, 2, 3, 4, 5]
   ...: my_numpy_list = np.array(my_list)
```

Numpy 数组的
创建与查找

通过这个列表，我们已经简单地创建了一个名为 **my_numpy_list** 的 Numpy 数组，显示结果如下。

```
In [2]: my_numpy_list
Out[2]: array([1, 2, 3, 4, 5])
```

我们已将一个列表转换成一维数组。要想得到二维数组，则需要创建一个包含列表为元素的列表，如下所示。

```
In [3]: second_list = [[1,2,3], [5,4,1], [3,6,7]]
   ...: new_2d_arr = np.array(second_list)
   ...: new_2d_arr
Out[3]:
        array([[1, 2, 3],
               [5, 4, 1],
               [3, 6, 7]])
```

我们已经成功创建了一个 3 行 3 列的二维数组。有时为了方便数据操作，我们需要将数组转化为列表，使用 tolist()函数即可。

```
In [66]: c = np.array([[1, 2, 3, 4],[4, 5, 6, 7], [7, 8, 9, 10]])
    ...: c
Out[66]:
        array([[ 1, 2, 3, 4],
               [ 4, 5, 6, 7],
               [ 7, 8, 9, 10]])

In [67]: c.tolist()
Out[67]: [[1, 2, 3, 4], [4, 5, 6, 7], [7, 8, 9, 10]]
```

我们还可以通过给 array 函数传递 Python 的序列对象来创建数组，如果传递的是多层嵌套的序列，将创建多维数组，如下面的变量 c。

```
In [4]: a = np.array([1, 2, 3, 4])
   ...: b = np.array((5, 6, 7, 8))
   ...: c = np.array([[1, 2, 3, 4],[4, 5, 6, 7], [7, 8, 9, 10]])
   ...: b
Out[4]: array([5, 6, 7, 8])

In [5]: c
Out[5]:
       array([[ 1, 2, 3, 4],
              [ 4, 5, 6, 7],
              [ 7, 8, 9, 10]])

In [6]: c.dtype              #查看 c 的数据类型
Out[6]: dtype('int32')
```
数组的大小可以通过其 shape 属性获得。
```
In [7]: a.shape              #查看 a 的数组维度
Out[7]: (4,)

In [8]: c.shape
Out[8]: (3, 4)
```

数组 a 的 shape 只有一个元素 4，因此它是一维数组。而数组 c 的 shape 有两个元素，因此它是二维数组，其中第 0 轴的长度为 3，第 1 轴的长度为 4，如图 5-2 所示。

还可以通过修改数组的 shape 属性，在保持数组元素个数不变的情况下，改变数组每个轴的长度。下面的例子将数组 c 的 shape 改为(4,3)，注意从(3,4)改为(4,3)并不是对数组进行转置，而是改变每个轴的大小，数组元素在内存中的位置并没有改变。

图 5-2　二维数组轴图

```
In [9]: c.shape = 4,3
   ...: c
Out[9]:
       array([[ 1, 2, 3],
              [ 4, 4, 5],
              [ 6, 7, 7],
              [ 8, 9, 10]])
```
当某个轴的长度为-1 时，相当于占位符，这个-1 位置上将根据数组元素的个数自动计算此轴的长度，因此下面的代码将数组 c 的 shape 改为了(2,6)，但这里的 6 不需要人工去计算，以-1 替代，由计算机自动计算填充。
```
In [10]: c.shape = 2,-1
   ...: c
Out[10]:
       array([[ 1, 2, 3, 4, 4, 5],
              [ 6, 7, 7, 8, 9, 10]])
```
使用数组的 reshape 方法，可以创建一个改变了尺寸的新数组，原数组的 shape 保持不变。

```
In [11]: d = a.reshape((2,2))
    ...: d
Out[11]:
        array([[1, 2],
               [3, 4]])

In [12]: a
Out[12]: array([1, 2, 3, 4])
```

使用 reshape 方法新生成的数组和原数组共用一个内存，不管改变哪个都会互相影响。所以数组 a 和 d 其实共享数据存储内存区域，因此修改其中任意一个数组的元素都会同时修改另外一个数组的内容。

```
In [13]: a[1] = 100    # 将数组 a 的第一个元素改为 100
    ...: d              # 注意数组 d 中的 2 也被改变了
Out[13]:
        array([[  1, 100],
               [  3,   4]])
```

数组的元素类型可以通过 dtype 属性获得。上面例子中的参数序列的元素都是整数，因此所创建的数组的元素类型也是整数，并且是 32bit 的长整型。可以通过 dtype 参数在创建时指定元素类型。

```
In [14]: np.array([[1,2,3,4],[4,5,6,7], [7,8,9,10]], dtype=np.float)
Out[14]:
        array([[  1.,  2.,  3.,  4.],
               [  4.,  5.,  6.,  7.],
               [  7.,  8.,  9., 10.]])

In [15]: np.array([[1,2,3,4],[4,5,6,7], [7,8,9,10]], dtype=np.complex)
Out[15]:
        array([[ 1.+0.j,  2.+0.j,  3.+0.j,  4.+0.j],
               [ 4.+0.j,  5.+0.j,  6.+0.j,  7.+0.j],
               [ 7.+0.j,  8.+0.j,  9.+0.j, 10.+0.j]])
```

当想知道一个数组包含多少个数据时，可以使用 size 来查阅。

```
In [16]: d=np.array([[  1, 100],[  3,   4]])
    ...: d.size
Out[16]: 4

In [31]: len(d)
Out[31]: 2
```

注意：len 和 size 的区别，len 是指元素的个数，而 size 是指数据的个数，也就是说元素可以包含多个数据。

上面的例子都是先创建一个 Python 序列，然后通过 array()函数将其转换为数组，这样做显然效率不高。因此 Numpy 提供了很多专门用来创建数组的函数。下面的每个函数都有一些关键字参数，具体用法请查看函数说明。

在本书的第 1 章关于 for 循环中学习过 range()函数。该函数通过指定的开始值、终止值和步长生成一整数序列，但如果要生成一个小数序列呢？这就要用到 Numpy 库中 arange()函数。arange()函数类似于 Python 的内置 range()函数。使用 arange()函数需要先导入 Numpy 库。例如，产生一个 0~1 的步长为 0.1 的序列。

```
In [16]: np.arange(0,1,0.1)
Out[16]: array([ 0. , 0.1, 0.2, 0.3, 0.4, 0.5, 0.6, 0.7, 0.8, 0.9])
```

linspace()函数通过指定开始值、终止值和元素个数来创建一维数组，可以通过 endpoint 关键字指定是否包括终止值。默认设置是包括终止值。

```
In [17]: np.linspace(0, 1, 12)
Out[17]:
        array([ 0. , 0.09090909, 0.18181818, 0.27272727, 0.36363636,
               0.45 454545, 0.54545455, 0.63636364, 0.72727273, 0.81818182,
               0.90 909091, 1. ])
```

logspace()函数和 linspace()函数类似，通过它创建等比数列，下面的代码产生 1(即 10**0) 到 100(即 10**2)中 20 个元素的等比数列。

```
In [18]: np.logspace(0, 2, 20)
Out[18]:
        array([ 1. , 1.27427499, 1.62377674, 2.06913808,
               2.63 66509 , 3.35981829, 4.2813324 , 5.45559478,
               6.95 192796, 8.8586679 , 11.28837892, 14.38449888,
               18.32 980711, 23.35721469, 29.76351442, 37.92690191,
               48.32 930239, 61.58482111, 78.47599704, 100. ])
```

还可以通过 zeros()和 ones()函数等来创建多维数组。

```
In [19]: import numpy as np
    ...: my_zeros = np.zeros(5)

In [20]: my_zeros
Out[20]: array([ 0., 0., 0., 0., 0.])

In [21]: my_ones = np.ones(5)

In [22]: my_ones
Out[22]: array([ 1., 1., 1., 1., 1.])

In [23]: two_zeros = np.zeros((3,5))
    ...: two_zeros
Out[23]:
        array([[ 0., 0., 0., 0., 0.],
               [ 0., 0., 0., 0., 0.],
               [ 0., 0., 0., 0., 0.]])

In [24]: two_ones = np.ones((5,3))
    ...: two_ones
Out[24]:
        array([[ 1., 1., 1.],
               [ 1., 1., 1.],
               [ 1., 1., 1.],
               [ 1., 1., 1.],
               [ 1., 1., 1.]])
```

创建一个一维数组，并且把元素 3 重复 4 次，可以使用 repeat()函数。

```
In [25]: np.repeat(3, 4)
Out[25]: array([3, 3, 3, 3])
```

还可以使用 np.full(shape, val)函数创建多维数组，每个元素值均填充为 val。

```
In [26]: np.full((2,3),8)
Out[26]:
         array([[8, 8, 8],
                [8, 8, 8]])
```

在处理线性代数时，单位矩阵是非常有用的。单位矩阵是一个二维的方阵，即在这个矩阵中列数与行数相等，它的对角线都是 1，其他均为 0。单位矩阵可以使用 eye() 函数来创建。

```
In [27]: my_matrx = np.eye(6)

In [28]: my_matrx
Out[28]:
         array([[ 1., 0., 0., 0., 0., 0.],
                [ 0., 1., 0., 0., 0., 0.],
                [ 0., 0., 1., 0., 0., 0.],
                [ 0., 0., 0., 1., 0., 0.],
                [ 0., 0., 0., 0., 1., 0.],
                [ 0., 0., 0., 0., 0., 1.]])
```

在处理数据时，有时会用到随机数组成的数组，随机数组成的数组可以使用 rand()、randn() 或 randint() 函数生成。

（1）np.random.rand() 可以生成一个从 0～1 均匀产生的随机数组成的数组。例如，如果想要一个由 4 个对象组成的一维数组，且这 4 个对象均匀分布在 0～1，代码如下。

```
In [1]: import numpy as np
   ...: my_rand = np.random.rand(4)
   ...: my_rand
Out[1]: array([ 0.8038377 , 0.82393353, 0.07511963, 0.28900456])
```

如果想要一个有 5 行 4 列的二维数组，代码如下。

```
In [2]: my_rand = np.random.rand(5, 4)
   ...: my_rand
Out[2]:
        array([[ 0.23075524, 0.37075683, 0.02791661, 0.59149501],
               [ 0.19525257, 0.20225569, 0.03901862, 0.32141019],
               [ 0.59996611, 0.95734781, 0.15140956, 0.43600606],
               [ 0.42776634, 0.8688988 , 0.75872595, 0.36019754],
               [ 0.88073936, 0.51553821, 0.44954604, 0.93475329]])
```

（2）np.random.randn() 可以从以 0 为中心的标准正态分布或高斯分布中产生随机样本。生成 7 个随机数代码如下。

```
In [3]: my_randn = np.random.randn(7)
   ...: my_randn
Out[3]:
        array([-0.69841501, -1.18251376, -0.26387785, -0.1519803 ,
        -1.12398459,-1.01932536, -0.09537881])
```

根据数据绘制后会得到一个正态分布曲线。

同样地，如需创建一个 3 行 5 列的二维数组，代码如下。

```
In [4]: np.random.randn(3,5)
Out[4]:
        array([[-0.66033972, -0.82280485, -0.08232885, 1.14664427, 0.01316381],
```

```
        [-0.55195999, -0.59205497, 0.93660669, 2.85397242, 0.61310109],
        [ 0.21420844, 0.04403698, 0.97300744, 0.87568263, -0.67880206]])
```
（3）np.random.randint()在半闭半开区间[low,high)上生成离散均匀分布的整数值；若 high=None，则取值区间变为[0,low)。

```
In [5]: np.random.randint(20)  #在[0,20)上产生 1 个整数
Out[5]: 10

In [6]: np.random.randint(2, 20)  #在[2,20)上产生 1 个整数
Out[6]: 10

In [7]: np.random.randint(2, 20, 7)  #在[0,20)上产生 7 个整数
Out[7]: array([12, 16, 9, 17, 11, 14, 10])

In [8]: np.random.randint(10, high=None, size=(2,3))  #在[0,10)上产生 2 行列的整数数组
Out[8]:
        array([[7, 1, 3],
               [9, 9, 9]])
```
其他创建数组的方法如下。

np.empty((m,n))：创建 *m* 行 *n* 列，未初始化的二维数组。

np.ones_like(a)：根据数组 a 的形状生成一个元素全为 1 的数组。

np.zeros_like(a)：根据数组 a 的形状生成一个元素全为 0 的数组。

np.full_like(a,val)：根据数组 a 的形状生成一个元素全为 val 的数组。

np.empty((2,3),np.int)：只分配内存，不进行初始化。

关于各个创建数组方法的使用可以通过 help()函数来查询。

```
In [9]: help(np.full_like)
Help on function full_like in module numpy.core.numeric:

full_like(a, fill_value, dtype=None, order='K', subok=True)
Return a full array with the same shape and type as a given array.
Parameters
----------
...
Examples
--------
>>> x = np.arange(6, dtype=np.int)
>>> np.full_like(x, 1)
array([1, 1, 1, 1, 1, 1])
>>> np.full_like(x, 0.1)
array([0, 0, 0, 0, 0, 0])
>>> np.full_like(x, 0.1, dtype=np.double)
array([ 0.1, 0.1, 0.1, 0.1, 0.1, 0.1])
>>> np.full_like(x, np.nan, dtype=np.double)
array([ nan, nan, nan, nan, nan, nan])
>>> y = np.arange(6, dtype=np.double)
>>> np.full_like(y, 0.1)
array([ 0.1, 0.1, 0.1, 0.1, 0.1, 0.1])
```

### 5.1.2 数组的操作

#### 1. 访问数组

对数组里的元素进行操作，首先是要能够索引元素，即查询访问。

索引：每个维度一个索引值，用逗号分隔。

```
In [1]: import numpy as np
   ...: a = np.random.randint(2, 100, 24).reshape((3,8))
   ...: a
Out[1]:
        array([[72, 11, 2, 63, 84, 9, 57, 59],
               [85, 8, 7, 87, 81, 71, 46, 59],
               [56, 50, 44, 30, 71, 73, 15, 5]])

In [2]: a[2,6]   #访问索引号为[2, 6]位置上的元素15
Out[2]: 15

In [3]: b = a.reshape((2,3,4))#将a改为三维数组
   ...: b
Out[3]:
        array([[[72, 11, 2, 63],
                [84, 9, 57, 59],
                [85, 8, 7, 87]],

               [[81, 71, 46, 59],
                [56, 50, 44, 30],
                [71, 73, 15, 5]]])

In [4]: b[1,2,3] #访问索引号为[1,2,3]位置上的元素5
Out[4]: 5
```

多维数组的切片：每个维度一个切片值，用逗号分隔。

```
In [5]: b[:,1:,2] #访问元素57、7、44、15
Out[5]:
        array([[57, 7],
               [44, 15]])
```

访问数组元素的操作还可以像下面这样。

```
In [1]: import numpy as np
   ...: c = np.array([[1, 2, 3, 4],[4, 5, 6, 7], [7, 8, 9, 10]])
   ...: c
Out[1]:
        array([[ 1, 2, 3, 4],
               [ 4, 5, 6, 7],
               [ 7, 8, 9, 10]])

In [2]: c[1][3]            #访问行索引为1、列索引为3的元素
Out[2]: 7

In [3]: c[:,[1,3]]         #访问c的所有行的列索引为1、3的元素
```

```
Out[3]:
        array([[ 2,  4],
               [ 5,  7],
               [ 8, 10]])
```

更多的时候是访问符合条件的元素,如条件为 c[x][y],x 和 y 为条件。

```
In [4]: c[: , 2][c[: , 0] < 5]
Out[4]: array([3, 6])
```

说明如下。

a [x] [y]:表示访问符合 x、y 条件的 a 的元素。

[:, 2]:表示取所有行的第 3 列(第 3 列索引号为 2),[c[:, 0] < 5]表示取第一列(第 1 列索引号为 0)值小于 5 所在的行(第 1、2 行),最终表示取第 1、2 行的第 3 列,得到结果 array([3, 6])这个"子"数组。

在访问数组时,经常用到查找符合条件元素的位置,这时可以使用 where()函数。

```
In [5]: c
Out[5]:
        array([[ 1,  2,  3,  4],
               [ 4,  5,  6,  7],
               [ 7,  8,  9, 10]])
```

```
In [6]: np.where(c == 4)  #查询数据为 4 的位置
Out[6]: (array([0, 1], dtype=int64), array([3, 0], dtype=int64))
```

这里需要注意的是[0, 1]和[3, 0]并不是找到的位置,而是一个表示坐标的元组,元组的第一个数组表示查询结果的行坐标,第二个数组表示结果的列坐标,即找到的位置为:c[0,3]和 c[1,0](或者 c[0][3]和 c[1][0])。

## 2. 数组元素类型转换

当需要对数组中的数据进行数据类型转换时,常用 astype 方法。

(1)转换数据类型。

如果将浮点数转换为整数,则小数部分会被截断。

```
In [1]: import numpy as np
   ...: q = np.array([1.1, 2.2, 3.3, 4.4, 5.3221])
   ...: q
Out[1]: array([ 1.1 ,  2.2 ,  3.3 ,  4.4 ,  5.3221])
```

```
In [2]: q.dtype
Out[2]: dtype('float64')
```

```
In [3]: q.astype(int)
Out[3]: array([1, 2, 3, 4, 5])
```

(2)字符串数组转换为数值型。

```
In [4]: s = np.array(['1.2','2.3','3.2141'])
   ...: s
Out[4]:
        array(['1.2', '2.3', '3.2141'],
              dtype='<U6')
```

```
In [5]: s.astype(float)
Out[5]: array([ 1.2 , 2.3 , 3.2141])
```

此处给的是 float，而不是 np.float64, Numpy 很智能，会将 Python 类型映射到等价的 dtype 上。

### 3. 数组的拼接

vstack()和 hstack()方法可以实现两个数组的"拼接"。

np.vstack((a,b))：将数组 a、b 竖直拼接（vertical）。

np.hstack((a,b))：将数组 a、b 水平拼接（horizontal）。

Numpy 操作

```
In [1]: import numpy as np
   ...: a = np.full((2,3),1)
   ...: a
Out[1]:
        array([[1, 1, 1],
               [1, 1, 1]])

In [2]: b = np.full((2,3),2)
   ...: b
Out[2]:
        array([[2, 2, 2],
               [2, 2, 2]])

In [3]: np.vstack((a,b))
Out[3]:
        array([[1, 1, 1],
               [1, 1, 1],
               [2, 2, 2],
               [2, 2, 2]])

In [4]: np.hstack((a,b))
Out[4]:
        array([[1, 1, 1, 2, 2, 2],
               [1, 1, 1, 2, 2, 2]])
```

### 4. 数组的切分

vsplit()和 hsplit()方法可以实现对数组"切分"，返回的是列表。

np.vsplit(a,v)：将 a 数组在水平方向切成 v 等分。

np.hsplit(a,v)：将 a 数组在垂直方向切成 v 等分。

```
In [1]: import numpy as np
   ...: c = np.array([[1, 2, 3, 4],[4, 5, 6, 7], [7, 8, 9, 10]])
   ...: c
Out[1]:
        array([[ 1, 2, 3, 4],
               [ 4, 5, 6, 7],
               [ 7, 8, 9, 10]])

In [2]: np.vsplit(c,3)
```

```
Out[2]: [array([[1, 2, 3, 4]]), array([[4, 5, 6, 7]]), array([[ 7, 8, 9, 10]])]

In [3]: np.hsplit(c,2)
Out[3]:
        [array([[1, 2],
               [4, 5],
               [7, 8]]), array([[ 3, 4],
               [ 6, 7],
               [ 9, 10]])]
```

这里的参数 v 必须能够将 a 数据等分，否则会报错。

### 5．缺失值检测

在进行数据处理前，一般都会对数据进行检测，看是否有缺失项，对缺失值一般要做删除或者填补处理。

np.isnan(a)：检测是不是空值 nan，返回布尔值。

```
In [1]: import numpy as np
   ...: c = np.array([[1, 2, 3, 4],[4, 5, 6, 7], [np.nan, 8, 9, 10]])
   ...: c
Out[1]:
        array([[ 1., 2., 3., 4.],
               [ 4., 5., 6., 7.],
               [ nan, 8., 9., 10.]])

In [2]: np.isnan(c)
Out[2]:
        array([[False, False, False, False],
               [False, False, False, False],
               [ True, False, False, False]], dtype=bool)
```

当检测出有缺失值时，可以对缺失值用 0 填补。nan_to_num 可用来将 nan 替换成 0。

```
In [4]: np.nan_to_num(c)
Out[4]:
        array([[ 1., 2., 3., 4.],
               [ 4., 5., 6., 7.],
               [ 0., 8., 9., 10.]])
```

### 6．数组删除行列

对数组的删除可以利用切片查找的方法，生成一个新的数组；或者先对数组利用 split、vsplit、hspilt 分割，再取其切片 a=a[0]赋值的方法；或者利用 np.delete()函数。

np.delete()函数格式如下。

```
np.delete(arr, obj, axis=None)
In [1]: import numpy as np
   ...: a = np.array([[1,2],[3,4],[5,6]])
   ...: a
Out[1]:
        array([[1, 2],
               [3, 4],
```

```
                                      [5, 6]])

In [2]: np.delete(a,1,axis = 0)  #删除 a 的第 2 行，即索引为 1
Out[2]:
        array([[1, 2],
               [5, 6]])

In [3]: np.delete(a,(1,2),0)  #删除 a 的第 2、3 行
Out[3]: array([[1, 2]])

In [4]: np.delete(a,1,axis = 1)  #删除 a 的第 2 列
Out[4]:
        array([[1],
               [3],
               [5]])
```

要删除 a 的第二列，也可以采用 split()方法。

```
In [5]: a = np.split(a,2,axis = 1)  #与 np.hsplit(a,2)效果一样。

In [6]: a[0]
Out[6]:
        array([[1],
               [3],
               [5]])
```

### 7. 数组的复制

在进行数据处理前，为了保证数据的安全，一般都要对数据进行复制。但在 Python 中复制数据需要小心，很容易发生错误。

c=a.view()：c 是对 a 的浅复制，两个数组不同，但数据共享。

d=a.copy()：d 是对 a 的深复制，两个数组不同，数据不共享。

```
In [1]: import numpy as np
   ...: a = np.array([[1,2],[3,4],[5,6]])
   ...: a
Out[1]:
        array([[1, 2],
               [3, 4],
               [5, 6]])

In [2]: c = a.view()
   ...: c
Out[2]:
        array([[1, 2],
               [3, 4],
               [5, 6]])

In [3]: d = a.copy()
   ...: d
Out[3]:
        array([[1, 2],
```

```
                      [3, 4],
                      [5, 6]])

In [4]: id(a)                #查看 a 的内存地址
Out[4]: 1235345516784

In [5]: id(c)
Out[5]: 1235345516944

In [6]: id(d)
Out[6]: 1235345517424

In [7]: a[1,0] = 0           #将 a 中的数据 3 修改为 0
   ...: a
Out[7]:
        array([[1, 2],
               [0, 4],
               [5, 6]])

In [8]: c                    #c 中的数据被改变了
Out[8]:
        array([[1, 2],
               [0, 4],
               [5, 6]])

In [9]: d                    #d 中的数据没有变化
Out[9]:
        array([[1, 2],
               [3, 4],
               [5, 6]])

In [10]: c[1,0] = 3          #将 a 中的数据 0 修改为 3
    ...: c
Out[10]:
        array([[1, 2],
               [3, 4],
               [5, 6]])

In [11]: a                   #a 中的数据被修改了
Out[11]:
        array([[1, 2],
               [3, 4],
               [5, 6]])
```

注意：若将 a 的值直接赋值给 b，则 b 和 a 同时指向同一个 array；若修改 a 或者 b 的某个元素，a 和 b 都会改变；若想 a 和 b 不关联且不被修改，则需要 b = a.copy()为 b 单独生成一份复制。

### 8. 数组的排序

在数据处理时，常会对数据进行按行或列排序，或者需要引用排序后的索引等。

np.sort(a,axis=1)：对数组 a 里的元素按行排序并生成一个新的数组。

a.sort(axis=1)：因 sort 方法作用在对象 a 上，a 被改变。

j=np.argsort(a)：a 元素排序后的索引位置。

```
In [21]: import numpy as np
    ...: a = np.array([[1,3],[4,2],[8,6]])
    ...: a
Out[21]:
        array([[1, 3],
               [4, 2],
               [8, 6]])

In [22]: np.sort(a,axis=1)  #对行排序
Out[22]:
        array([[1, 3],
               [2, 4],
               [6, 8]])

In [23]: a  #a 没有改变
Out[23]:
        array([[1, 3],
               [4, 2],
               [8, 6]])

In [24]: np.sort(a,axis=0)  #对列排序
Out[24]:
        array([[1, 2],
               [4, 3],
               [8, 6]])

In [25]: a.sort()

In [26]: a     #a 被改变了
Out[26]:
        array([[1, 3],
               [2, 4],
               [6, 8]])

In [30]: a = np.array([[1,3],[4,2],[8,6]])
    ...: a     #还原 a 为原数据
Out[30]:
        array([[1, 3],
               [4, 2],
               [8, 6]])

In [31]: j = np.argsort(a)
    ...: j
Out[31]:
        array([[0, 1],
               [1, 0],
               [1, 0]], dtype=int64)
```

### 9. 查找最大值

在数据分析中，常会用到寻找数据的最大值、最小值，并返回最值的位置。

np.argmax(a, axis=0)：查找每列的最大值位置。

np.argmin(a, axis=0)：查找每列的最小值位置。

a.max(axis=0)：查找每列的最大值。

a.min(axis=0)：查找每列的最小值。

```
In [1]: import numpy as np
   ...: a = np.array([[1,3],[4,2],[8,6]])
   ...: a
Out[1]:
        array([[1, 3],
               [4, 2],
               [8, 6]])

In [2]: np.argmax(a,axis=0) #对列进行查找最大数据的位置
Out[2]: array([2, 2], dtype=int64)

In [3]: a.max()  #对所有数据进行查找
Out[3]: 8

In [4]: a.max(axis=0)  #对每列查找最大的数据
Out[4]: array([8, 6])
```

### 10. 数据的读取与存储

（1）np.save 或 np.savez。

保存一个数组到一个二进制文件中可以使用 save() 或者 savez() 方法。Numpy 库为 ndarray 对象引入了一个简单的文件，即 npy 文件。npy 文件在磁盘文件中，用于存储重建 ndarray 所需的数据、图形、dtype 和其他信息，以便正确获取数组，即使该文件在具有不同架构的另一台计算机上。

```
np.save(file, arr, allow_pickle=True, fix_imports=True)
```

file：文件名/文件路径。

arr：要存储的数组。

allow_pickle：布尔值，允许使用 Python pickles 保存对象数组（可选参数，默认即可）。

fix_imports：为了方便在 Pyhton2 中读取 Python3 保存的数据（可选参数，默认即可）。

读取保存后的 npy 数据时使用 np.load() 方法即可。

np.load(file)：从 file（文件名/文件路径）文件读取数据。

```
In [1]: import numpy as np
   ...: c = np.array([[1, 2, 3, 4],[4, 5, 6, 7], [np.nan, 8, 9, 10]])
   ...:
   ...: np.save('save_1.npy',c)

In [2]: f = np.load('save_1.npy')
```

```
In [3]: f
Out[3]:
        array([[ 1., 2., 3., 4.],
               [ 4., 5., 6., 7.],
               [ nan, 8., 9., 10.]])
```

np.savez 同样是保存数组到一个二进制的文件中，可以保存多个数组到同一个文件中，保存格式是.npz，它其实就是多个 np.save 保存的 npy，再通过打包（未压缩）的方式把这些文件压缩成一个文件，解压 npz 文件就能看到是多个 npy 文件。

np.savez(file, *args, **kwds)

file：文件名/文件路径。

*args:要存储的数组,可以写多个,如果没有给数组指定 Key，Numpy 将默认以'arr_0''arr_1'方式命名。

Kwds：（可选参数，默认即可）。

```
In [4]: import numpy as np
    ...: c = np.array([[1, 2, 3, 4],[4, 5, 6, 7], [np.nan, 8, 9, 10]])

In [5]: np.savez('save_2.npz',a,c)
    ...:
    ...: f = np.load('save_2.npz')

In [6]: f    #这样是打不开数据的
Out[6]: <numpy.lib.npyio.NpzFile at 0x11fa0559cf8>

In [7]: f['arr_0']
Out[7]:
        array([[1, 3],
               [4, 2],
               [8, 6]])

In [8]: f['arr_1']
Out[8]:
        array([[ 1., 2., 3., 4.],
               [ 4., 5., 6., 7.],
               [ nan, 8., 9., 10.]])
```

为了便于数据访问，指定保存的数组的 Key 为 a、c。

```
In [9]: np.savez('save_3.npz',a=a,c=c)

In [10]: f = np.load("save_3.npz")

In [11]: f['a']
Out[11]:
        array([[1, 3],
               [4, 2],
               [8, 6]])

In [12]: f['c']
Out[12]:
        array([[ 1., 2., 3., 4.],
```

```
        [ 4.,  5.,  6.,  7.],
        [ nan,  8.,  9., 10.]])
```

（2）np.savetxt。

保存数组到文本文件中，以便于直接打开查看文件里面的内容。

```
np.savetxt(fname, X, fmt='%.18e', delimiter=' ', newline='\n', header='',
footer='', comments='# ', encoding=None)
```

fname：文件名/文件路径，如果文件后缀是.gz，文件将被自动保存为.gzip 格式，np.loadtxt 可以识别该格式。csv 格式文件可以用此方式保存。

X：要存储的 1D 或 2D 数组。

fmt：控制数据存储的格式。

delimiter：数据列之间的分隔符。

newline：数据行之间的分隔符。

header：文件头部写入的字符串。

footer：文件底部写入的字符串。

comments：文件头部或者尾部字符串的开头字符,默认是'#'。

encoding：使用默认参数。

读取该模式下的数据使用 loadtext()方法。

```
np.loadtxt(fname,dtype=<class 'float'>,comments='#',delimiter=None, converters=None)
```

fname：文件名/文件路径，如果文件后缀是.gz 或.bz2，文件将被解压，然后载入。

dtype：要读取的数据类型。

comments：文件头部或者尾部字符串的开头字符，用于识别头部、尾部字符串。

delimiter：划分读取数据值的字符串。

converters：数据行之间的分隔符。

```
In [1]: import numpy as np
   ...: a = np.array([[1,3],[4,2],[8,6]])
   ...: c = np.array([[1, 2, 3, 4],[4, 5, 6, 7], [np.nan, 8, 9, 10]])

In [2]: np.savetxt('save_text.out',c)

In [3]: np.loadtxt('save_text.out')
Out[3]:
        array([[ 1.,  2.,  3.,  4.],
               [ 4.,  5.,  6.,  7.],
               [ nan,  8.,  9., 10.]])

In [4]: d = c.reshape((2,3,2))

In [5]: np.savetxt('save_text.csv',d)
        Traceback (most recent call last):

        File "<ipython-input-108-2cad6843d204>", line 1, in <module>
        np.savetxt('save_text.csv',d)

        File "C:\Users\yubg\Anaconda3\lib\site-packages\numpy\lib\npyio.py",
        line 1258, in savetxt
```

```
            % (str(X.dtype), format))

    TypeError: Mismatch between array dtype ('float64') and format specifier
    ('%.18e %.18e %.18e')
```

说明：CSV 文件只能存储一维数组和二维数组。np.savetxt()与 np.loadtxt()只能存取一维数组和二维数组。

（3）tofile()多维数组的存取。

多维数组的存储格式如下。

```
a.tofile(fname, sep='', format='%s')
```

frame：文件名/文件路径。

sep：数据分割字符串，如果是空串，写入文件为二进制。

format：写入数据的格式。

多维数组的读取格式如下。

```
np.fromfile(fname, dtype=np.float, count=-1, sep='')
```

frame：文件名/文件路径。

dtype：读取的数据类型。

count：读入元素个数，−1 表示读入整个文件。

sep：数据分割字符串，如果是空串，写入文件为二进制。

```
In [1]: import numpy as np
   ...: c = np.array([[1, 2, 3, 4],[4, 5, 6, 7], [np.nan, 8, 9, 10]])

In [2]: d = c.reshape((2,3,2))

In [3]: d
Out[3]:
        array([[[ 1., 2.],
               [ 3., 4.],
               [ 4., 5.]],

               [[ 6., 7.],
               [ nan, 8.],
               [ 9., 10.]]])

In [4]: d.tofile('1.dat',sep=',', format='%s')

In [5]: np.fromfile('1.dat', dtype=np.float, count=-1, sep=',')
Out[5]:
        array([ 1., 2., 3., 4., 4., 5., 6., 7., nan, 8., 9., 10.])

In [6]: np.fromfile('1.dat', dtype=np.float, count=-1, sep=',').reshape((2,3,2))
Out[6]:
        array([[[ 1., 2.],
               [ 3., 4.],
               [ 4., 5.]],
```

```
      [[ 6., 7.],
       [ nan, 8.],
       [ 9., 10.]]])
```

保存多维数组时要注意，维度会转化为一维。

### 11. 其他操作

d.flatten()：将数组 d 展开为 1 维数组。

np.ravel(d)：展开一个可以解析的结构为 1 维数组。

## 5.1.3　数组的计算

关于 Numpy 的计算函数较多，现将常用到的函数罗列如下。

np.abs(x)或 np.fabs(x)：计算数组各元素的绝对值。

np.sqrt(x)：计算数组各元素的平方根。

np.square(x)：计算数组各元素的平方。

np.power(x, a)：计算 x 的 a 次方。

np.log(x)、np.log10(x)、np.log2(x)：分别表示数组各元素的自然对数、以 10 为底的对数、以 2 为底的对数。

np.rint(x)：计算数组各元素的四舍五入值。

np.modf(x)：将数组各元素的小数和整数部分以两个独立数组的形式返回。

np.cos(x)、np.cosh(x)、np.sin(x)、np.sinh(x)、np.tan(x) 、np.tanh(x)： 计算数组各元素的普通型和双曲型三角函数。

np.exp(x)：计算数组各元素的指数值。

np.sign(x)：计算数组各元素的符号值，1(+)，0，−1(−)。

np.maximun(x,y)或 np.fmax()：元素级的最大值。

np.minimun(x,y)或 np.fmin()：元素级的最小值。

np.mod(x, y)：元素级的模运算。

np.copysign(x, y)：将数组 y 中各元素值的符号赋值给数组 x 对应的元素。

```
In [1]: import numpy as np
   ...: c = np.array([[1, 2, 3, 4],[4, 5, 6, 7], [np.nan, 8, 9, 10]])

In [2]: np.power(c,4)
Out[2]:
       array([[ 1.00000000e+00, 1.60000000e+01, 8.10000000e+01, 2.56  000000e+02],
              [ 2.56000000e+02, 6.25000000e+02, 1.29600000e+03, 2.40  100000e+03],
              [ nan, 4.09600000e+03, 6.56100000e+03, 1.00  000000e+04]])

In [3]: np.sign(c)
__main__:1: RuntimeWarning: invalid value encountered in sign
Out[3]:
       array([[ 1., 1., 1., 1.],
              [ 1., 1., 1., 1.],
              [ nan, 1., 1., 1.]])
```

### 5.1.4 统计基础

统计分析常用的统计函数如表 5-1 所示。

表 5-1 常用统计函数

| 函数 | 说明 |
| --- | --- |
| sum | 计算数组中的和 |
| mean | 计算数组中的均值 |
| var | 计算数组中的方差。方差是元素与元素的平均数差的平方的平均数 var=mean(abs(x-x.mean())**2 |
| std | 计算数组中的标准差。标准差（Standard Deviation）也称为标准偏差，在概率统计中最常使用作为统计分布程度（Statistical Dispersion）上的测量。标准差定义是总体各单位标准值与其平均数离差平方的算术平均数的平方根。它反映组内个体间的离散程度 |
| max | 计算数组中的最大值 |
| min | 计算数组中的最小值 |
| argmax | 返回数组中最大元素的索引 |
| argmin | 返回数组中最小元素的索引 |
| cumsum | 计算数组中所有元素的累计和 |
| cumprod | 计算数组中所有元素的累计积 |

注意：每个统计函数都可以按行和列来统计计算；当 axis=1 时，表示沿着横轴（行）计算；当 axis=0 时，表示沿着纵轴（列）计算。

```
In [1]: import numpy as np
   ...: c = np.array([[1, 2, 3, 4],[4, 5, 6, 7], [7, 8, 9, 10]])

In [2]: np.sum(c)
Out[2]: 66

In [3]: np.sum(c,axis=0)
Out[3]: array([12, 15, 18, 21])

In [4]: np.sum(c,axis=1)
Out[4]: array([10, 22, 34])

In [5]: np.cumsum(c)
Out[5]: array([ 1,  3,  6, 10, 14, 19, 25, 32, 39, 47, 56, 66], dtype=int32)

In [6]: np.cumsum(c,axis=0)
Out[6]:
        array([[ 1,  2,  3,  4],
               [ 5,  7,  9, 11],
               [12, 15, 18, 21]], dtype=int32)

In [7]: np.cumsum(c,axis=1)
Out[7]:
```

```
array([[ 1,  3,  6, 10],
       [ 4,  9, 15, 22],
       [ 7, 15, 24, 34]], dtype=int32)
```

#### 1. 加权平均值函数

在统计中有时还会用到加权平均值函数 average()，调用格式如下。

```
average(a, axis=None, weights=None)
```

根据给定轴 axis 计算数组 a 相关元素的加权平均值。

```
In [8]: np.average(c)
Out[8]: 5.5

In [9]: np.average(c,axis=0)
Out[9]: array([ 4., 5., 6., 7.])

In [10]: np.average(c,axis=1)
Out[10]: array([ 2.5, 5.5, 8.5])

In [11]: np.average(c,axis=1,weights=[1,0,2,1])
Out[11]: array([ 2.75, 5.75, 8.75])
```

说明：需要注意的是给出了 weights=[1,0,2,1]，其中的 2.75 是如何计算出来的呢？其计算方式是（1×1+2×0+3×2+4×1）/（1+0+2+1）=2.75。

#### 2. 梯度函数

梯度也就是斜率，反映的是各个数据的变化率。numpy 中梯度函数如下。

```
np.gradient(a)
```

计算数组 a 中元素的梯度，当 a 为多维时，返回每个维度梯度。

梯度即连续值之间的变化率,即斜率。如果 $xy$ 坐标轴连续的 3 个 $x$ 坐标对应的 $y$ 轴值为 $a$, $b$, $c$，则 $b$ 的梯度是 $(c-a)/2$。

```
In [27]: import numpy as np
    ...: c = np.array([[1, 0, 3, 4],[0, 5, 6, 7], [7, 8, 0, 10]])

In [28]: np.gradient(c)
Out[28]:
        [array([[-1. , 5. , 3. , 3. ],
               [ 3. , 4. , -1.5, 3. ],
               [ 7. , 3. , -6. , 3. ]]), array([[ -1. , 1. , 2. , 1. ],
               [ 5. , 3. , 1. , 1. ],
               [ 1. , -3.5, 1. , 10. ]])]
```

说明：结果中的 4 是如何计算出来的呢？其实是数据 5 的 axis=0 时的梯度，5 的前后数据是 0 和 8，（8-0）/2=4。

当数组为多维数组时，上侧表示的是最外层维度（axis=0）的梯度，下侧表示的是第二层维度（axis=1）的梯度。

#### 3. 去重函数

对于一维数组或者列表，unique()函数去除其中重复的元素，并按元素由大到小返回一个新的无元素重复的元组或者列表。

np.unique(a, return_index, return_inverse)

a：表示数组。

return_index：Ture 表示同时返回原始数组中的下标。

return_inverse: True 表示返回重建原始数组用的下标数组。

```
In [55]: import numpy as np
    ...: c = np.array([[1, 0, 3, 4],[0, 5, 6, 7], [7, 8, 0, 10]])

In [56]: w = c.flatten()

In [57]: w
Out[57]: array([ 1, 0, 3, 4, 0, 5, 6, 7, 7, 8, 0, 10])

In [58]: np.unique(w)
Out[58]: array([ 0, 1, 3, 4, 5, 6, 7, 8, 10])

In [59]: x, idx = np.unique(w, return_index=True)
    ...: x
Out[59]: array([ 0, 1, 3, 4, 5, 6, 7, 8, 10])

In [60]: idx
Out[60]: array([ 1, 0, 2, 3, 5, 6, 7, 9, 11], dtype=int64)

In [61]: x, ridx = np.unique(w, return_inverse=True)
    ...: ridx
Out[61]: array([1, 0, 2, 3, 0, 4, 5, 6, 6, 7, 0, 8], dtype=int64)

In [62]: x[ridx]
Out[62]: array([ 1, 0, 3, 4, 0, 5, 6, 7, 7, 8, 0, 10])

In [63]: all(x[ridx]==w)  #原始数组 a 和 x[ridx]完全相同
Out[63]: True
```

当数组是二维时，会自动返回一维的结果。

```
In [68]: c = np.array([[1, 0, 3, 4],[0, 5, 6, 7], [7, 8, 0, 10]])

In [69]: c
Out[69]:
        array([[ 1, 0, 3, 4],
               [ 0, 5, 6, 7],
               [ 7, 8, 0, 10]])

In [70]: np.unique(c)
Out[70]: array([ 0, 1, 3, 4, 5, 6, 7, 8, 10])

In [71]: x, idx = np.unique(c, return_index=True)
    ...: x
Out[71]: array([ 0, 1, 3, 4, 5, 6, 7, 8, 10])

In [72]: idx
Out[72]: array([ 1, 0, 2, 3, 5, 6, 7, 9, 11], dtype=int64)
```

#### 4．其他统计函数

ptp(a)：计算数组 a 中元素最大值与最小值的差，即极差。

median(a)：计算数组 a 中元素的中位数（中值）。

```
In [12]: np.ptp(c)
Out[12]: 9

In [13]: np.ptp(c,axis=0)
Out[13]: array([6, 6, 6, 6])
```

### 5.1.5 矩阵运算

Numpy 库中的 ndarray 对象重载了许多运算符，使用这些运算符可以完成矩阵间对应元素的运算。例如，加（＋）减（－）运算都是对应位置上元素相加减，但是矩阵的乘法运算比较特殊，如果使用乘号星（*），则是两个矩阵对应位置上的元素相乘，这跟我们线性代数（简称线代）里说的矩阵乘法不一样，线代中说的矩阵乘法要满足特定的条件，即第一个矩阵的列数等于第二个矩阵的行数。线代中的矩阵乘法在 Numpy 库中使用的函数为 np.dot()。

矩阵运算的常见函数如下。

np.mat(b) ：构建一个矩阵 b。

np.dot(b, c)：求矩阵 b、c 的乘积。

np.trace(b)：求矩阵 b 的迹。

np.linalg.det(b)：求矩阵 b 的行列式值。

np.linalg.matrix_rank(b)：求矩阵 b 的秩。

nlg.inv(b)：求矩阵 b 的逆（import numpy.linalg as nlg）。

u, v =np.linalg.eig(b)：一般情况的特征值分解，常用于实对称矩阵，u 为特征值。

u, v =np.linalg.eigh(b)：更快且更稳定，但输出值的顺序和 eig() 相反，v 为特征向量。

u, v = nlg.eig(a)：求特征值和特征向量（import numpy.linalg as nlg）。

b.T：将矩阵 b 转置。

```
In [1]: import numpy as np
   ...: b = np.mat('1 2; 4 3')#创建矩阵时元素之间用空格隔开，行之间用 ";" 隔开
   ...: b
Out[1]:
        matrix([[1, 2],
                [4, 3]])

In [2]: a = np.array([[1,3],[4,2]])
   ...: c = np.mat(a)   #将数组转化为矩阵
   ...: c
Out[2]:
        matrix([[1, 3],
                [4, 2]])

In [3]: d = np.dot(c,b) #对 c、b 矩阵做线代乘法
   ...: d
Out[3]:
```

```
        matrix([[13, 11],
               [12, 14]])

In [4]: d.T #矩阵的转置
Out[4]:
        matrix([[13, 12],
               [11, 14]])

In [5]: np.trace(d) #矩阵的迹
Out[5]: 27

In [6]: np.linalg.det(b)#矩阵的行列式
Out[6]: -4.9999999999999991

In [7]: np.linalg.inv(b)#求矩阵的逆
Out[7]:
        matrix([[-0.6, 0.4],
               [ 0.8, -0.2]])

In [8]: np.linalg.matrix_rank(b)#求秩
Out[8]: 2

In [9]: u,v = np.linalg.eig(b)#求特征值和特征向量
   ...: u
Out[9]: array([-1., 5.])

In [10]: v
Out[10]:
        matrix([[-0.70710678, -0.4472136 ],
               [ 0.70710678, -0.89442719]])

In [11]: u1,v2 = np.linalg.eigh(b)#特征值的顺序不同
   ...: u1
Out[11]: array([-2.12310563, 6.12310563])

In [12]: import numpy.linalg as nlg
   ...: w=np.mat('2 0 0;0 1 0;0 0 1')
   ...: u3, v3 = nlg.eig(w)
   ...: u3
Out[12]: array([ 2., 1., 1.])
```

另外，还有一个 bmat()函数也需要了解一下，它可以用字符串和已定义的矩阵创建新矩阵，采用了分块矩阵的思想。

```
import numpy as np
a = np.eye(2)
a
Out[13]:
        array([[ 1., 0.],
               [ 0., 1.]])

        b = a * 2
```

```
            b
Out[14]:
array([[ 2.,  0.],
       [ 0.,  2.]])

np.bmat("a b;b a")  #合并成新的矩阵
Out[15]:
matrix([[ 1.,  0.,  2.,  0.],
        [ 0.,  1.,  0.,  2.],
        [ 2.,  0.,  1.,  0.],
        [ 0.,  2.,  0.,  1.]])
```

在数据分析和深度学习相关的数据处理和运算中，线性代数模块是最常用的模块之一。结合 Numpy 库提供的基本函数，可以对向量、矩阵进行一些基本的应用运算，如使用 np.linalg.solve()函数计算线程方程组。

已知线性方程组 $AX=B$，求解 $X$。其中 $A$、$B$ 如下。

$$A = \begin{pmatrix} 2 & 3 \\ 3 & 5 \end{pmatrix}, B = (1,1)^T$$

具体代码如下。

```
In [1]: import numpy as np
   ...: A = np.mat('2 3;3 5')
   ...: B = np.mat('1 1').T
   ...: np.linalg.solve(A,B)
Out[1]:
        matrix([[ 2.],
        [-1.]])
```

代码运行后的解为：2 和−1。

## 5.2　Pandas 库

数据预处理是数据科学工作流程中一个非常重要的组成部分。如果想在 Python 中做数据处理和数据分析，Pandas 库是首选。Pandas 库最初以 Numpy 库为基础，Numpy 是在 Python 科学计算中最基本的库。Pandas 库提供的数据结构非常快、灵活、富有表现力，经过特殊的设计，使得现实世界中的数据分析更加容易。

有了前面学习 Numpy 库的基础，学习 Pandas 库就比较容易了。使用 Pandas 库时，需要先导入 import pandas as pd。为了方便代码的阅读，建议在代码中任何时候采用 pd 这个缩写来表示 Pandas 库。

### 5.2.1　数据类型

Python 常用的 3 种数据类型是：Logical、Numeric、Character。

#### 1. Logical

布尔型只用于两种取值，0 和 1，或者真假（True、False）。

运算规则：&（与，有一个为假则为假），|（或，有一个为真则为真），not（非，取反），具体如表 5-2 所示。

表 5-2　　　　　　　　　运算规则

| 运算符 | 注释 | 运算规则 |
| --- | --- | --- |
| & | 与 | 两个逻辑型数据中，其中一个数据为假，则结果为假 |
| | | 或 | 两个逻辑型数据中，其中一个数据为真，则结果为真 |
| not | 非 | 取相反值，非真的逻辑型数据为假，非假的逻辑型数据为真 |

### 2. Numeric

数值型包括 int 和 float。

数值型的加减乘除运算符为：+、-、*、/。

### 3. Character

字符型使用单引号（''）或者双引号（""）包起来。

Python 数据类型变量命名规则如下。

（1）变量名可以由 a-z，A-Z，数字，下画线组成，首字母不能是数字和下画线。

（2）大小写敏感，即区分大小写。

（3）变量名不能为 Python 中的保留字，如 and、continue、lambda、or 等。

### 5.2.2　数据结构

数据结构是指相互之间存在的一种或多种特定关系的数据类型的集合，主要有 Series（序列）和 Dataframe（数据框）。

### 1. Series

Series 即序列（也称系列），用于存储一行或一列的数据，以及与之相关的索引的集合，使用方法如下。

```
Series([数据 1, 数据 2,…],index=[索引 1, 索引 2,…])
```

例如：

```
In [1]: from pandas import Series
   ...: X = Series(['a',2,'中国'],index=[1,2,3])
In [2]: X
Out[2]:
        1    a
        2    2
        3    中国
dtype: object

In [3]: X[3]  #访问 index 为 3 的数据
Out[3]: '中国'
```

一个序列允许存放多种数据类型，索引也可以省略；可以通过位置或者索引访问数据。例如，X[3]，返回"中国"。

　　Series 的索引 index 可以省略，索引号默认从 0 开始，也可以指定索引名。为了方便后面的使用和说明解释，此处我们将可以省略的 index 叫作索引号，也就是默认的索引，从 0 开始计数；赋值给定的或者命名的 index，我们叫它索引名，有时也叫行标签。

　　在 Spyder 中写入以下代码。

```
In [4]: from pandas import Series
   ...: A=Series([1,2,3]) #定义序列的时候，数据类型不限
   ...: print(A)
      0  1
      1  2
      2  3
dtype: int64
```

```
In [5]: from pandas import Series
   ...: A=Series([1,2,3],index=[1,2,3]) #可自定义索引，如索引名123、ABCD等
   ...: print(A)
      1  1
      2  2
      3  3
dtype: int64
```

```
In [6]: from pandas import Series
   ...: A=Series([1,2,3],index=['A','B','C'])
   ...: print(A)
      A  1
      B  2
      C  3
dtype: int64
```

一般容易犯下面的错误。

```
In [7]: from pandas import Series
   ...: A=Series([1,2,3],index=[A,B,C])
   ...: print(A)
      Traceback (most recent call last):

      File "<ipython-input-49-24483095ed97>", line 2, in <module>
      A=Series([1,2,3],index=[A,B,C])
```

```
NameError: name 'B' is not defined
```

这里 A、B、C 都是字符串，注意需要使用引号。

　　访问序列值时，需要通过索引来实现，序列的索引 index 和值是一一对应的关系，如表 5-3 所示。

表 5-3　　　　　　　　　　　序列索引与序列值对应

| 序列索引（index） | 序列值（values） |
| --- | --- |
| 0 | 14 |
| 1 | 26 |
| 2 | 31 |

```
In [8]: from pandas import Series
   ...: A=Series([14,26,31])
   ...: print(A)
```

```
       ...: print(A[1])
          0  14
          1  26
          2  31
dtype: int64
26

In [9]: print(A[5])  #超出 index 的总长度会报错

       Traceback (most recent call last):
       File "<ipython-input-3-bd226b8ca0a3>", line 1, in <module>
KeyError: 5

In [10]: A=Series([14,26,31],index=['first','second','third'])
       ...: print(A)
          first 14
          second 26
          third 31
dtype: int64

In [11]: print(A['second'])  #如设置了 index 参数（索引名），可通过参数来访问序列值
          26
```
执行下面的代码，看看运行的结果。
```
In [12]: from pandas import Series
       ...: #混合定义一个序列
       ...: x = Series(['a', True, 1], index=['first', 'second', 'third'])
       ...: x
Out[12]:
first a
second True
third 1
dtype: object

In [13]: x[1]  #按索引号访问
Out[13]: True

In [14]: x['second']  #按索引名访问
Out[14]: True

In [15]: x[3]#不能越界访问，会报错
       Traceback (most recent call last):

       File "<ipython-input-10-f1d2c2488eb1>", line 1, in <module>
       x[3]#不能越界访问，会报错
       File "C:\Users\yubg\Anaconda3\lib\site-packages\pandas\core\series.py",
       line 601, in __getitem__
       result = self.index.get_value(self, key)

IndexError: index out of bounds

In [16]: x.append('2')#不能追加单个元素，但可以追加序列
```

```
Traceback (most recent call last):

File "<ipython-input-11-567e703721fb>", line 1, in <module>
x.append('2')#不能追加单个元素，但可以追加序列
File "C:\Users\yubg\Anaconda3\lib\site-packages\pandas\core\series.py",
line 1553, in append
verify_integrity=verify_integrity)
```

TypeError: cannot concatenate a non-NDFrame object

```
In [17]: n = Series(['2'])
    ...: x.append(n)#追加一个序列
Out[17]:
        first a
        second True
        third 1
        0 2
dtype: object
```

```
In [18]: x = x.append(n)  #x.append(n)返回的是一个新序列
```

```
In [19]: 2 in x.values#判断值是否存在，数字和逻辑型(True/False)是不需要加引号的
Out[19]: False
```

```
In [20]: '2' in x.values
Out[20]: True
```

```
In [21]: x[1:3]#切片
Out[21]:
        second True
        third 1
dtype: object
```

```
In [22]: x[[0, 2, 1]]#定位获取，这个方法经常用于随机抽样
Out[22]:
        first a
        third 1
        second True
dtype: object
```

```
In [23]: x.drop('first')  #按索引名删除
Out[23]:
        second True
        third 1
        0 2
dtype: object
```

```
In [24]: x.index[2]#按照索引号找出对应的索引名
```

```
Out[24]: 'third'

In [25]: x.drop(x.index[3])#根据位置（索引）删除，返回新的序列
Out[25]:
        first a
        second True
        third 1
dtype: object

In [26]: x[2!=x.values]#根据值删除，显示值不等于2的序列，即删除2，返回新序列
Out[26]:
        first a
        second True
        third 1
0 2
dtype: object

In [27]: #修改序列的值。将True值改为b，先找到True的索引x.index[True==x.values]
    ...: x[x.index[x.values==True]]='b'#注意结果，把值为1也当作True处理了

In [28]: x.index[x.values=='a']#通过值访问序列index
Out[28]: Index(['first'], dtype='object')

In [29]: x
Out[29]:
        first a
        second b
        third b
        0 2
dtype: object

In [30]: x.index=[0,1,2,3]#修改序列的index可通过赋值更改，也可通过reindex()方法

In [31]: x
Out[31]:
        0 a
        1 b
        2 b
        3 2
dtype: object

In [32]: s=Series({'a':1 ,'b':2,'c':3}) #可将字典转化为Series
    ...: s
Out[32]:
        a 1
        b 2
        c 3
dtype: int64
```

　　Series 的 sort_index(ascending=True) 方法可以对 index 进行排序操作，ascending 参数用于控制升序或降序，默认为升序，也可使用 reindex()方法重新排序。

　　在 Series 上调用 reindex()方法重排数据，使得它符合新的索引，如果索引的值不存在，就引入缺失数据值。

```
In [1]: from pandas import Series
...: obj = Series([4.5, 7.2, -5.3, 3.6], index=['d', 'b', 'a', 'c'])#reindex 重
排序
...: obj
Out[1]:
        d 4.5
        b 7.2
        a -5.3
        c 3.6
dtype: float64

In [2]: obj2 = obj.reindex(['a', 'b', 'c', 'd', 'e'])
   ...: obj2
Out[2]:
        a -5.3
        b 7.2
        c 3.6
        d 4.5
        e NaN
dtype: float64

In [3]: obj.reindex(['a', 'b', 'c', 'd', 'e'], fill_value=0)
Out[3]:
        a -5.3
        b 7.2
        c 3.6
        d 4.5
        e 0.0
dtype: float64
```

　　Series 对象本质上是一个 Numpy 库的数组（矩阵），因此 Numpy 库的数组处理函数可以直接对 Series 进行处理。但是 Series 除了可以使用位置作为下标存取元素之外，还可以使用标签存取元素，这一点和字典相似。每个 Series 对象实际上都由两个数组组成。

　　index: 它是从 Numpy 数组继承的 index 对象，保存标签信息。

　　values: 保存值的 Numpy 数组。

　　Series 的使用需要注意三点。

　　（1）Series 是一种类似于一维数组（数组：ndarray）的对象。

　　（2）Series 的数据类型没有限制。

　　（3）Series 有索引，把索引当作数据的标签看待，类似于字典（只是类似，实质上是数组）。

　　Series 同时具有数组和字典的功能，因此它也支持一些字典的方法。

## 2. DataFrame

　　DataFrame 是用于存储多行和多列的数据集合，是 Series 的容器，类似于 Excel 的二维表

格，用法如下。

```
Dataframe(columnsMap)
```

对于 DataFrame 的操作较多的是"增、删、改、查"，其中数据行列位置如图 5-3 所示。

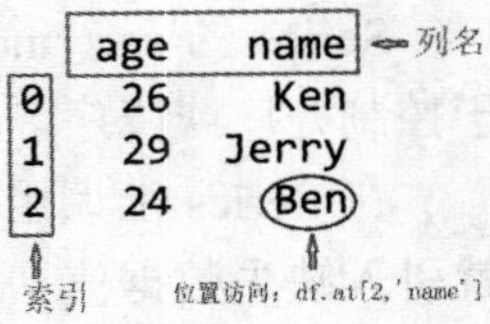

```
In [1]: from pandas import Series
   ...: from pandas import DataFrame
   ...: df=DataFrame({'age':Series([26,29,24]),
   ...:               'name':Series(['Ken','Jerry','Ben'])}, #列名及其数据
   ...:               index=[0,1,2]) #给定的索引

In [2]: df
Out[2]:
        age name
      0 26 Ken
      1 29 Jerry
      2 24 Ben
```

图 5-3 DataFrame 数据行列位置图

```
In [3]: from pandas import Series
   ...: from pandas import DataFrame
   ...: df=DataFrame({'age':Series([26,29,24]),
   ...:               'name':Series(['Ken','Jerry','Ben'])})#索引可以省略
   ...: print(df)
        age name
      0 26 Ken
      1 29 Jerry
      2 24 Ben
```

注意：DataFrame 单词是驼峰写法，索引不指定时也可以省略。使用数据框时，要先从 pandas 中导入 DataFrame 包，数据框中的数据访问方式如表 5-4 所示。

表 5-4　　　　　　　　　　　　数据框的访问方式

| 访问位置 | 方法 | 备注 |
|---|---|---|
| 访问列 | 变量名[列名] | 访问对应的列，如 df['name'] |
| 访问行 | 变量名[n: m] | 访问 n 行到 m-1 行的数据，如 df[2:3] |
| 访问块（行和列） | 变量名.iloc[n1:n2,m1:m2] | 访问 n1 到（n2-1）行、m1 到（m2-1）列的数据，如 df.iloc[0:3,0:2] |
| 访问位置 | 变量名.at[行名,列名] | 访问(行名,列名)位置的数据，如 df.at[1, 'name']或者 df.loc[2,'name'] |

具体示例如下。

```
In [4]: A=df['age'] #获取 age 列的值
   ...: print(A)
      0 26
      1 29
      2 24
Name: age, dtype: int64

In [5]: B=df[1:2] #获取索引号是第一行的值(其实是第二行，从 0 开始的)
```

```
...: print(B)
     age name
1 29 Jerry
```

```
In [6]: C=df.iloc[0:2,0:2] #获取第 0 行到第 2 行(不含)与第 0 列到第 2 列(不含)的块
   ...: print(C)
     age name
0 26 Ken
1 29 Jerry
```

```
In [7]: D=df.at[0,'name'] #获取第 0 行与 name 列的交叉值
   ...: print(D)
     Ken
```

```
In [8]: D1=df.loc[0,'name']#获取第 0 行与 name 列的交叉值，loc 在后面再介绍
   ...: D1
Out[8]: 'Ken'
```

注意：访问某一行时，不能仅用行的 index 来访问，如访问 df 的 index 为 1 的行，不能写成 **df[1]**，而要写成 **df[1:2]**。DataFrame 的 index 可以是任意的，不像 Series 会报错，但显示为"Empty DataFrame"，并列出 Columns: [列名]。执行下面的代码并查看运行结果。

```
In [9]: from pandas import DataFrame
   ...: df1 = DataFrame({'age': [21, 22, 23],
                         'name': ['KEN', 'John', 'JIMI']});
   ...: df2 = DataFrame(data={'age': [21, 22, 23],
                         'name': ['KEN', 'John', 'JIMI']},
   ...:                 index=['first', 'second', 'third']);
```

访问数据框的行的代码如下。

```
In [10]: df1[1:100] #显示 index=1 及其以后的 99 行数据，不包括 index=100
Out[10]:
     age name
1 22 John
2 23 JIMI
```

```
In [11]: df1[2:2] #显示空
Out[11]:
     Empty DataFrame
Columns: [age, name]
Index: []
```

```
In [12]: df1[4:1] #显示空
Out[12]:
     Empty DataFrame
Columns: [age, name]
Index: []
```

```
In [13]: df2["third":"third"] #按索引名访问某一行
Out[13]:
     age name
third 23 JIMI
```

```
In [14]: df2["first":"second"]    #按索引名访问多行
Out[14]:
         age name
         first 21 KEN
         second 22 John
```

访问数据框的列的代码如下。

```
In [15]: df1['age']    #按列名访问
Out[15]:
         0 21
         1 22
         2 23
Name: age, dtype: int64
```

```
In [16]: df1[df1.columns[0:1]]    #按索引号访问
Out[16]:
         age
         0 21
         1 22
         2 23
```

访问数据框的块的代码如下。

```
In [17]: df1.iloc[1:, 0:1]    #按行列索引号访问
Out[17]:
         age
         1 22
         2 23
```

```
In [18]: df1.loc[1:,('age','name')]    #按行列索引名访问
Out[18]:
         age name
         1 22 John
         2 23 JIMI
```

访问数据框的某个具体的位置的代码如下。

```
In [19]: df1.at[1, 'name']    #这里的 1 是索引
Out[19]: 'John'
```

```
In [20]: df2.at['second', 'name']    #这里的 second 是索引名
Out[20]: 'John'
```

```
In [21]: df2
Out[21]:
         age name
         first 21 KEN
         second 22 John
         third 23 JIMI
```

```
In [22]: df2.at[1, 'name']    #这里用索引号就会报错，当有索引名时，不能用索引号
         Traceback (most recent call last):

         File "<ipython-input-74-702e401264f6>", line 1, in <module>
         df2.at[1, 'name']    #如果这里用索引号就会报错，当有索引名时，不能用索引号
```

ValueError: At based indexing on an non-integer index can only have non-integer indexers

```
In [23]: df2.loc['first','name']#获取第 0 行与 name 列的交叉值
Out[23]: 'KEN'
```

**修改索引列名，增删行列的代码如下。**

```
In [24]: df1
Out[24]:
        age name
        0  21 KEN
        1  22 John
        2  23 JIMI


In [25]: df1.columns=['age2', 'name2']#修改列名
    ...: df1
Out[25]:
        age2 name2
        0  21 KEN
        1  22 John
        2  23 JIMI


In [26]: df1.index = range(1,4) #修改行索引
    ...: df1
Out[26]:
        age2 name2
        1  21 KEN
        2  22 John
        3  23 JIMI


In [27]: df1.drop(1, axis=0) #根据行索引删除，axis=0 表示行轴，也可以省略
Out[27]:
        age2 name2
        2  22 John
        3  23 JIMI


In [28]: df1.drop('age2', axis=1) #根据列名进行删除，axis=1 表示列轴，不可省略
Out[28]:
        name2
        1  KEN
        2  John
        3  JIMI


In [29]: df1
Out[29]:
        age2 name2
        1  21 KEN
        2  22 John
        3  23 JIMI
In [30]: del df1['age2'] #第二种删除列的方法

In [31]: df1
```

```
Out[31]:
        name2
    1 KEN
    2 John
    3 JIMI

In [32]: df1['newColumn'] = [2, 4, 6]  #增加列

In [33]: df1
Out[33]:
        name2 newColumn
    1 KEN 2
    2 John 4
    3 JIMI 6

In [34]: df2.loc[len(df2)]=[24,"Keno"]  #增加行。这种方法效率比较低
```

增加行的办法可以通过合并两个 DataFrame 来解决。

```
In [1]: from pandas import DataFrame
   ...: df = DataFrame([[1, 2], [3, 4]], columns=list('AB'))
   ...: df
Out[1]:
        A B
    0 1 2
    1 3 4

In [2]: df2 = DataFrame([[5, 6], [7, 8]], columns=list('AB'))
   ...: df2
Out[2]:
        A B
    0 5 6
    1 7 8

In [3]: df.append(df2)  #仅把 df 和 df2 "叠" 起来了，没有修改合并后 df2 的 index
Out[3]:
        A B
    0 1 2
    1 3 4
    0 5 6
    1 7 8

In [4]: df.append(df2, ignore_index=True)  #修改 index，对 df2 部分重新索引了
Out[4]:
        A B
    0 1 2
    1 3 4
    2 5 6
    3 7 8
```

注意：合并两个数据框并需要重新更新索引时，需要添加"ignore_index=True"参数。

### 5.2.3 数据导入

数据存在的形式多样，有文件（txt、csv、excel）和数据库（MySQL、Access、SQL Server）等形式。在 Pandas 库中，常用的载入函数是 read_csv。除此之外还有 read_excel()和 read_table()，table()函数可以读取 TXT 文件。若是服务器相关的部署，则还会用到 read_sql()函数，直接访问数据库，但它必须配合 MySQL 相关的包。

数据的导入与
导出

#### 1. 导入 TXT 文件

TXT 是最常见的一种文件格式，主要存储文本信息，即文字信息。TXT 格式的电子书是被手机普遍支持的一种文字格式电子书，这种格式的电子书容量大，所占空间小。读取 TXT 文件到 Pandas 库的语句格式如下。

```
read_table(file, names=[列名 1,列名 2,…], sep="",…)
```
file：文件路径与文件名。

names：列名，默认为文件中的第一行作为列名。

sep：分隔符，默认为空。

TXT 文本文件内容如图 5-4 所示。

| rz - 记事本 | | | | | | | | | | | |
|---|---|---|---|---|---|---|---|---|---|---|---|
| 文件(F) 编辑(E) 格式(O) 查看(V) 帮助(H) | | | | | | | | | | | |
| 学号 | 班级 | 姓名 | 性别 | 英语 | 体育 | 军训 | 数分 | 高代 | 解几 | | |
| 2308024241 | 23080242 | 成龙 | 男 | 76 | 78 | 77 | 40 | 23 | 60 | | |
| 2308024244 | 23080242 | 周怡 | 女 | 66 | 91 | 75 | 47 | 47 | 44 | | |
| 2308024251 | 23080242 | 张波 | 男 | 85 | 81 | 75 | 45 | 45 | 60 | | |
| 2308024249 | 23080242 | 朱浩 | 男 | 65 | 50 | 80 | 72 | 62 | 71 | | |
| 2308024219 | 23080242 | 封印 | 女 | 73 | 88 | 92 | 61 | 47 | 46 | | |
| 2308024201 | 23080242 | 迟培 | 男 | 60 | 50 | 89 | 71 | 76 | 71 | | |
| 2308024347 | 23080243 | 李华 | 女 | 67 | 61 | 84 | 61 | 65 | 78 | | |
| 2308024307 | 23080243 | 陈田 | 男 | 76 | 79 | 86 | 69 | 40 | 69 | | |
| 2308024326 | 23080243 | 余皓 | 男 | 66 | 67 | 85 | 65 | 61 | 71 | | |
| 2308024320 | 23080243 | 李嘉 | 女 | 62 | 作弊 | 90 | 60 | 67 | 77 | | |
| 2308024342 | 23080243 | 李上初 | 男 | 76 | 90 | 84 | 60 | 66 | 60 | | |
| 2308024310 | 23080243 | 郭窦 | 女 | 79 | 67 | 84 | 64 | 64 | 79 | | |
| 2308024435 | 23080244 | 姜毅涛 | 男 | 77 | 71 | 缺考 | 61 | 73 | 76 | | |
| 2308024432 | 23080244 | 赵宇 | 男 | 74 | 74 | 88 | 68 | 70 | 71 | | |
| 2308024446 | 23080244 | 周路 | 女 | 76 | 80 | 77 | 61 | 74 | 80 | | |
| 2308024421 | 23080244 | 林建祥 | 男 | 72 | 72 | 81 | 63 | 90 | 75 | | |
| 2308024433 | 23080244 | 李大强 | 男 | 79 | 76 | 77 | 78 | 70 | 70 | | |
| 2308024428 | 23080244 | 李侧通 | 男 | 64 | 96 | 91 | 69 | 60 | 77 | | |
| 2308024402 | 23080244 | 王慧 | 女 | 73 | 74 | 93 | 70 | 71 | 75 | | |
| 2308024422 | 23080244 | 李晓亮 | 男 | 85 | 60 | 85 | 72 | 72 | 83 | | |
| 2308024201 | 23080242 | 迟培 | 男 | 60 | 50 | 89 | 71 | 76 | 71 | | |

图 5-4 txt 文件内容

导入数据首先需要引入相关的库或模块。

```
In [1]: from pandas import read_table
        df = read_table(r'C:\Users\yubg\OneDrive\2019book\rz.txt', sep=" ")
        df.head()    #查看 df 的前五项数据
Out[1]:
        学号\t 班级\t 姓名\t 性别\t 英语\t 体育\t 军训\t 数分\t 高代\t 解几
        0  2308024241\t23080242\t 成龙\t 男\t76\t78\t77\t40\t2...
        1  2308024244\t23080242\t 周怡\t 女\t66\t91\t75\t47\t4...
        2  2308024251\t23080242\t 张波\t 男\t85\t81\t75\t45\t4...
        3  2308024249\t23080242\t 朱浩\t 男\t65\t50\t80\t72\t6...
        4  2308024219\t23080242\t 封印\t 女\t73\t88\t92\t61\t4...
```

注意：（1）txt 文本文件要保存成 UTF-8 格式才不会报错。

（2）查看数据框 df 前 n 项数据使用 df.head(n)，后 m 项数据用 df.tail(m)。默认均是 5 项数据。

### 2. 导入 csv 文件

逗号分隔值（Comma-Separated Values，CSV），有时也称为字符分隔值，因为分隔字符也可以不是逗号，其文件以纯文本形式存储表格数据（数字和文本）。纯文本意味着该文件是一个字符序列，不含必须像二进制数字那样被解读的数据。CSV 文件由任意数目的记录组成，记录间以某种换行符分隔；每条记录由字段组成，字段间的分隔符是其他字符或字符串，最常见的是逗号或制表符。通常，所有记录都有完全相同的字段序列，通常都是纯文本文件。CSV 格式常见于手机通信录，可以使用 Excel 打开。读取 CSV 数据到 Pandas 库的语句格式如下。

```
read_csv(file,names=[列名 1,列名 2,..],sep="",…)
```

**file**：文件路径与文件名。

**names**：列名，默认为文件中的第一行作为列名。

**sep**：分隔符，默认为空，表示默认导入为一列。

```
In [1]: from pandas import read_csv
   ...: df = read_csv(r'C:\Users\yubg\OneDrive\stock_data_bac.csv',sep=",")
   ...: df.tail(5)
Out[119]:
       date open high low close volume
    529 2019-02-11 28.34 28.46 28.21 28.41 47724366
    530 2019-02-12 28.62 28.86 28.58 28.69 49178068
    531 2019-02-13 28.87 28.99 28.66 28.70 48951184
    532 2019-02-14 28.36 28.62 28.11 28.39 47756631
    533 2019-02-15 28.76 29.31 28.67 29.11 65866974
```

使用 **read_table** 命令也能执行，结果与 **read_csv** 一致。

```
In [2]: from pandas import read_table
   ...: df = read_table(r'C:\Users\yubg\OneDrive\stock_data_bac.csv',sep=",")
   ...: df.tail(5)
Out[2]:
       date open high low close volume
    529 2019-02-11 28.34 28.46 28.21 28.41 47724366
    530 2019-02-12 28.62 28.86 28.58 28.69 49178068
    531 2019-02-13 28.87 28.99 28.66 28.70 48951184
    532 2019-02-14 28.36 28.62 28.11 28.39 47756631
    533 2019-02-15 28.76 29.31 28.67 29.11 65866974
```

### 3. 导入 Excel 文件

Excel 是常见的存储和处理数据的软件，其保存的数据文件有两种格式的后缀名 xls 和 xlsx，read_excel 都能读取，但比较敏感，在读取时注意后缀名。读取 Excel 数据到 Pandas 库的语句格式如下。

```
read_excel(file, shee_tname,header=0)
```

**file**：文件路径与文件名。

sheet_name：sheet 的名称，如：sheet1。

header：列名，默认为 0（只接受布尔型 0 和 1），文件的第一行作为列名。

注：Pandas 0.21 以前版本在读取 Excel 时，参数'sheetname'更新为'sheet_name'。查阅 Pandas 的版本号，代码：Print(pd_Version_)。

```
In [1]: from pandas import read_excel
   ...: df = read_excel(r'C:\Users\yubg\OneDrive\db_data.xls',sheet_name='Sheet1')
   ...: df.head(7)
Out[1]:
        title price star
0 解忧杂货店 39.50 元 8.5
1 活着 20.00 元 9.3
2 追风筝的人 29.00 元 8.9
3 三体 23.00 8.8
4 白夜行 29.80 元 9.1
5 小王子 22.00 元 9.0
6 房思琪的初恋乐园 45.00 元 9.2
```

注意：header 取 0 和 1 的差别，取 0 表示第一行作为表头显示，取 1 表示第一行丢弃不作为表头显示。有时可以跳过首行或者读取多个表，如下。

```
df = pd.read_excel(filefullpath, sheet_name=[0,2],skiprows=[0])
```

sheet_name 可以指定为读取几个表 sheet，sheet 数目从 0 开始，如果 shee_tname=[0,2]，则代表读取第 1 页和第 3 页的 sheet，skiprows=[0]代表读取时跳过第 1 行。

### 4．导入 MySQL 库

在 Python 中操作 MySQL 的模块是 pymysql，在导入 MySQL 数据之前，需要安装 pymysql 模块。目前由于 MySQLdb 模块还不支持 Python3.x，所以 Python3.x 如果想连接 MySQL 需要安装 pymysql 模块。安装 pymysql 如图 5-5 所示，命令为 pip install pymysql。

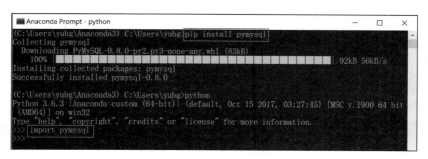

图 5-5　安装 pymysql

在 Python 编辑器中输入 import　pymysql，如果编译未出错，即表示 pymysql 安装成功，如图 5-5 所示。读取数据到 Pandas 库的语句格式如下。

```
read_sql(sql,conn)
```

sql：从数据库中查询数据的 SQL 语句。

conn：数据库的连接对象，需要在程序中选创建。

示例代码如下。

```
import pandas as pd
import pymysql
```

```
dbconn=pymysql.connect(host="***********",
                       database="kimbo",
                       user="kimbo_test",
                       password="******",
                       port=3306,
                       charset='utf8')  #加上字符集参数，防止中文乱码
sqlcmd="select * from table_name"   #sql 语句
a=pd.read_sql(sqlcmd,dbconn)   #利用 pandas 模块导入 mysql 数据
dbconn.close()
b=a.head()     #取前 5 行数据
print(b)
```

读取 **MySQL** 数据的其他方法有以下两种。

方法 1 如下。

```
import pymysql.cursors
import pymysql
import pandas as pd

#连接配置信息
config = { 'host':'127.0.0.1',
         'port':3306,         #MySQL 默认端口
         'user':'root',        #MySQL 默认用户名
         'password':'root',
         'db':'db_test',       #数据库
         'charset':'utf8',
         'cursorclass':pymysql.cursors.DictCursor }

# 创建连接
conn= pymysql.connect(**config)
# 执行 sql 语句
try:
    with conn.cursor() as cursor:
        sql="select * from table_name"
        cursor.execute(sql)
        result=cursor.fetchall()
finally:
    conn.close();
df=pd.DataFrame(result)       #转换成 DataFrame 格式
print(df.head())
```

方法 2 如下。

```
import pandas as pd
from sqlalchemy import create_engine

engine = create_engine(' mysql+pymysql://user:password@host:port/databasename ')
   # user:password 是账户和密码，host:port 是访问地址和端口，databasename 是库名
df = pd.read_sql('table_name',engine)  # 从 MySQL 库中读取表名 table_name
```

### 5.2.4  数据导出

处理好的数据，有时需要将其进行保存，数据可以保存为多种形式。

### 1. 导出为 csv 文件

```
to_csv(file_path,sep= ", ", index=True, header=True)
```
**file_path**：文件路径。

sep：分隔符，默认是逗号。

index：是否导出行序号，默认是 True，导出行序号。

header：是否导出列名，默认是 True，导出列名。

```
In [1]: from pandas import DataFrame
   ...: from pandas import Series
   ...: df = DataFrame({'age':Series([26,85,64]),
   ...:                     'name':Series(['Ben','John','Jerry'])})
   ...: df
Out[1]:
        age name
     0  26 Ben
     1  85 John
     2  64 Jerry


In [2]: df.to_csv(r'c:\Users\yubg\OneDrive\01.csv') #默认带上 index 列
   ...: df.to_csv(r'c:\Users\yubg\OneDrive\02.csv',index=False)#无 index
```
结果如图 5-6 所示。

## 2. 导出为 excel 文件

```
to_excel(file_path, index=True,header=True)
```
file_path：文件路径。

index：是否导出行序号，默认是 True，导出行序号。

header：是否导出列名，默认是 True，导出列名。

```
In [1]: from pandas import DataFrame
   ...: from pandas import Series
   ...: df = DataFrame({'age':Series([26,85,64]),
   ...: 'name':Series(['Ben','John','Jerry'])})


In [2]: df.to_excel(r'c:\Users\yubg\OneDrive\01.xlsx') #默认带上 index
   ...: df.to_excel(r'c:\Users\yubg\OneDrive\02.xlsx',index=False)#无 index
```
结果如图 5-7 所示。

| | age | name | | age | name |
|---|---|---|---|---|---|
| 0 | 26 | Ben | | 26 | Ben |
| 1 | 85 | John | | 85 | John |
| 2 | 64 | Jerry | | 64 | Jerry |
| 01.csv | 默认带上 index | | 02.csv | index=False，无 index | |

图 5-6　导出数据 01.csv 和 02.csv 结果图

| | age | name | | age | name |
|---|---|---|---|---|---|
| **0** | 26 | Ben | | 26 | Ben |
| **1** | 85 | John | | 85 | John |
| **2** | 64 | Jerry | | 64 | Jerry |
| 01.xlsx | 默认带上 index | | 02.xlsx | index=False | |

图 5-7　导出数据 01.xlsx 和 02.xlsx 结果图

## 3. 导出到 MySQL 库

```
to_sql(tableName, con=数据库链接)
```
tableName：数据库中的表名。

con：数据库的连接对象，需要在程序中选创建。

示例代码如下。

```
#Python3.6 下利用 pymysql 将 DataFrame 文件写入到 MySQL 数据库
from pandas import DataFrame
from pandas import Series
from sqlalchemy import create_engine

#启动引擎
engine = create_engine("mysql+pymysql://user:password@host:port/databasename?
charset=utf8")
    #这里一定要写成 mysql+pymysql，不要写成 mysql+mysqldb
    # user:password 是账户和密码，host:port 是访问地址和端口，databasename 是库名

#DataFrame 数据
df =
DataFrame({'age':Series([26,85,64]),'name':Series(['Ben','John','Jerry'])})

#存入 mysql
df.to_sql(name = 'table_name',
          con = engine,
          if_exists = 'append',
          index = False,
          index_label = False)
```

数据库引擎说明如下。

```
engine = create_engine("mysql+pymysql://user:password@host:port/databasename?
charset=utf8")
```

**mysql+mysqldb**：要用的数据库和需要用的接口程序。

**root**：数据库账户。

**password**：数据库密码。

**host**：数据库所在服务器的地址。

**port**：mysql 占用的端口。

**databasename**：数据库的名字。

**charset=utf8**：设置数据库的编码方式，这样可以防止 latin 字符不识别而报错。

本章 Numpy 库和 Pandas 库的其他操作方法请查阅附件 A 中的 Numpy 和 Pandas 部分。关于数据库的读取操作，请参阅附件 C 部分。

## 5.3　实战体验：输出符合条件的属性内容

需求：现有一张 Excel 表。表中有多个字段，其中有"申请日"和"发明人"，发明人字段中的发明人一般含有多个人，但都用";"分隔开了，如图 5-8 所示。请将所有含有发明人"吴峰"的发明专利的"申请日"打印出来，并将含有发明人"吴峰"的所有发明专利条目保存到 Excel 中。

具体数据处理代码如下。

首先接收数据。把数据导入，并查看数据的类型。

```
# -*- coding: utf-8 -*-
"""
```

```
Created on Mon May 13 22:15:23 2019

@author: yubg
"""
#接收数据
from pandas import read_excel
df = read_excel(r"c:\Users\yubg\Desktop\zhuanli.xls")

#查看数据
df.head()
```

| B | C | D | E | F | G | H | I |
|---|---|---|---|---|---|---|---|
| 申请号 | 申请日 | 公开号 | 公开(公告)日 | 名称 | 申请人 | 地址 | 发明人 |
| 200810084235.8 | 2008.03.27 | CN101546038A | 2009.09.30 | 防结焦吹扫装置 | 合肥金星机电科技发展有限公司 | 230088安徽省合肥市高新区天智路23号 | 吴峰;吴永升;蔡永厚 |
| 200810084234.3 | 2008.03.27 | CN101546608A | 2009.09.30 | 恶劣环境下取样探头的传动装置 | 合肥金星机电科技发展有限公司 | 230088安徽省合肥市高新区天智路23号 | 吴峰;吴永升;周荣荻 |
| 200810195728.9 | 2008.08.26 | CN101344433A | 2009.01.14 | 一种新型红外测温扫描仪 | 合肥金星机电科技发展有限公司 | 230088安徽省合肥市高新区天智路23号 | 吴峰;吴永升;翟燕 |
| 200810195727.4 | 2008.08.26 | CN101344703A | 2009.01.14 | 一种用于高温环境下的微孔成像镜头 | 合肥金星机电科技发展有限公司 | 230088安徽省合肥市高新区天智路23号 | 吴峰;吴永升;翟燕 |
| 200910116515.7 | 2009.04.10 | CN101527187A | 2009.09.09 | 用于视频平衡传输的多功能电缆 | 合肥金星机电科技发展有限公司 | 230088安徽省合肥市高新区天智路23号 | 吴华锋;涂宋芳 |
| 200910116514.2 | 2009.04.10 | CN101527450A | 2009.09.09 | 用于视频传输的保护装置 | 合肥金星机电科技发展有限公司 | 230088安徽省合肥市高新技术开发区天智路23号 | 吴华锋;涂宋芳 |
| 200910116773.5 | 2009.05.14 | CN101556186A | 2009.10.14 | 一种通过选频方式的新式磨音装置 | 合肥金星机电科技发展有限公司 | 230088安徽省合肥市高新技术开发区天智路23号 | 吴华锋;涂宋芳 |

图 5-8　数据表

其次，提取"发明人"这一列数据作为被处理对象。目的是将"发明人"这一列数据中的每一行作为一个列表，每个发明人名就是其中的一个元素，主要是为了方便判断"吴峰"在不在这一行。为了将人名分隔开，我们将使用 split()函数按照人名间的"；"进行分隔。

```
#提取"发明人"这一列并查看
fmr = df['发明人']
fmr.tail(10)
len(fmr)

#将"发明人"这一列做成列表 fmr_list，每一行（多个发明人）就是一个元素
fmr_list = map(lambda x:fmr[x],list(range(len(fmr))))
fmr_list = list(fmr_list)

#将"fmr_list"每一行元素按照"；"把它隔开做成列表，每个发明人就是 fmr_list 列表中的元素列表
的元素
fmr_list_0 = []
k = 0
for i in range(len(fmr_list)):
    fmr_list_0.append(fmr_list[k].split(';'))
    k += 1
```

```
    print(fmr_list_0)
```

#判断每行（fmr_list 中的每个元素）是否含有发明人"吴峰"，有，输出 1，无，输出 0，并按序做成一个 index_0 的列表

```
    index_0 = []
    p = 0
    q = "吴峰"
    for j in fmr_list_0:
        if q in fmr_list_0[p]:
            index_0.append(1)
        else:
            index_0.append(0)
        p +=1

    #print(index_0)

    #为了看得方便，直接将对应的 0、1 带上了索引号
    ind = []
    for (index, index_0) in enumerate(index_0):
        ind.append((index, index_0))

    #print(ind)
```

#将输出为 1 所对应的索引号做成一个列表 rq，打印出 df 中含有 rq 列表中的索引号所对应的日期——"申请日"

```
    rq =[]
    for elment in ind:
        if elment[1] == 1:
            rq.append(elment[0])
            print(elment[0])

    for j in rq:
        print(df['申请日'][j])
    len(rq)
```

最后，保存输出结果。将结果保存到 Excel 中。

```
    #保存输出结果
    #先要造一个跟原数据列表相同的列
    ##方法 1
    df0 = df.copy()
    df0.drop(df0.index,inplace=True)

    ##方法 2
    import pandas as pd
    col = df.columns
    df0 = pd.DataFrame(columns = col)

    #将提取出来的数据放入数据列表 df0 中
    m = 0
```

```
for i in rq:
    df0.loc[m] = df.loc[i]
    m += 1
len(df0)
```

```
#将数据列表保存到 Excel 中
df0.to_excel(r"c:\Users\yubg\Desktop\output_zhuanli.xls")
```

数据处理是数据价值链中最关键的步骤。垃圾数据，即使是通过最好的分析，也只能产生错误的结果，并误导业务本身。因此，在数据分析过程中，数据处理占据了很大的工作量，同时也是整个数据分析过程中最为重要的环节。

数据处理一方面是要提高数据的质量，另一方面是要让数据更好地适应特定的数据分析工具。数据处理的主要内容包括数据清洗、数据集成、数据变换和数据规约。

## 6.1 数据处理

在数据分析时，海量的原始数据中存在着大量不完整、不一致、有异常的数据，严重影响到数据分析的结果，所以进行数据处理就显得尤为重要。

数据处理就是处理缺失数据以及清除无意义的数据，如删除原始数据集中的无关数据、重复数据，平滑噪声数据，处理缺失值、异常值。

### 6.1.1 异常值处理

异常值处理包括重复值和缺失值的处理，尤其对缺失值的处理要谨慎。当数据量较大，并且在删除缺失值不影响结论时，可以删除；当数据量较少，删除后可能会影响数据分析的结果时，最好是对缺失值进行填充。

#### 1. 重复值的处理

Python 中的 Pandas 模块对重复数据去重步骤如下。

（1）利用 DataFrame 中的 duplicated()函数返回一个布尔型的 Series，显示是否有重复行，没有重复行显示为 False，有重复行则从重复的第二行起，重复的行均显示为 True。

（2）利用 DataFrame 中的 drop_duplicates()函数，返回一个移除了重复行的 DataFrame。

（3）使用 df[df.a.duplicated()]显示重复值。

显示重复值 duplicated()函数格式如下。

```
duplicated(self, subset=None, keep='first')
```

其中参数解释如下。

subset：用于识别重复的列标签或列标签序列，默认所有列标签。

keep='first'：除了第一次出现外，其余相同的被标记为重复。

Pandas 重复值查
找与删除

keep='last'：除了最后一次出现外，其余相同的被标记为重复。

keep=False：所有相同的都被标记为重复。

如果 duplicated()函数和 drop_duplicates()函数中没有设置参数，则这两个函数默认判断全部列；如果在这两个函数中加入了指定的属性名（列名），如 frame.drop_duplicates(['state'])，则指定部分属性（state 列）进行重复项的判断。

drop_duplicates()：把数据结构中，行相同的数据去除（保留其中的一行）。

```
In [1]: from pandas import DataFrame
        from pandas import Series
        df = DataFrame({'age':Series([26,85,64,85,85]),
                        'name':Series(['Yubg','John','Jerry','Cd','John'])})
        df
Out[1]:
   age  name
0   26  Yubg
1   85  John
2   64  Jerry
3   85  Cd
4   85  John


In [2]: df.duplicated()
Out[2]:
        0    False
        1    False
        2    False
        3    False
        4    True
dtype: bool


In [3]: df[df.duplicated()]#显示重复行
Out[3]:
        age name
        4 85 John


In [4]: df.duplicated('name')
Out[4]:
        0    False
        1    False
        2    False
        3    False
        4    True
dtype: bool


In [5]: df[~df.duplicated('name')]#先取反，再取布尔值真，即删除 name 的重复行
Out[5]:
        age name
        0 26 Yubg
        1 85 John
        2 64 Jerry
        3 85 Cd
```

```
In [6]: df.drop_duplicates('age')  #删除age列中的重复行
Out[6]:
        age   name
    0   26    Yubg
    1   85    John
    2   64    Jerry
```

上面的 df 中索引为 4 的行属于索引为 1 的重复行，去重后重复行索引为 4 的行被删除。

～表示取反，本例中所有为 True 的值转为 False，而 False 转化为 True，再从布尔值里提取数据，即把为真的值提取出来，相当于将 False（取反前为 True 的重复行）值删除。

### 2. 缺失值处理

从统计上说，缺失的数据可能会产生有偏估计，从而使样本数据不能很好地代表总体，而现实中绝大部分数据都包含缺失值，因此如何处理缺失值很重要。

Pandas 查找
（空值）

一般说来，缺失值的处理包括两个步骤，即缺失数据的识别和缺失值处理。

（1）缺失数据的识别。

Pandas 使用浮点值 NaN 表示浮点和非浮点数组里的缺失数据，并使用.isnull()和.notnull()函数来判断缺失情况。

```
In [1]: from pandas import DataFrame
        from pandas import read_excel
        df = read_excel(r'C:\Users\yubg\rz.xlsx',sheet_name='Sheet2')
        df
Out[1]:
            学号      姓名   英语  数分    高代    解几
    0   2308024241   成龙   76   40.0   23.0   60
    1   2308024244   周怡   66   47.0   47.0   44
    2   2308024251   张波   85   NaN    45.0   60
    3   2308024249   朱浩   65   72.0   62.0   71
    4   2308024219   封印   73   61.0   47.0   46
    5   2308024201   迟培   60   71.0   76.0   71
    6   2308024347   李华   67   61.0   65.0   78
    7   2308024307   陈田   76   69.0   NaN    69
    8   2308024326   余皓   66   65.0   61.0   71
    9   2308024219   封印   73   61.0   47.0   46

In [2]: df.isnull()
Out[2]:
        学号     姓名     英语     数分     高代     解几
    0   False  False  False  False  False  False
    1   False  False  False  False  False  False
    2   False  False  False  True   False  False
    3   False  False  False  False  False  False
    4   False  False  False  False  False  False
    5   False  False  False  False  False  False
    6   False  False  False  False  False  False
    7   False  False  False  False  True   False
    8   False  False  False  False  False  False
    9   False  False  False  False  False  False
```

```
In [3]: df.notnull()
Out[3]:
          学号    姓名    英语    数分     高代    解几
      0   True  True  True  True   True   True
      1   True  True  True  True   True   True
      2   True  True  True  False  True   True
      3   True  True  True  True   True   True
      4   True  True  True  True   True   True
      5   True  True  True  True   True   True
      6   True  True  True  True   True   True
      7   True  True  True  True   False  True
      8   True  True  True  True   True   True
      9   True  True  True  True   True   True
```

对于某列要显示其空值所在的行，如"数分"列 df[df.数分.isnull()]。要删除这个空值行，也可以使用 df[~df.数分.isnull()]，~表示取反。

（2）缺失数据的处理。

对于缺失数据的处理有数据补齐、删除对应行、不处理等方法。

①dropna()：对数据结构中有值为空的行进行删除。

删除数据中空值所对应的行。

```
In [4]: newDF=df.dropna()
newDF
Out[4]:
          学号           姓名   英语   数分    高代    解几
      0   2308024241   成龙   76   40.0  23.0  60
      1   2308024244   周怡   66   47.0  47.0  44
      3   2308024249   朱浩   65   72.0  62.0  71
      4   2308024219   封印   73   61.0  47.0  46
      5   2308024201   迟培   60   71.0  76.0  71
      6   2308024347   李华   67   61.0  65.0  78
      8   2308024326   余皓   66   65.0  61.0  71
      9   2308024219   封印   73   61.0  47.0  46
```

本例中有 NaN 值的第 2 行、第 7 行已经被删除了。也可以指定参数 how='all'，表示只有行里的数据全部为空时才丢弃，如 df.dropna(how='all')。如果想以同样的方式按列丢弃，可以传入 axis=1，如 df.dropna(how='all',axis=1)。

②df.fillna()：用其他数值填充 NaN。

有些时候空数据直接删除会影响分析的结果，这时可以对空数据进行填补，如使用数值或者任意字符替代缺失值。

```
In [5]: df.fillna('?')
Out[5]:
          学号           姓名   英语   数分  高代  解几
      0   2308024241   成龙   76   40   23   60
      1   2308024244   周怡   66   47   47   44
      2   2308024251   张波   85   ?    45   60
      3   2308024249   朱浩   65   72   62   71
      4   2308024219   封印   73   61   47   46
      5   2308024201   迟培   60   71   76   71
      6   2308024347   李华   67   61   65   78
```

```
7  2308024307  陈田  76    69      ?    69
8  2308024326  余皓  66    65     61    71
9  2308024219  封印  73    61     47    46
```

本例第 2 行、第 7 行的空用"？"替代了缺失值。

③df.fillna(method='pad')：用前一个数据值替代 NaN。

用前一个数据值替代当前的缺失值。

```
In [6]: df.fillna(method='pad')
Out[6]:
           学号     姓名 英语 数分    高代   解几
0  2308024241  成龙  76  40.0  23.0  60
1  2308024244  周怡  66  47.0  47.0  44
2  2308024251  张波  85  47.0  45.0  60
3  2308024249  朱浩  65  72.0  62.0  71
4  2308024219  封印  73  61.0  47.0  46
5  2308024201  迟培  60  71.0  76.0  71
6  2308024347  李华  67  61.0  65.0  78
7  2308024307  陈田  76  69.0  65.0  69
8  2308024326  余皓  66  65.0  61.0  71
9  2308024219  封印  73  61.0  47.0  46
```

④df.fillna(method='bfill')：用后一个数据值替代 NaN。

与 pad 相反，bfill 表示用后一个数据代替 NaN。可以用 limit 限制每列可以替代 NaN 的数目。

```
In [7]: df.fillna(method='bfill')
Out[7]:
           学号     姓名 英语 数分    高代   解几
0  2308024241  成龙  76  40.0  23.0  60
1  2308024244  周怡  66  47.0  47.0  44
2  2308024251  张波  85  72.0  45.0  60
3  2308024249  朱浩  65  72.0  62.0  71
4  2308024219  封印  73  61.0  47.0  46
5  2308024201  迟培  60  71.0  76.0  71
6  2308024347  李华  67  61.0  65.0  78
7  2308024307  陈田  76  69.0  61.0  69
8  2308024326  余皓  66  65.0  61.0  71
9  2308024219  封印  73  61.0  47.0  46
```

⑤df.fillna(df.mean())：用平均数或者其他描述性统计量来代替 NaN。

使用均值来填补空数据。

```
In [8]: df.fillna(df.mean())
Out[8]:
           学号     姓名 英语    数分        高代     解几
0  2308024241  成龙  76  40.000000  23.000000  60
1  2308024244  周怡  66  47.000000  47.000000  44
2  2308024251  张波  85  60.777778  45.000000  60
3  2308024249  朱浩  65  72.000000  62.000000  71
4  2308024219  封印  73  61.000000  47.000000  46
5  2308024201  迟培  60  71.000000  76.000000  71
6  2308024347  李华  67  61.000000  65.000000  78
7  2308024307  陈田  76  69.000000  52.555556  69
```

```
        8   2308024326   余皓   66   65.000000   61.000000   71
        9   2308024219   封印   73   61.000000   47.000000   46
```

"数分"列中有一个空值，9 个数的均值为 60.77777778，故以 60.777778 替代，"高代"
列也一样。

⑥df.fillna(df.mean()['填补列名':'计算均值的列名']])：可以选择列进行缺失值处理。

为某列使用该列的均值来填补数据。

```
In [9]: df.fillna(df.mean()['高代':'解几'])
Out[9]:
            学号      姓名  英语   数分       高代        解几
    0   2308024241   成龙   76   40.0   23.000000   60
    1   2308024244   周怡   66   47.0   47.000000   44
    2   2308024251   张波   85   NaN    45.000000   60
    3   2308024249   朱浩   65   72.0   62.000000   71
    4   2308024219   封印   73   61.0   47.000000   46
    5   2308024201   迟培   60   71.0   76.000000   71
    6   2308024347   李华   67   61.0   65.000000   78
    7   2308024307   陈田   76   69.0   52.555556   69
    8   2308024326   余皓   66   65.0   61.000000   71
    9   2308024219   封印   73   61.0   47.000000   46
```

用"解几"列的平均值来填补"高代"列的空缺值。

⑦df.fillna({'列名 1':值 1,'列名 2':值 2})：可以传入一个字典，对不同的列填充不同的值。

为不同的列填充不同的值来填补空数据。

```
In [10]: df.fillna({'数分':100,'高代':0})
Out[10]:
            学号      姓名  英语   数分     高代    解几
    0   2308024241   成龙   76   40.0   23.0   60
    1   2308024244   周怡   66   47.0   47.0   44
    2   2308024251   张波   85   100.0  45.0   60
    3   2308024249   朱浩   65   72.0   62.0   71
    4   2308024219   封印   73   61.0   47.0   46
    5   2308024201   迟培   60   71.0   76.0   71
    6   2308024347   李华   67   61.0   65.0   78
    7   2308024307   陈田   76   69.0   0.0    69
    8   2308024326   余皓   66   65.0   61.0   71
    9   2308024219   封印   73   61.0   47.0   46
```

"数分"列填充值为 100，"高代"列填充值为 0。

⑧strip()：清除字符型数据左右（首尾）指定的字符，默认为空格，中间的不清除。

删除字符串左右或首尾指定的空格。

```
In [11]: from pandas import DataFrame
         from pandas import Series
         df = DataFrame({'age':Series([26,85,64,85,85]),
                'name':Series(['   Ben','John ','   Jerry','John ','John'])})
df
Out[11]:
        age      name
    0   26        Ben
    1   85    John
    2   64      Jerry
```

```
        3   85      John
        4   85      John
```

```
In [12]: df['name'].str.strip()
Out[12]:
        0       Ben
        1      John
        2     Jerry
        3      John
        4      John
Name: name, dtype: object
```

如果要删除右边的，则用 df['name'].str.rstrip()，删除左边的，则用 df['name'].str.lstrip()，默认为删除空格，也可以带参数，删除右边的"n"代码如下。

```
In [13]: df['name'].str.rstrip('n')
Out[13]:
        0        Be
        1      John
        2     Jerry
        3      John
        4       Joh
Name: name, dtype: object
```

## 6.1.2　数据抽取

### 1. 字段提取

抽出某列上指定位置的数据作为新的列。

```
slice(start,stop)
```

- start：开始位置。
- stop：结束位置。

手机号码一般 11 位，如 18603518513，前三位 186 为品牌（联通），中间四位 0315 表示地区区域（太原），后四位 8513 才是手机号码。下面把手机号码数据分别进行抽取。

```
In [1]: from pandas import DataFrame
        from pandas import read_excel
        df = read_excel(r'C:\Users\yubg\i_nuc.xls',sheet_name='Sheet4')
        df.head()          #展示数据表的前 5 行，显示后 5 行为 df.tail()
Out[1]:
            学号              电话                IP
        0  2308024241    1.892225e+10    221.205.98.55
        1  2308024244    1.352226e+10    183.184.226.205
        2  2308024251    1.342226e+10    221.205.98.55
        3  2308024249    1.882226e+10    222.31.51.200
        4  2308024219    1.892225e+10    120.207.64.3
In [2]: df['电话']=df['电话'].astype(str)  #astype()转化类型
        df['电话']
Out[2]:
        0    18922254812.0
        1    13522255003.0
```

```
            2     13422259938.0
            3     18822256753.0
            4     18922253721.0
            5              nan
            6     13822254373.0
            7     13322252452.0
            8     18922257681.0
            9     13322252452.0
           10     18922257681.0
           11     19934210999.0
           12     19934210911.0
           13     19934210912.0
           14     19934210913.0
           15     19934210914.0
           16     19934210915.0
           17     19934210916.0
           18     19934210917.0
           19     19934210918.0
Name: 电话, dtype: object
```

```
In [3]: bands = df['电话'].str.slice(0,3)   #利用 Series 中 str 属性的 slice 属性
        bands
Out[3]:
            0     189
            1     135
            2     134
            3     188
            4     189
            5     nan
            6     138
            7     133
            8     189
            9     133
           10     189
           11     199
           12     199
           13     199
           14     199
           15     199
           16     199
           17     199
           18     199
           19     199
Name: 电话, dtype: object
```

```
In [4]: areas= df['电话'].str.slice(3,7)   #抽取手机号码的中间四位，以判断号码的地域
        areas
Out[4]:
            0     2225
            1     2225
            2     2225
```

```
        3     2225
        4     2225
        5
        6     2225
        7     2225
        8     2225
        9     2225
       10     2225
       11     3421
       12     3421
       13     3421
       14     3421
       15     3421
       16     3421
       17     3421
       18     3421
       19     3421
Name: 电话, dtype: object

In [5]: tell= df['电话'].str.slice(7,11)  #抽取手机号码的后四位
        tell
Out[5]:
        0     4812
        1     5003
        2     9938
        3     6753
        4     3721
        5
        6     4373
        7     2452
        8     7681
        9     2452
       10     7681
       11     0999
       12     0911
       13     0912
       14     0913
       15     0914
       16     0915
       17     0916
       18     0917
       19     0918
Name: 电话, dtype: object
```

## 2. 字段拆分

按指定的字符 sep，拆分已有的字符串。

```
split(sep,n,expand=False)
```

sep：用于分隔字符串的分隔符。

n：分隔后新增的列数。

expand：是否展开为数据框，默认为 False。

返回值：expand 为 True，返回 DaraFrame；expand 为 False，返回 Series。

```
In [6]: from pandas import DataFrame
        from pandas import read_excel
        df = read_excel(r'C:\Users\yubg\i_nuc.xls',sheet_name='Sheet4')
        df
Out[6]:
          学号          电话                    IP
     0  2308024241  1.892225e+10      221.205.98.55
     1  2308024244  1.352226e+10      183.184.226.205
     2  2308024251  1.342226e+10      221.205.98.55
     3  2308024249  1.882226e+10      222.31.51.200
     4  2308024219  1.892225e+10      120.207.64.3
     5  2308024201          NaN       222.31.51.200
     6  2308024347  1.382225e+10      222.31.59.220
     7  2308024307  1.332225e+10      221.205.98.55
     8  2308024326  1.892226e+10      183.184.230.38
     9  2308024320  1.332225e+10      221.205.98.55
    10  2308024342  1.892226e+10      183.184.230.38
    11  2308024310  1.993421e+10      183.184.230.39
    12  2308024435  1.993421e+10      185.184.230.40
    13  2308024432  1.993421e+10      183.154.230.41
    14  2308024446  1.993421e+10      183.184.231.42
    15  2308024421  1.993421e+10      183.154.230.43
    16  2308024433  1.993421e+10      173.184.230.44
    17  2308024428  1.993421e+10                NaN
    18  2308024402  1.993421e+10      183.184.230.4
    19  2308024422  1.993421e+10      153.144.230.7
```

```
In [7]: df['IP'].str.strip()   #利用 Series 的 str 属性的 strip 方法删除首位空格
Out[7]:
     0        221.205.98.55
     1      183.184.226.205
     2        221.205.98.55
     3        222.31.51.200
     4         120.207.64.3
     5        222.31.51.200
     6        222.31.59.220
     7        221.205.98.55
     8       183.184.230.38
     9        221.205.98.55
    10       183.184.230.38
    11       183.184.230.39
    12       185.184.230.40
    13       183.154.230.41
    14       183.184.231.42
    15       183.154.230.43
    16       173.184.230.44
    17                  NaN
    18        183.184.230.4
```

```
19      153.144.230.7
Name: IP, dtype: object

In [8]: newDF= df['IP'].str.split('.',1,True) #按第一个"."分成两列，1表示新增的列数
        newDF
Out[8]:
                 0              1
        0      221        205.98.55
        1      183      184.226.205
        2      221        205.98.55
        3      222         31.51.200
        4      120         207.64.3
        5      222         31.51.200
        6      222         31.59.220
        7      221      205.98.55
        8      183        184.230.38
        9      221      205.98.55
        10     183        184.230.38
        11     183        184.230.39
        12     185        184.230.40
        13     183        154.230.41
        14     183        184.231.42
        15     183        154.230.43
        16     173        184.230.44
        17     NaN           None
        18     183        184.230.4
        19     153        144.230.7

In [9]: newDF.columns = ['IP1','IP2-4']  #给第一、二列增加列名称
        newDF
Out[9]:
                 IP1          IP2-4
        0      221        205.98.55
        1      183      184.226.205
        2      221        205.98.55
        3      222         31.51.200
        4      120         207.64.3
        5      222         31.51.200
        6      222         31.59.220
        7      221      205.98.55
        8      183        184.230.38
        9      221      205.98.55
        10     183        184.230.38
        11     183        184.230.39
        12     185        184.230.40
        13     183        154.230.41
        14     183        184.231.42
        15     183        154.230.43
        16     173        184.230.44
        17     NaN           None
        18     183        184.230.4
        19     153        144.230.7
```

### 3. 记录抽取

记录抽取是指根据一定的条件，对数据进行抽取。

`dataframe[condition]`

condition：过滤条件。

返回值为 DataFrame。

常用的 condition 类型如下。

- 比较运算：==、<、>、>=、<=、!=，如 df[df.comments>10000)]。
- 范围运算：between(left,right)，如 df[df.comments.between(1000,10000)]。
- 空置运算：pandas.isnull(column)，如 df[df.title.isnull()]。
- 字符匹配：str.contains(patten,na = False)，如 df[df.title.str.contains('电台',na=False)]。
- 逻辑运算: &（与）、|（或）、not（取反），如 df[(df.comments>=1000)&(df.comments<=10000)]

与 df[df.comments.between(1000,10000)]等价。

（1）按条件抽取数据。

```
In [11]: import pandas
         from pandas import read_excel
         df = read_excel(r'C:\Users\yubg\i_nuc.xls',sheet_name='Sheet4')
         df.head()
Out[11]:
           学号          电话              IP
      0 2308024241   1.892225e+10    221.205.98.55
      1 2308024244   1.352226e+10    183.184.226.205
      2 2308024251   1.342226e+10    221.205.98.55
      3 2308024249   1.882226e+10    222.31.51.200
      4 2308024219   1.892225e+10    120.207.64.3


In [12]: df[df.电话==13322252452]
Out[12]:
           学号          电话              IP
      7 2308024307   1.332225e+10  221.205.98.55
      9 2308024320   1.332225e+10  221.205.98.55


In [13]: df[df.电话>13500000000]
Out[13]:
           学号          电话              IP
      0  2308024241   1.892225e+10    221.205.98.55
      1  2308024244   1.352226e+10    183.184.226.205
      3  2308024249   1.882226e+10    222.31.51.200
      4  2308024219   1.892225e+10    120.207.64.3
      6  2308024347   1.382225e+10    222.31.59.220
      8  2308024326   1.892226e+10    183.184.230.38
      10 2308024342   1.892226e+10    183.184.230.38
      11 2308024310   1.993421e+10    183.184.230.39
      12 2308024435   1.993421e+10    185.184.230.40
      13 2308024432   1.993421e+10    183.154.230.41
      14 2308024446   1.993421e+10    183.184.231.42
      15 2308024421   1.993421e+10    183.154.230.43
```

```
    16  2308024433  1.993421e+10     173.184.230.44
    17  2308024428  1.993421e+10               NaN
    18  2308024402  1.993421e+10      183.184.230.4
    19  2308024422  1.993421e+10      153.144.230.7


In [14]: df[df.电话.between(13400000000,13999999999)]
Out[14]:
           学号          电话              IP
    1  2308024244  1.352226e+10   183.184.226.205
    2  2308024251  1.342226e+10    221.205.98.55
    6  2308024347  1.382225e+10    222.31.59.220


In [15]: df[df.IP.isnull()]
Out[15]:
           学号          电话         IP
    17 2308024428  1.993421e+10  NaN


In [16]: df[df.IP.str.contains('222.',na=False)]
Out[16]:
           学号          电话              IP
    3  2308024249  1.882226e+10    222.31.51.200
    5  2308024201         NaN      222.31.51.200
    6  2308024347  1.382225e+10    222.31.59.220
```

（2）通过逻辑指针进行数据切片：**df[逻辑条件]**。

```
In [1]: from pandas import read_excel
        df =read_excel(r'C:\Users\yubg\i_nuc.xls',sheet_name='Sheet4')
        df.head()
Out[1]:
           学号          电话              IP
    0  2308024241  1.892225e+10    221.205.98.55
    1  2308024244  1.352226e+10   183.184.226.205
    2  2308024251  1.342226e+10    221.205.98.55
    3  2308024249  1.882226e+10    222.31.51.200
    4  2308024219  1.892225e+10    120.207.64.3


In [2]: df[df.电话 >= 18822256753]    #单个逻辑条件
Out[2]:
           学号          电话              IP
    0  2308024241  1.892225e+10   221.205.98.55
    3  2308024249  1.882226e+10   222.31.51.200
    4  2308024219  1,892225e+10   120.207.64.3
    8  2308024326  1.892226e+10   183.184.230.38
    10 2308024342  1.892226e+10   183.184.230.38
    11 2308024310  1.993421e+10   183.184.230.39
    12 2308024435  1.993421e+10   185.184.230.40
    13 2308024432  1.993421e+10   183.154.230.41
    14 2308024446  1.993421e+10   183.184.231.42
    15 2308024421  1.993421e+10   183.154.230.43
    16 2308024433  1.993421e+10   173.184.230.44
    17 2308024428  1.993421e+10              NaN
    18 2308024402  1.993421e+10   183.184.230.4
```

```
19  2308024422  1.993421e+10   153.144.230.7
```

```
In [3]: df[(df.电话>=13422259938 )&(df.电话 < 13822254373)]
Out[3]:
          学号        电话            IP
1   2308024244  1.352226e+10  183.184.226.205
2   2308024251  1.342226e+10  221.205.98.55
```

这种方式获取的数据切片都是 DataFrame。

### 4．按索引条件抽取

（1）使用索引名（标签）选取数据：

**df.loc[行标签,列标签]**。

```
In [4]: df=df.set_index('学号')    #更改"学号"列为新的索引
        df.head()
Out[4]:
                     电话                IP
        学号
        2308024241  1.892225e+10    221.205.98.55
        2308024244  1.352226e+10   183.184.226.205
        2308024251  1.342226e+10    221.205.98.55
        2308024249  1.882226e+10    222.31.51.200
        2308024219  1.892225e+10    120.207.64.3
```

```
In [5]: df.loc[2308024241:2308024201] #选取 a 到 b 行的数据: df.loc['a':'b']
Out[5]:
          学号        电话            IP
        2308024241  1.892225e+10    221.205.98.55
        2308024244  1.352226e+10   183.184.226.205
        2308024251  1.342226e+10    221.205.98.55
        2308024249  1.882226e+10    222.31.51.200
        2308024219  1.892225e+10    120.207.64.3
        2308024201       NaN       222.31.51.200
```

```
In [6]: df.loc[:,'电话'].head()          #选取"电话"列的数据
Out[6]:
        学号
        2308024241    1.892225e+10
        2308024244    1.352226e+10
        2308024251    1.342226e+10
        2308024249    1.882226e+10
        2308024219    1.892225e+10
Name: 电话, dtype: float64
```

**df.loc** 的第一个参数是行标签，第二个参数为列标签（可选参数，默认为所有列标签）。两个参数既可以是列表，也可以是单个字符。如果两个参数都为列表，则返回的是 DataFrame，否则为 Series。

```
In [7]: import pandas as pd
        df = pd.DataFrame({'a': [1, 2, 3], 'b': ['a', 'b', 'c'],'c': ["A","B","C"]})
        df
Out[7]:
        a  b  c
```

```
         0  1  a  A
         1  2  b  B
         2  3  c  C

In [8]: df.loc[1]      #抽取 index=1 的行，但返回的是 Series，而不是 DaTa Frame
Out[8]:
         a   2
         b   b
         c   B
Name: 1, dtype: object

In [9]: df.loc[[1,2]]  #抽取 index=1 和 2 的两行
Out[9]:
            a  b  c
         1  2  b  B
         2  3  c  C
```

注意：当同时抽取多行时，行的索引必须是列表的形式，而不能是简单的逗号分隔，如 **df.loc[1,2]**会提示出错。

（2）使用索引号选取数据：**df.iloc[行索引号,列索引号]**。

```
In [1]: from pandas import read_excel
        df = read_excel(r'C:\Users\yubg\i_nuc.xls',sheet_name='Sheet4')
        df=df.set_index('学号')
        df.head()
Out[1]:
            学号           电话              IP
         2308024241   1.892225e+10      221.205.98.55
         2308024244   1.352226e+10     183.184.226.205
         2308024251   1.342226e+10      221.205.98.55
         2308024249   1.882226e+10      222.31.51.200
         2308024219   1.892225e+10       120.207.64.3

In [2]: df.iloc[1,0]       #选取第 2 行、第 1 列的值，返回的是单个值
Out[2]: 13522255003.0

In [3]: df.iloc[[0,2],:]   #选取第 1 行和第 3 行的数据
Out[3]:
            学号           电话              IP
         2308024241   1.892225e+10      221.205.98.55
         2308024251   1.342226e+10      221.205.98.55

In [4]: df.iloc[0:2,:]      #选取第 1 行到第 3 行(不包含第 3 行)的数据
Out[4]:
            学号           电话              IP
         2308024241   1.892225e+10      221.205.98.55
         2308024244   1.352226e+10     183.184.226.205

In [5]: df.iloc[:,1]        #选取所有记录的第 2 列的值，返回的是一个 Series
Out[5]:
```

```
        学号
   2308024241          221.205.98.55
   2308024244       183.184.226.205
   2308024251          221.205.98.55
   2308024249          222.31.51.200
   2308024219           120.207.64.3
   2308024201          222.31.51.200
   2308024347          222.31.59.220
   2308024307          221.205.98.55
   2308024326          183.184.230.38
   2308024320          221.205.98.55
   2308024342          183.184.230.38
   2308024310          183.184.230.39
   2308024435          185.184.230.40
   2308024432          183.154.230.41
   2308024446          183.184.231.42
   2308024421          183.154.230.43
   2308024433          173.184.230.44
   2308024428                    NaN
   2308024402           183.184.230.4
   2308024422           153.144.230.7
Name: IP, dtype: object


In [6]: df.iloc[1,:]        #选取第 2 行数据，返回的为一个 Series
Out[6]:
        电话             1.35223e+10
        IP        183.184.226.205
Name: 2308024244, dtype: object
```

说明：loc 为 location 的缩写，iloc 为 integer & location 的缩写。

loc：通过索引抽取行数据。

iloc：通过索引号抽取行数据。

## 5．随机抽样

随机抽样是指随机从数据中按照一定的行数或者比例抽取数据。

随机抽样函数格式如下。

```
numpy.random.randint(start,end,num)
```

start：范围的开始值。

end：范围的结束值。

num：抽样个数。

返回值：行的索引值序列。

```
In [1]: from pandas import read_excel
        Import numpy as np
        df = read_excel(r'C:\Users\yubg\i_nuc.xls',sheet_name='Sheet4')
        df.head()

Out[1]:
        学号              电话                    IP
```

```
0  2308024241  1.892225e+10     221.205.98.55
1  2308024244  1.352226e+10   183.184.226.205
2  2308024251  1.342226e+10     221.205.98.55
3  2308024249  1.882226e+10     222.31.51.200
4  2308024219  1.892225e+10      120.207.64.3
```

```
In [2]: r = np.random.randint(0,10,3)
        r
Out[2]: array([3, 4, 9])
```

```
In [3]: df.loc[r,:]    #抽取 r 行数据，也可以直接写成 df.loc[r]
Out[3]:
          学号            电话              IP
3  2308024249  1.882226e+10     222.31.51.200
4  2308024219  1.892225e+10      120.207.64.3
9  2308024320  1.332225e+10     221.205.98.55
```

### 6. 字典数据

将字典数据抽取为 dataframe 有 3 种方法。

（1）字典的 key 和 value 各作为一列。

```
In [1]: import pandas
        from pandas import DataFrame

        d1={'a':'[1,2,3]','b':'[0,1,2]'}
        a1=pandas.DataFrame.from_dict(d1, orient='index')
                           #将字典转为 dataframe，并且 key 列作为 index
        a1.index.name = 'key'    #将 index 的列名改成"key"
        b1=a1.reset_index()      #重新增加 index，原 index 作为"key"列
        b1.columns=['key','value'] #对列重新命名为"key"和"value"
        b1
Out[1]:
    key    value
0    b    [0, 1,2]
1    a    [1,2,3]
```

（2）字典里的每一个元素作为一列（同长）。

```
In [2]: d2={'a':[1,2,3],'b':[4,5,6]}      #字典的 value 必须长度相等
        a2= DataFrame(d2)
        a2
Out[2]:
     a  b
0    1  4
1    2  5
2    3  6
```

（3）字典里的每一个元素作为一列（不同长）。

```
In [3]: d = {'one' : pandas.Series([1, 2, 3]),
             'two' : pandas.Series([1, 2, 3, 4])}
                          #字典的 value 长度可以不相等
        df = pandas.DataFrame(d)
        df
Out[3]:
```

```
     one  two
0   1.0   1
1   2.0   2
2   3.0   3
3   NaN   4
```

也可以做如下处理。

```
In [4]: import pandas
        from pandas import Series
        import numpy as np
        from pandas import DataFrame

        d = dict( A = np.array([1,2]), B = np.array([1,2,3,4]) )
        DataFrame(dict([(k,Series(v)) for k,v in d.items()]))

Out[4]:
        A  B
0     1.0  1
1     2.0  2
2     NaN  3
3     NaN  4
```

还可以进行如下处理。

```
In [5]: import numpy as np
        import pandas as pd

        my_dict = dict( A = np.array([1,2]), B = np.array([1,2,3,4]) )
        df = pd.DataFrame.from_dict(my_dict, orient='index').T
        df

Out[5]:
        A    B
0     1.0  1.0
1     2.0  2.0
2     NaN  3.0
      NaN  4.0
```

## 6.1.3 插入记录

**Pandas** 里并没有直接指定索引的插入行的方法，所以要自行设置。

```
In [1]: import pandas as pd
        df = pd.DataFrame({'a': [1, 2, 3], 'b': ['a', 'b', 'c'],'c': ["A","B","C"]})
        df

Out[1]:
        a  b  c
0      1  a  A
1      2  b  B
2      3  c  C
```

```
In [2]: line = pd.DataFrame({df.columns[0]:"--", df.columns[1]:"--",
        df.columns[2]:"--"},
        index=[1]) #抽取 df 的 index=1 的行，并将此行第一列 columns[0]赋值 "--"，第二列、
                   第三列同样赋值 "--"
        line

Out[2]:
```

```
          a    b    c
     1    --   --   --

In [3]: df0 = pd.concat([df.loc[:0],line,df.loc[1:]])
        df0
Out[3]:
          a    b    c
     0    1    a    A
     1    --   --   --
     1    2    b    B
     2    3    c    C
```

df.loc[:0]这里不能写成 df.loc[0]，因为 df.loc[0]表示抽取 index=0 的行，返回的是 Series，而不是 DataFrame。

df0 的索引没有重新给出新的索引，需要对索引重新进行设定。

方法 1 如下。

先利用 reset_index()函数给出新的索引，原索引将作为新增加的列"index"，再对新增加的列利用 drop()删除新增的"index"列。此方法虽然有点烦琐，但有时确实有输出原索引的需求。

```
In [4]: df1=df0.reset_index()   #重新给出索引，后面详细解释
        df1
Out[4]:
          index   a    b    c
     0      0     1    a    A
     1      1     --   --   --
     2      2     2    b    B
     3      3     3    c    C

In [5]: df2=df1.drop('index', axis=1)   #删除"index"列
        df2
Out[5]:
          a    b    c
     0    1    a    A
     1    --   --   --
     2    2    b    B
     3    3    c    C
```

方法 2 如下。

直接对 reset_index()函数添加 drop=True 参数，即删除了原索引并给出新的索引。

```
In [6]: df2=pd.concat([df.loc[:0],line,df.loc[1:]]).reset_index(drop=True)
        df2
Out[6]:
          a    b    c
     0    1    a    A
     1    --   --   --
     2    2    b    B
     3    3    c    C
```

方法 3 如下。

先找出 df0 的索引长度 lenth=len(df0.index)，再利用整数序列函数生成索引 range(lenth)，

然后把生成的索引赋值给 df0.index。

```
In [7]: df0.index=range(len(df0.index))
        df0
Out[7]:
        a   b   c
    0   1   a   A
    1   --  --  --
    2   2   b   B
    3   3   c   C
```

## 6.1.4　修改记录

修改数据是常有的事情。例如，数据中有些需要整体替换，有些需要个别修改等。

整列、整行替换比较容易做到，如 df['平时成绩']= score_2，这里 score_2 是将被填进去的数据列（可以是列表或者 Serise）。

df 数据框中可能各列都有 "NaN" 的情况，需要把空值整体替换成 "0"，以便于计算，类似于 Word 软件中的 "查找替换"（Ctrl+H 组合键），具体示例如下。

```
In [1]: from pandas import read_excel
        df = pd.read_excel(r'C:\Users\yubg\i_nuc.xls',sheet_name='Sheet3')
        df.head()
Out[1]:
```

|  | 学号 | 班级 | 姓名 | 性别 | 英语 | 体育 | 军训 | 数分 | 高代 | 解几 |
|---|---|---|---|---|---|---|---|---|---|---|
| 0 | 2308024241 | 23080242 | 成龙 | 男 | 76 | 78 | 77 | 40 | 23 | 60 |
| 1 | 2308024244 | 23080242 | 周怡 | 女 | 66 | 91 | 75 | 47 | 47 | 44 |
| 2 | 2308024251 | 23080242 | 张波 | 男 | 85 | 81 | 75 | 45 | 45 | 60 |
| 3 | 2308024249 | 23080242 | 朱浩 | 男 | 65 | 50 | 80 | 72 | 62 | 71 |
| 4 | 2308024219 | 23080242 | 封印 | 女 | 73 | 88 | 92 | 61 | 47 | 46 |

（1）单值替换。

```
df.replace('B', 'A')   #用 A 替换 B，也可以用 df.replace({'B': 'A'})
In [2]: df.replace('作弊',0)    #用 0 替换 "作弊"
Out[2]:
```

|  | 学号 | 班级 | 姓名 | 性别 | 英语 | 体育 | 军训 | 数分 | 高代 | 解几 |
|---|---|---|---|---|---|---|---|---|---|---|
| 0 | 2308024241 | 23080242 | 成龙 | 男 | 76 | 78 | 77 | 40 | 23 | 60 |
| 1 | 2308024244 | 23080242 | 周怡 | 女 | 66 | 91 | 75 | 47 | 47 | 44 |
| 2 | 2308024251 | 23080242 | 张波 | 男 | 85 | 81 | 75 | 45 | 45 | 60 |
| 3 | 2308024249 | 23080242 | 朱浩 | 男 | 65 | 50 | 80 | 72 | 62 | 71 |
| 4 | 2308024219 | 23080242 | 封印 | 女 | 73 | 88 | 92 | 61 | 47 | 46 |
| 5 | 2308024201 | 23080242 | 迟培 | 男 | 60 | 50 | 89 | 71 | 76 | 71 |
| 6 | 2308024347 | 23080243 | 李华 | 女 | 67 | 61 | 84 | 61 | 65 | 78 |
| 7 | 2308024307 | 23080243 | 陈田 | 男 | 76 | 79 | 86 | 69 | 40 | 69 |
| 8 | 2308024326 | 23080243 | 余皓 | 男 | 66 | 67 | 85 | 65 | 61 | 71 |
| 9 | 2308024320 | 23080243 | 李嘉 | 女 | 62 | 0 | 90 | 60 | 67 | 77 |
| 10 | 2308024342 | 23080243 | 李上初 | 男 | 76 | 90 | 84 | 60 | 66 | 60 |
| 11 | 2308024310 | 23080243 | 郭窦 | 女 | 79 | 67 | 84 | 64 | 64 | 79 |
| 12 | 2308024435 | 23080244 | 姜毅涛 | 男 | 77 | 71 | 缺考 | 61 | 73 | 76 |
| 13 | 2308024432 | 23080244 | 赵宇 | 男 | 74 | 74 | 88 | 68 | 70 | 71 |
| 14 | 2308024446 | 23080244 | 周路 | 女 | 76 | 80 | 77 | 61 | 74 | 80 |
| 15 | 2308024421 | 23080244 | 林建祥 | 男 | 72 | 72 | 81 | 63 | 90 | 75 |
| 16 | 2308024433 | 23080244 | 李大强 | 男 | 79 | 76 | 77 | 78 | 70 | 70 |

| 17 | 2308024428 | 23080244 | 李侧通 | 男 | 64 | 96 | 91 | 69 | 60 | 77 |
| 18 | 2308024402 | 23080244 | 王慧 | 女 | 73 | 74 | 93 | 70 | 71 | 75 |
| 19 | 2308024422 | 23080244 | 李晓亮 | 男 | 85 | 60 | 85 | 72 | 72 | 83 |
| 20 | 2308024201 | 23080242 | 迟培 | 男 | 60 | 50 | 89 | 71 | 76 | 71 |

（2）指定列单值替换。

```
df.replace({'体育':'作弊'},0)                 #用 0 替换"体育"列中"作弊"
df.replace({'体育':'作弊','军训':'缺考'},0)
#用 0 替换"体育"列中的"作弊"和"军训"列中的"缺考"
In [3]: df.replace({'体育':'作弊'},0)        #用 0 替换"体育"列中"作弊"
Out[3]:
```

|  | 学号 | 班级 | 姓名 | 性别 | 英语 | 体育 | 军训 | 数分 | 高代 | 解几 |
|---|---|---|---|---|---|---|---|---|---|---|
| 0 | 2308024241 | 23080242 | 成龙 | 男 | 76 | 78 | 77 | 40 | 23 | 60 |
| 1 | 2308024244 | 23080242 | 周怡 | 女 | 66 | 91 | 75 | 47 | 47 | 44 |
| 2 | 2308024251 | 23080242 | 张波 | 男 | 85 | 81 | 75 | 45 | 45 | 60 |
| 3 | 2308024249 | 23080242 | 朱浩 | 男 | 65 | 50 | 80 | 72 | 62 | 71 |
| 4 | 2308024219 | 23080242 | 封印 | 女 | 73 | 88 | 92 | 61 | 47 | 46 |
| 5 | 2308024201 | 23080242 | 迟培 | 男 | 60 | 50 | 89 | 71 | 76 | 71 |
| 6 | 2308024347 | 23080243 | 李华 | 女 | 67 | 61 | 84 | 61 | 65 | 78 |
| 7 | 2308024307 | 23080243 | 陈田 | 男 | 76 | 79 | 86 | 69 | 40 | 69 |
| 8 | 2308024326 | 23080243 | 余皓 | 男 | 66 | 67 | 85 | 65 | 61 | 71 |
| 9 | 2308024320 | 23080243 | 李嘉 | 女 | 62 | 0 | 90 | 60 | 67 | 77 |
| 10 | 2308024342 | 23080243 | 李上初 | 男 | 76 | 90 | 84 | 60 | 66 | 60 |
| 11 | 2308024310 | 23080243 | 郭窦 | 女 | 79 | 67 | 84 | 64 | 64 | 79 |
| 12 | 2308024435 | 23080244 | 姜毅涛 | 男 | 77 | 71 | 缺考 | 61 | 73 | 76 |
| 13 | 2308024432 | 23080244 | 赵宇 | 男 | 74 | 74 | 88 | 68 | 70 | 71 |
| 14 | 2308024446 | 23080244 | 周路 | 女 | 76 | 80 | 77 | 61 | 74 | 80 |
| 15 | 2308024421 | 23080244 | 林建祥 | 男 | 72 | 72 | 81 | 63 | 90 | 75 |
| 16 | 2308024433 | 23080244 | 李大强 | 男 | 79 | 76 | 77 | 78 | 70 | 70 |
| 17 | 2308024428 | 23080244 | 李侧通 | 男 | 64 | 96 | 91 | 69 | 60 | 77 |
| 18 | 2308024402 | 23080244 | 王慧 | 女 | 73 | 74 | 93 | 70 | 71 | 75 |
| 19 | 2308024422 | 23080244 | 李晓亮 | 男 | 85 | 60 | 85 | 72 | 72 | 83 |
| 20 | 2308024201 | 23080242 | 迟培 | 男 | 60 | 50 | 89 | 71 | 76 | 71 |

（3）多值替换。

```
df.replace(['成龙','周怡'],['陈龙','周毅'])    #用"陈龙"替换"成龙"，用"周毅"替换"周怡"
```

还可以用下面两种方式，效果一致。

```
df.replace({'成龙':'陈龙','周怡':'周毅'})
df.replace({'成龙','周怡'},{'陈龙','周毅'})
In [4]: df.replace({'成龙':'陈龙','周怡':'周毅'})
#用"陈龙"替换"成龙"，用"周毅"替换"周怡"
Out[4]:
```

|  | 学号 | 班级 | 姓名 | 性别 | 英语 | 体育 | 军训 | 数分 | 高代 | 解几 |
|---|---|---|---|---|---|---|---|---|---|---|
| 0 | 2308024241 | 23080242 | 陈龙 | 男 | 76 | 78 | 77 | 40 | 23 | 60 |
| 1 | 2308024244 | 23080242 | 周毅 | 女 | 66 | 91 | 75 | 47 | 47 | 44 |
| 2 | 2308024251 | 23080242 | 张波 | 男 | 85 | 81 | 75 | 45 | 45 | 60 |
| 3 | 2308024249 | 23080242 | 朱浩 | 男 | 65 | 50 | 80 | 72 | 62 | 71 |
| 4 | 2308024219 | 23080242 | 封印 | 女 | 73 | 88 | 92 | 61 | 47 | 46 |
| 5 | 2308024201 | 23080242 | 迟培 | 男 | 60 | 50 | 89 | 71 | 76 | 71 |
| 6 | 2308024347 | 23080243 | 李华 | 女 | 67 | 61 | 84 | 61 | 65 | 78 |

| | | | | | | | | | |
|---|---|---|---|---|---|---|---|---|---|
| 7 | 2308024307 | 23080243 | 陈田 | 男 | 76 | 79 | 86 | 69 | 40 | 69 |
| 8 | 2308024326 | 23080243 | 余皓 | 男 | 66 | 67 | 85 | 65 | 61 | 71 |
| 9 | 2308024320 | 23080243 | 李嘉 | 女 | 62 | 作弊 | 90 | 60 | 67 | 77 |
| 10 | 2308024342 | 23080243 | 李上初 | 男 | 76 | 90 | 84 | 60 | 66 | 60 |
| 11 | 2308024310 | 23080243 | 郭寞 | 女 | 79 | 67 | 84 | 64 | 64 | 79 |
| 12 | 2308024435 | 23080244 | 姜毅涛 | 男 | 77 | 71 | 缺考 | 61 | 73 | 76 |
| 13 | 2308024432 | 23080244 | 赵宇 | 男 | 74 | 74 | 88 | 68 | 70 | 71 |
| 14 | 2308024446 | 23080244 | 周路 | 女 | 76 | 80 | 77 | 61 | 74 | 80 |
| 15 | 2308024421 | 23080244 | 林建祥 | 男 | 72 | 72 | 81 | 63 | 90 | 75 |
| 16 | 2308024433 | 23080244 | 李大强 | 男 | 79 | 76 | 77 | 78 | 70 | 70 |
| 17 | 2308024428 | 23080244 | 李侧通 | 男 | 64 | 96 | 91 | 69 | 60 | 77 |
| 18 | 2308024402 | 23080244 | 王慧 | 女 | 73 | 74 | 93 | 70 | 71 | 75 |
| 19 | 2308024422 | 23080244 | 李晓亮 | 男 | 85 | 60 | 85 | 72 | 72 | 83 |
| 20 | 2308024201 | 23080242 | 迟培 | 男 | 60 | 50 | 89 | 71 | 76 | 71 |

## 6.1.5　交换行或列

可以直接使用 df.reindex()函数交换两行或两列。df.reindex()函数在后面章节将详细讲解。

```
In [1]: import pandas as pd
        df = pd.DataFrame({'a': [1, 2, 3], 'b': ['a', 'b', 'c'],'c': ["A","B","C"]})
        df
Out[1]:
           a  b  c
        0  1  a  A
        1  2  b  B
        2  3  c  C


In [2]: hang=[0,2,1]
        df.reindex(hang)          #交换行
Out[2]:
           a  b  c
        0  1  a  A
        2  3  c  C
        1  2  b  B


In [3]: lie=['a','c','b']
        df.reindex(columns=lie)    #交换列
Out[3]:
           a  c  b
        0  1  A  a
        1  2  B  b
        2  3  C  c
```

也可以使用下面的方法，尽管有点麻烦，但是个可行的方法。

```
In [4]: df.loc[[0,2],:]=df.loc[[2,0],:].values    #交换第 0、2 行两行
        df
Out[4]:
           a  b  c
        0  3  c  C
        1  2  b  B
        2  1  a  A
```

```
In [5]: df.loc[:,['b','a']] = df.loc[:,['a', 'b']].values      #交换两列
        df
Out[5]:
        a  b  c
     0  c  3  C
     1  b  2  B
     2  a  1  A

In [6]: name=list(df.columns)   #提取列名并做成列表
        i=name.index("a")        #提取 a 的 index
        j=name.index("b")        #提取 b 的 index
        name[i],name[j]=name[j],name[i]          #交换 a、b 的位置

        df.columns=name      #将 a、b 交换位置后的 list 作为 df 的列名
        df
Out[6]:
        b  a  c
     0  c  3  C
     1  b  2  B
     2  a  1  A
```

有了交换两列的方法，那么插入列就方便了。例如，要在 b、c 两列之间插入 d 列。

（1）增加列 df0['d']='新增的值'。

（2）交换 b、d 两列的值。

（3）交换 b、d 两列的列名。

```
In [11]: df0['d']=range(len(df0.index))
         df0
Out[11]:
         b   a   c   d
     0   a   1   A   0
     1   c   3   C   1
     2   b   2   B   2
     3   --  --  --  3

In [12]: df0.loc[:,['b','d']]=df0.loc[:,['d','b']].values
         df0
Out[12]:
         b   a   c   d
     0   0   1   A   a
     1   1   3   C   c
     2   2   2   B   b
     3   3   --  --  --

In [13]: Lie=list(df0.columns)
         i=Lie.index("b")
         j=Lie.index("d")
         Lie[i],Lie[j]=Lie[j],Lie[i]

         df0.columns=Lie
         df0
Out[13]:
```

```
      d  a  c  b
0  0  1  A  a
1  1  3  C  c
2  2  2  B  b
3  3  -- -- --
```

## 6.1.6　索引排名

### 1. sort_index()重新排序

Series 的 sort_index(ascending=True)方法可以对 index 进行排序操作，ascending 参数用于控制升序（ascending=True）或降序（ascending=False），默认为升序。

在 DataFrame 上，sort_index(axis=0, by=None, ascending=True) 方法多了一个轴向的选择参数和一个 by 参数，by 参数的作用是针对某一（些）列进行排序（不能对行使用 by 参数）。

```
In [1]: from pandas import DataFrame
        df0={'Ohio':[0,6,3],'Texas':[7,4,1],'California':[2,8,5]}
        df=DataFrame(df0,index=['a','d','c'])
        df
Out[1]:
      California  Ohio  Texas
a            2     0      7
c            8     6      4
d            5     3      1

n [2]: df.sort_index()   #默认按 index 升序排序，降序添加参数 ascending=False
Out[2]:
      California  Ohio  Texas
a            2     0      7
c            5     3      1
d            8     6      4

In [3]: df.sort_index(by='Ohio')#按'Ohio'列升序，如多列 by=['Ohio','Texas']
Out[3]:
      California  Ohio  Texas
a            2     0      7
d            5     3      1
c            8     6      4

In [4]: df.sort_index(by=['California','Texas'])
Out[4]:
      California  Ohio  Texas
a            2     0      7
d            5     3      1
c            8     6      4

In [5]: df.sort_index(axis=1)
Out[5]:
      California  Ohio  Texas
a            2     0      7
c            8     6      4
d            5     3      1
```

使用 df.sort_index(by='a') 对列进行排序时，也可以使用 df.sort_values('a') 方法。

```
In [6]: df.sort_values(['a','b'])
Out[6]:
        a  b  c  d
     4  0  5  C  c
     1  1  1  A  a
     3  2  3  E  b
     2  3  2  B  d
```

排名 Series.rank(method='average', ascending=True) 与排序的不同之处在于它会把对象的 values 替换成名次（从 1 到 $n$），对于平级项可以通过方法里的 method 参数来处理，method 参数有 4 个可选项：average，min，max，first。举例如下。

```
In [1]: from pandas import Series
        ser=Series([3,2,0,3],index=list('abcd'))
        ser
Out[18]:
     a    3
     b    2
     c    0
     d    3
dtype: int64

In [2]: ser.rank()
Out[2]:
     a    3.5
     b    2.0
     c    1.0
     d    3.5
dtype: float64

In [3]: ser.rank(method='min')
Out[3]:
     a    3.0
     b    2.0
     c    1.0
     d    3.0
dtype: float64

In [4]: ser.rank(method='max')
Out[4]:
     a    4.0
     b    2.0
     c    1.0
     d    4.0
dtype: float64

In [5]: ser.rank(method='first')
Out[5]:
     a    3.0
     b    2.0
     c    1.0
     d    4.0
dtype: float64
```

注意：在 ser[0]和 ser[3]这对平级项上，不同 method 参数表现出的不同名次。DataFrame 的 .rank(axis=0, method='average', ascending=True)方法多了 axis 参数，可选择按行或列分别进行排名，暂时好像没有针对全部元素的排名方法。

### 2. reindex()重新索引

Series 对象的重新索引通过 reindex(index=None,**kwargs) 方法实现。**kwargs 中常用的参数有两个，method=None 和 fill_value=np.NaN。

```
In [1]: from pandas import Series
        ser = Series([4.5,7.2,-5.3,3.6],index=['d','b','a','c'])
        A = ['a','b','c','d','e']
        ser.reindex(A)
Out[1]:
        a   -5.3
        b    7.2
        c    3.6
        d    4.5
        e    NaN
dtype: float64

In [2]: ser = ser.reindex(A,fill_value=0)
        ser
Out[2]:
        a   -5.3
        b    7.2
        c    3.6
        d    4.5
        e    0.0
dtype: float64

In [3]: ser.reindex(A,method='ffill')
Out[3]:
        a   -5.3
        b    7.2
        c    3.6
        d    4.5
        e    0.0
dtype: float64

In [4]: ser.reindex(A,fill_value=0,method='ffill')
Out[4]:
        a   -5.3
        b    7.2
        c    3.6
        d    4.5
        e    0.0
dtype: float64
```

reindex()方法会返回一个新对象，其 index 严格遵循给出的参数，method:{'backfill', 'bfill', 'pad', 'ffill', None} 参数用于指定插值（填充）方式，当没有给出时，默认用 fill_value 填充，值为 NaN（ffill = pad，bfill = back fill，分别指插值时向前还是向后取值）。

pad/ffill：用前一个非缺失值去填充该缺失值。

backfill/bfill：用下一个非缺失值填充该缺失值。

None：指定一个值去替换缺失值。

在 DataFrame 中，reindex()方法更多地不是修改 DataFrame 对象的索引，而只是修改索引的顺序，如果修改的索引不存在，就会使用默认的 None 代替此行，并且不会修改原数组，要修改，需要使用赋值语句。

```
In [1]: import numpy as np
        import pandas as pd
        df= pd.DataFrame(np.arange(9).reshape((3,3)),
                                index=['a','d','c'],
                                columns=['c1','c2','c3'])
df
Out[1]:
        c1  c2  c3
     a  0   1   2
     d  3   4   5
     c  6   7   8

In [2]: #按照给定的索引重新排序（索引）
        df_na=df.reindex(index=['a', 'c', 'b', 'd'])
        df_na
Out[2]:
         c1   c2   c3
     a  0.0  1.0  2.0
     c  6.0  7.0  8.0
     b  NaN  NaN  NaN
     d  3.0  4.0  5.0

In [3]: #对原来没有的新产生的索引行按给定的method方式赋值
        df_na.fillna(method='ffill',axis=0)
Out[3]:
         c1   c2   c3
     a  0.0  1.0  2.0
     c  6.0  7.0  8.0
     b  6.0  7.0  8.0
     d  3.0  4.0  5.0

In [4]: #对列按照给定列名索引重新排序（索引）
        states = ['c1', 'b2', 'c3']
        df1=df.reindex(columns=states)
        df1
Out[4]:
        c1  b2  c3
     a  0  NaN  2
     d  3  NaN  5
     c  6  NaN  8

In [5]: #对原来没有的新产生的列名按给定的method方式赋值
```

```
        df1.fillna(method='ffill',axis=1)
Out[5]:
             c1    b2    c3
        a   0.0   0.0   2.0
        d   3.0   3.0   5.0
        c   6.0   6.0   8.0

In [6]: #也可对列按照给定列名索引重新排序（索引）并为新产生的列名赋值
        df2=df.reindex(columns=states,fill_value=1)
        df2
Out[6]:
            c1  b2  c3
        a    0   1   2
        d    3   1   5
        c    6   1   8
```

### 3．set_index()索引重置

前面重置索引讲过 set_index()方法，可以对 DataFrame 重新设置某列为索引。

```
DataFrame.set_index(keys,
                    drop=True,
                    append=False,
                    inplace=False)
```

append=True 时，保留原索引并添加新索引；drop 为 False 时，保留被作为索引的列；inplace 为 True 时，在原数据集上修改。

DataFrame 通过 set_index()方法不仅可以设置单索引，而且可以设置复合索引，打造层次化索引。

```
In [1]: import pandas as pd
        df = pd.DataFrame({'a': [1, 2, 3], 'b': ['a', 'b', 'c'],'c': ["A","B","C"]})
        df
Out[1]:
            a  b  c
        0   1  a  A
        1   2  b  B
        2   3  c  C

In [2]: df.set_index(['b','c'],
        drop=False,     #保留b、c两列
        append=True,    #保留原来的索引
        inplace=False)  #保留原df，即不在原df上修改，生成新的数据框
Out[2]:
               a  b  c
         b c
        0 a A  1  a  A
        1 b B  2  b  B
        2 c C  3  c  C
```

注意：默认情况下，设置成索引的列会从 DataFrame 中移除，设置 drop=False 将其保留下来。

### 4．reset_index()索引还原

reset_index()可以还原索引，重新变为默认的整型索引，即 reset_index()是 set_index()的"逆运算"。

```
df.reset_index(level=None, drop=False, inplace=False, col_level=0, col_fill=" )
```
level 控制了具体要还原的那个等级的索引。

```
In [1]: import pandas as pd
        df = pd.DataFrame({'a': [1, 2, 3], 'b': ['a', 'b', 'c'],'c': ["A","B","C"]})
        df1=df.set_index(['b','c'],drop=False, append=True, inplace=False)
        df1
Out[1]:
            a b c
     b c
   0 a A 1 a A
   1 b B 2 b B
   2 c C 3 c C

In [2]: df1.reset_index(level='b', drop=True, inplace=False, col_level=0)
Out[2]:
          a b c
     c
   0 A 1 a A
   1 B 2 b B
   2 C 3 c C
```

## 6.1.7　数据合并与分组

### 1．记录合并

记录合并是指两个结构相同的数据框合并成一个数据框，也就是在一个数据框中追加另一个数据框的数据记录。

```
concat([dataFrame1, dataFrame2,…])
```
● DataFrame1：数据框。
● DataFrame2：数据框。
返回值：DataFrame。

```
In [1]: from pandas import read_excel
        df1 = read_excel(r'C:\Users\yubg\i_nuc.xls',sheet_name='Sheet3')
        df1.head()
Out[1]:
          学号          班级      姓名 性别 英语 体育 军训 数分 高代 解几
   0 2308024241 23080242 成龙 男  76  78  77  40  23  60
   1 2308024244 23080242 周怡 女  66  91  75  47  47  44
   2 2308024251 23080242 张波 男  85  81  75  45  45  60
   3 2308024249 23080242 朱浩 男  65  50  80  72  62  71
   4 2308024219 23080242 封印 女  73  88  92  61  47  46

In [2]: df2 = read_excel(r'C:\Users\yubg\i_nuc.xls',sheet_name='Sheet5')
        df2
```

```
Out[2]:
```

| | 学号 | 班级 | 姓名 | 性别 | 英语 | 体育 | 军训 | 数分 | 高代 | 解几 |
|---|---|---|---|---|---|---|---|---|---|---|
| 0 | 2308024501 | 23080245 | 李同 | 男 | 64 | 96 | 91 | 69 | 60 | 77 |
| 1 | 2308024502 | 23080245 | 王致意 | 女 | 73 | 74 | 93 | 70 | 71 | 75 |
| 2 | 2308024503 | 23080245 | 李同维 | 男 | 85 | 60 | 85 | 72 | 72 | 83 |
| 3 | 2308024504 | 23080245 | 池莉 | 男 | 60 | 50 | 89 | 71 | 76 | 71 |

```
In [3]: df=pandas.concat([df1,df2])
        df
Out[3]:
```

| | 学号 | 班级 | 姓名 | 性别 | 英语 | 体育 | 军训 | 数分 | 高代 | 解几 |
|---|---|---|---|---|---|---|---|---|---|---|
| 0 | 2308024241 | 23080242 | 成龙 | 男 | 76 | 78 | 77 | 40 | 23 | 60 |
| 1 | 2308024244 | 23080242 | 周怡 | 女 | 66 | 91 | 75 | 47 | 47 | 44 |
| 2 | 2308024251 | 23080242 | 张波 | 男 | 85 | 81 | 75 | 45 | 45 | 60 |
| 3 | 2308024249 | 23080242 | 朱浩 | 男 | 65 | 50 | 80 | 72 | 62 | 71 |
| 4 | 2308024219 | 23080242 | 封印 | 女 | 73 | 88 | 92 | 61 | 47 | 46 |
| 5 | 2308024201 | 23080242 | 迟培 | 男 | 60 | 50 | 89 | 71 | 76 | 71 |
| 6 | 2308024347 | 23080243 | 李华 | 女 | 67 | 61 | 84 | 61 | 65 | 78 |
| 7 | 2308024307 | 23080243 | 陈田 | 男 | 76 | 79 | 86 | 69 | 40 | 69 |
| 8 | 2308024326 | 23080243 | 余皓 | 男 | 66 | 67 | 85 | 65 | 61 | 71 |
| 9 | 2308024320 | 23080243 | 李嘉 | 女 | 62 | 作弊 | 90 | 60 | 67 | 77 |
| 10 | 2308024342 | 23080243 | 李上初 | 男 | 76 | 90 | 84 | 60 | 66 | 60 |
| 11 | 2308024310 | 23080243 | 郭窦 | 女 | 79 | 67 | 84 | 64 | 64 | 79 |
| 12 | 2308024435 | 23080244 | 姜毅涛 | 男 | 77 | 71 | 缺考 | 61 | 73 | 76 |
| 13 | 2308024432 | 23080244 | 赵宇 | 男 | 74 | 74 | 88 | 68 | 70 | 71 |
| 14 | 2308024446 | 23080244 | 周路 | 女 | 76 | 80 | 77 | 61 | 74 | 80 |
| 15 | 2308024421 | 23080244 | 林建祥 | 男 | 72 | 72 | 81 | 63 | 90 | 75 |
| 16 | 2308024433 | 23080244 | 李大强 | 男 | 79 | 76 | 77 | 78 | 70 | 70 |
| 17 | 2308024428 | 23080244 | 李侧通 | 男 | 64 | 96 | 91 | 69 | 60 | 77 |
| 18 | 2308024402 | 23080244 | 王慧 | 女 | 73 | 74 | 93 | 70 | 71 | 75 |
| 19 | 2308024422 | 23080244 | 李晓亮 | 男 | 85 | 60 | 85 | 72 | 72 | 83 |
| 20 | 2308024201 | 23080242 | 迟培 | 男 | 60 | 50 | 89 | 71 | 76 | 71 |
| 0 | 2308024501 | 23080245 | 李同 | 男 | 64 | 96 | 91 | 69 | 60 | 77 |
| 1 | 2308024502 | 23080245 | 王致意 | 女 | 73 | 74 | 93 | 70 | 71 | 75 |
| 2 | 2308024503 | 23080245 | 李同维 | 男 | 85 | 60 | 85 | 72 | 72 | 83 |
| 3 | 2308024504 | 23080245 | 池莉 | 男 | 60 | 50 | 89 | 71 | 76 | 71 |

两个数据框的数据记录都合并到一起，实现了数据记录的追加，但是记录的索引并没有顺延，仍然保持着原有的状态。前面讲过合并两个数据框的 append 方法，再复习一下。

```
df.append(df2, ignore_index=True)    #把 df2 追加到 df 上，index 直接顺延
```

这里方法同样加一个 ignore_index=True 参数即可。

```
pandas.concat([df1,df2] ,ignore_index=True)
```

## 2．字段合并

字段合并是指将同一个数据框中的不同的列进行合并，形成新的列。

X = x1+x2+…

● x1：数据列 1。
● x2：数据列 2。

返回值：Series。合并前的序列，要求合并的序列长度一致。

```
In [1]: from pandas import DataFrame
```

```
        df = DataFrame({'band':[189,135,134,133],
                'area':['0351','0352','0354','0341'],
                'num':[2190,8513,8080,7890]})
        df
Out[1]:
        area  band   num
    0   0351   189   2190
    1   0352   135   8513
    2   0354   134   8080
    3   0341   133   7890

In [2]: df = df.astype(str)
        tel=df['band']+df['area']+df['num']
        tel
Out[2]:
    0    18903512190
    1    13503528513
    2    13403548080
    3    13303417890
dtype: object

In [3]: df['tel']=tel
        df
Out[3]:
        area band   num        tel
    0   0351  189   2190  18903512190
    1   0352  135   8513  13503528513
    2   0354  134   8080  13403548080
    3   0341  133   7890  13303417890
```

### 3. 字段匹配

字段匹配是指不同结构的数据框（两个或以上的数据框），按照一定的条件进行匹配合并，即追加列，类似于 Excel 中的 VLOOKUP 函数。例如，有两个数据表，第一个表中有学号、姓名，第二个表中有学号、手机号，现需要整理一份数据表包含学号、姓名、手机号码，此时就需要用到 merge()函数。

merge()函数

```
merge(x,y,left_on,right_on)
```
- x：第一个数据框。
- y：第二个数据框。
- left_on：第一个数据框的用于匹配的列。
- right_on：第二个数据框的用于匹配的列。

返回值：**DataFrame**。

```
In [1]: import pandas as pd
        from pandas import read_excel
        df1= pd.read_excel(r' C:\Users\yubg\i_nuc.xls',sheet_name ='Sheet3')
        df1.head()
Out[1]:
           学号          班级       姓名 性别  英语  体育  军训  数分  高代  解几
    0  2308024241  23080242   成龙  男   76   78   77   40   23   60
```

| | | | | | | | | | |
|---|---|---|---|---|---|---|---|---|---|
| 1 | 2308024244 | 23080242 | 周怡 | 女 | 66 | 91 | 75 | 47 | 47 | 44 |
| 2 | 2308024251 | 23080242 | 张波 | 男 | 85 | 81 | 75 | 45 | 45 | 60 |
| 3 | 2308024249 | 23080242 | 朱浩 | 男 | 65 | 50 | 80 | 72 | 62 | 71 |
| 4 | 2308024219 | 23080242 | 封印 | 女 | 73 | 88 | 92 | 61 | 47 | 46 |

```
In [2]: df2= pd.read_excel(r'C:\Users\yubg\i_nuc.xls',sheet_name ='Sheet4')
        df2.head()
Out[2]:
              学号          电话                    IP
        0  2308024241  1.892225e+10      221.205.98.55
        1  2308024244  1.352226e+10    183.184.226.205
        2  2308024251  1.342226e+10      221.205.98.55
        3  2308024249  1.882226e+10      222.31.51.200
        4  2308024219  1.892225e+10       120.207.64.3

In [3]: df=pd.merge(df1,df2,left_on='学号',right_on='学号')
        df.head()
Out[3]:
              学号          班级       姓名 性别 英语 体育 军训 数分 高代 解几     电话\
        0  2308024241  23080242  成龙  男  76  78  77  40  23  60  1.892225e+10
        1  2308024244  23080242  周怡  女  66  91  75  47  47  44  1.352226e+10
        2  2308024251  23080242  张波  男  85  81  75  45  45  60  1.342226e+10
        3  2308024249  23080242  朱浩  男  65  50  80  72  62  71  1.882226e+10
        4  2308024219  23080242  封印  女  73  88  92  61  47  46  1.892225e+10
        5  2308024201  23080242  迟培  男  60  50  89  71  76  71  NaN
        6  2308024201  23080242  迟培  男  60  50  89  71  76  71  NaN

                        IP
        0      221.205.98.55
        1    183.184.226.205
        2      221.205.98.55
        3      222.31.51.200
        4       120.207.64.3
        5      222.31.51.200
        6      222.31.51.200
```

这里匹配了有相同学号的行，对于 df1 中有重复记录的，df2 也对 df1 进行了重复的匹配。但假如第一个数据框 df1 中有 "学号=2308024200"，第二个数据框 df2 中没有 "学号=2308024200"，则在结果中不会有 "学号=2308024200" 的记录。

merge()还有以下参数。

● how：连接方式，包括 inner（默认，取交集）、outer（取并集）、left（左侧 DataFrame 取全部）、right（右侧 DataFrame 取全部）。

● on：用于连接的列名，必须同时存在于左右两个 DataFrame 对象中，如果未指定，则以 left 和 right 列名的交集作为连接键。如果左右侧 DataFrame 的连接键列名不一致，但是取值有重叠，就要用到上面示例的方法，使用 left_on、right_on 来指定左右连接键（列名）。

```
In [1]: import pandas as pd
        df1 = pd.DataFrame({'key':['b','b','a','c','a','a','b'],'data1': range(7)})
        df1
Out[1]:
```

```
        data1 key
     0    0   b
     1    1   b
     2    2   a
     3    3   c
     4    4   a
     5    5   a
     6    6   b
In [2]: df2 = pd.DataFrame({'key':['a','b','d'],'data2':range(3)})
        df2
Out[2]:
        data2 key
     0    0   a
     1    1   b
     2    2   d

In [3]: df1.merge(df2,on = 'key',how = 'right')
        #右连接，右侧 DataFrame 取全部，左侧 DataFrame 取部分
Out[3]:
        data1 key data2
     0   0.0  b    1
     1   1.0  b    1
     2   6.0  b    1
     3   2.0  a    0
     4   4.0  a    0
     5   5.0  a    0
     6   NaN  d    2

In [4]: df1.merge(df2,on = 'key',how = 'outer')#外连接，取并集，并用 nan 填充
Out[4]:
        data1 key data2
     0   0.0  b   1.0
     1   1.0  b   1.0
     2   6.0  b   1.0
     3   2.0  a   0.0
     4   4.0  a   0.0
     5   5.0  a   0.0
     6   3.0  c   NaN
     7   NaN  d   2.0
```

### 4. 数据分组

根据数据分析对象的特征，按照一定的数据指标，把数据划分为不同的区间来进行研究，以揭示其内在的联系和规律性。简单来说，就是新增一列，将原来的数据按照其性质归入新的类别中。

```
cut(series,bins,right=True,labels=NULL)
```

- series：需要分组的数据。
- bins：分组的依据数据。
- right：分组的时候右边是否闭合。

- **labels**：分组的自定义标签，可以不自定义。

现有数据如图 6-1 所示，将数据进行分组。

| 学号 | 解几 |
|---|---|
| 2308024241 | 60 |
| 2308024244 | 44 |
| 2308024251 | 60 |
| 2308024249 | 71 |
| 2308024219 | 46 |

| 学号 | 解几 | 类别 |
|---|---|---|
| 2308024241 | 60 | 及格 |
| 2308024244 | 44 | 不及格 |
| 2308024251 | 60 | 及格 |
| 2308024249 | 71 | 良好 |
| 2308024219 | 46 | 不及格 |

图 6-1　数据分组

```
In [1]: from pandas import read_excel
        import pandas as pd
        df = pd.read_excel(r'C:\Users\yubg\rz.xlsx')
        df.head()        #查看前 5 行数据
Out[1]:
```

|  | 学号 | 班级 | 姓名 | 性别 | 英语 | 体育 | 军训 | 数分 | 高代 | 解几 |
|---|---|---|---|---|---|---|---|---|---|---|
| 0 | 2308024241 | 23080242 | 成龙 | 男 | 76 | 78 | 77 | 40 | 23 | 60 |
| 1 | 2308024244 | 23080242 | 周怡 | 女 | 66 | 91 | 75 | 47 | 47 | 44 |
| 2 | 2308024251 | 23080242 | 张波 | 男 | 85 | 81 | 75 | 45 | 45 | 60 |
| 3 | 2308024249 | 23080242 | 朱浩 | 男 | 65 | 50 | 80 | 72 | 62 | 71 |
| 4 | 2308024219 | 23080242 | 封印 | 女 | 73 | 88 | 92 | 61 | 47 | 46 |

```
In [2]: df.shape        #查看数据 df 的"形状"
Out[2]: (21, 10)        #df 共有 21 行 10 列

In [3]: bins=[min(df.解几)-1,60,70,80,max(df.解几)+1]
        lab=["不及格","及格","良好","优秀"]
        demo=pd.cut(df.解几,bins,right=False,labels=lab)
        demo.head()        #仅显示前 5 行数据
Out[3]:
        0    及格
        1    不及格
        2    及格
        3    良好
        4    不及格
Name: 解几, dtype: category
Categories (4, object): [不及格 < 及格 < 良好 < 优秀]

In [4]: df['demo']=demo
        df.head()
Out[4]:
```

|  | 学号 | 班级 | 姓名 | 性别 | 英语 | 体育 | 军训 | 数分 | 高代 | 解几 | demo |
|---|---|---|---|---|---|---|---|---|---|---|---|
| 0 | 2308024241 | 23080242 | 成龙 | 男 | 76 | 78 | 77 | 40 | 23 | 60 | 及格 |
| 1 | 2308024244 | 23080242 | 周怡 | 女 | 66 | 91 | 75 | 47 | 47 | 44 | 不及格 |
| 2 | 2308024251 | 23080242 | 张波 | 男 | 85 | 81 | 75 | 45 | 45 | 60 | 及格 |
| 3 | 2308024249 | 23080242 | 朱浩 | 男 | 65 | 50 | 80 | 72 | 62 | 71 | 良好 |
| 4 | 2308024219 | 23080242 | 封印 | 女 | 73 | 88 | 92 | 61 | 47 | 46 | 不及格 |

bins 的取值应采用最大值的取法，即 max(df.解几)+1 中要有一个大于前一个数（80），否则会提示出错。例如，本例中最大的分值为 84，若设置 bins 为 bins=[min(df.解几)-1,60,70,80,90,max(df.解几)+1]，则"不及格""及格""中等""良好""优秀"都齐了，但是会报错，因为

最后一项"max(df.解几)+1"其实等于 84+1，也就是 85，比前一项 90 小，这不符合单调递增原则，所以这种情况，最好先把最大值和最小值求出来，再分段。

### 6.1.8 数据运算

通过对各字段进行加、减、乘、除四则算术运算，计算出的结果作为新的字段，如图 6-2 所示。

| 学号 | 姓名 | 高代 | 解几 |
|---|---|---|---|
| 2308024241 | 成龙 | 23 | 60 |
| 2308024244 | 周怡 | 47 | 44 |
| 2308024251 | 张波 | 45 | 60 |
| 2308024249 | 朱浩 | 62 | 71 |
| 2308024219 | 封印 | 47 | 46 |

| 学号 | 姓名 | 高代 | 解几 | 高代+解几 |
|---|---|---|---|---|
| 2308024241 | 成龙 | 23 | 60 | 83 |
| 2308024244 | 周怡 | 47 | 44 | 91 |
| 2308024251 | 张波 | 45 | 60 | 105 |
| 2308024249 | 朱浩 | 62 | 71 | 133 |
| 2308024219 | 封印 | 47 | 46 | 93 |

图 6-2　字段之间的运算结果作为新的字段

```
In [1]: from pandas import read_excel
        df = read_excel(r'c:\Users\yubg\i_nuc.xls',sheet_name='Sheet3')
        df.head()
Out[1]:
            学号          班级    姓名  性别  英语  体育  军训  数分  高代  解几
        0  2308024241  23080242  成龙  男   76   78   77   40   23   60
        1  2308024244  23080242  周怡  女   66   91   75   47   47   44
        2  2308024251  23080242  张波  男   85   81   75   45   45   60
        3  2308024249  23080242  朱浩  男   65   50   80   72   62   71
        4  2308024219  23080242  封印  女   73   88   92   61   47   46

In [1]: jj=df['解几'].astype(int)    #将 df 中的"解几"转化为 int 类型
        gd=df['高代'].astype(int)

        df['数分+解几']=jj+gd         #在 df 中新增"数分+解几"列，值为 jj+gd
        df.head()
Out[112]:
            学号          班级    姓名  性别  英语  体育  军训  数分  高代  解几  数分+解几
        0  2308024241  23080242  成龙  男   76   78   77   40   23   60   83
        1  2308024244  23080242  周怡  女   66   91   75   47   47   44   91
        2  2308024251  23080242  张波  男   85   81   75   45   45   60   105
        3  2308024249  23080242  朱浩  男   65   50   80   72   62   71   133
        4  2308024219  23080242  封印  女   73   88   92   61   47   46   93
```

### 6.1.9 日期处理

#### 1. 日期转换

日期转换是指将字符型的日期格式转换为日期格式数据的过程。
to_datetime(dateString, format)
format 格式表示内容如下。

- %Y：年份。
- %m：月份。

- %d：日期。
- %H：小时。
- %M：分钟。
- %S：秒。

例如，to_datetime(df.注册时间,format='%Y/%m/%d')。

```
In [1]: from pandas import read_excel
        from pandas import to_datetime
        df = read_excel(r'C:\Users\yubg\rz.xlsx', sheet_name ='Sheet6')
        df
Out[1]:
          num  price  year  month      date
       0  123    159  2016      1  2016/6/1
       1  124    753  2016      2  2016/6/2
       2  125    456  2016      3  2016/6/3
       3  126    852  2016      4  2016/6/4
       4  127    210  2016      5  2016/6/5
       5  115    299  2016      6  2016/6/6
       6  102    699  2016      7  2016/6/7
       7  201    599  2016      8  2016/6/8
       8  154    199  2016      9  2016/6/9
       9  142    899  2016     10  2016/6/10

In [2]: df_dt = to_datetime(df.date,format="%Y/%m/%d")
        df_dt
Out[2]:
       0   2016-06-01
       1   2016-06-02
       2   2016-06-03
       3   2016-06-04
       4   2016-06-05
       5   2016-06-06
       6   2016-06-07
       7   2016-06-08
       8   2016-06-09
       9   2016-06-10
Name: date, dtype: datetime64[ns]
```

注意：csv 的格式应是 utf8 格式，否则会报错。另外，csv 里 date 的格式是文本（字符串）
格式。

## 2. 日期格式化

日期格式化是指将日期型的数据按照给定的格式转化为字符型的数据。

```
apply(lambda x:处理逻辑)
datetime.strftime(x,format)
```

例如，将日期型数据转化为字符型数据。

```
In[1]:
        df_dt = to_datetime(df.注册时间, format='%Y/%m/%d');
        df_dt _str = df_dt.apply(df.注册时间, format='%Y/%m/%d')。
        from pandas import read_excel
```

```
from pandas import to_datetime
from datetime import datetime

df = read_excel(r'C:\Users\yubg\rz.xlsx', sheet_name ='Sheet6')
df_dt = to_datetime(df.date,format="%Y/%m/%d")

df_dt_str=df_dt.apply(lambda x: datetime.strftime(x,"%Y/%m/%d"))
#apply 见后注
df_dt_str
```
```
Out[1]:
    0    2016/06/01
    1    2016/06/02
    2    2016/06/03
    3    2016/06/04
    4    2016/06/05
    5    2016/06/06
    6    2016/06/07
    7    2016/06/08
    8    2016/06/09
    9    2016/06/10
Name: date, dtype: object
```

注意：当希望将函数 f 应用到 DataFrame 对象的行或列时，可以使用.apply(f, axis=0, args=(), **kwds) 方法，axis=0 表示按列运算，axis=1 时表示按行运算。

```
In [1]: from pandas import DataFrame
        df=DataFrame({'ohio':[1,3,6],'texas':[1,4,5],'california':[2,5,8]},
        index= ['a','c','d'])
        df
Out[1]:
        california  ohio  texas
    a           2     1      1
    c           5     3      4
    d           8     6      5
In [2]:
        f = lambda x:x.max()-x.min()
        df.apply(f)   #默认按列运算，同 df.apply(f,axis=0)
Out[2]:
    california    6
    ohio         5
    texas        4
dtype: int64
In [3]:
        df.apply(f,axis=1)   #按行运算
Out[3]:
    a    1
    c    2
    d    3
dtype: int64
```

### 3. 日期抽取

日期抽取是指从日期格式里面抽取出需要的部分属性。

```
Data_dt.dt.property
```

- second：1～60 秒，从 1 开始到 60。
- minute：1～60 分，从 1 开始到 60。
- hour：1～24 小时，从 1 开始到 24。
- day：1～31 日，一个月中第几天，从 1 开始到 31。
- month：1～12 月，从 1 开始到 12。
- year：年份。
- weekday：1～7，一周中的第几天，从 1 开始，最大为 7。

例如，对日期进行抽取。

```
In [1]: from pandas import read_excel
        from pandas import to_datetime
        df = read_excel(r'C:\Users\yubg\rz.xlsx', sheet_name ='Sheet6')
        df
Out[1]:
        num  price  year  month     date
    0   123    159  2016      1  2016/6/1
    1   124    753  2016      2  2016/6/2
    2   125    456  2016      3  2016/6/3
    3   126    852  2016      4  2016/6/4
    4   127    210  2016      5  2016/6/5
    5   115    299  2016      6  2016/6/6
    6   102    699  2016      7  2016/6/7
    7   201    599  2016      8  2016/6/8
    8   154    199  2016      9  2016/6/9
    9   142    899  2016     10  2016/6/10
In [2]:
        df_dt =to_datetime(df.date,format='%Y/%m/%d')
        df_dt
Out[2]:
    0    2016-06-01
    1    2016-06-02
    2    2016-06-03
    3    2016-06-04
    4    2016-06-05
    5    2016-06-06
    6    2016-06-07
    7    2016-06-08
    8    2016-06-09
    9    2016-06-10
Name: date, dtype: datetime64[ns]
In [3]:
        df_dt.dt.year
Out[3]:
    0    2016
    1    2016
    2    2016
    3    2016
    4    2016
```

```
          5    2016
          6    2016
          7    2016
          8    2016
          9    2016
Name: date, dtype: int64
In [4]:
          df_dt.dt.day
Out[4]:
          0    1
          1    2
          2    3
          3    4
          4    5
          5    6
          6    7
          7    8
          8    9
          9    10
Name: date, dtype: int64

df_dt.dt.month
df_dt.dt.weekday
df_dt.dt.second
df_dt.dt.hour
```

## 6.2 数据标准化

在进行数据分析之前，我们通常需要将一些数据标准化（Hormalization），利用标准化后的数据进行分析。数据的标准化（Normalization）是将数据按比例缩放，使之落入一个小的特定区间。在某些比较和评价的指标处理中经常会用到，去除数据的单位限制，将其转化为无量纲的纯数值，便于不同单位或量级的指标能够进行比较和加权。

数据标准化处理主要包括数据同趋化处理和无量纲化处理两个方面。数据同趋化处理主要解决不同性质数据问题，数据无量纲化处理主要解决数据的可比性。数据标准化的方法有很多种，常用的有"最小-大标准化""Z-score 标准化"和"按小数定标准化"等。经过上述标准化处理，原始数据均转换为无量纲化指标测评值，即各指标值都处于同一个数量级别上，可以进行综合测评分析。

**数据标准化**

### 6.2.1 min–max 标准化

min-max 标准化（Min-max Normalization），又名离差标准化，是对原始数据的线性变换，使结果映射到[0,1]区间且无量纲。公式如下。

$X^*=(x-min)/(max-min)$

● max：样本最大值。

● min：样本最小值。

当有新数据加入时需要重新进行数据归一化。

```
In [1]: from pandas import read_excel
        df = read_excel(r' C:\Users\yubg\OneDrive\2018book\i_nuc.xls',sheet_name=
        'Sheet3')df.head()
Out[1]:
```

|   | 学号 | 班级 | 姓名 | 性别 | 英语 | 体育 | 军训 | 数分 | 高代 | 解几 |
|---|------|------|------|------|------|------|------|------|------|------|
| 0 | 2308024241 | 23080242 | 成龙 | 男 | 76 | 78 | 77 | 40 | 23 | 60 |
| 1 | 2308024244 | 23080242 | 周怡 | 女 | 66 | 91 | 75 | 47 | 47 | 44 |
| 2 | 2308024251 | 23080242 | 张波 | 男 | 85 | 81 | 75 | 45 | 45 | 60 |
| 3 | 2308024249 | 23080242 | 朱浩 | 男 | 65 | 50 | 80 | 72 | 62 | 71 |
| 4 | 2308024219 | 23080242 | 封印 | 女 | 73 | 88 | 92 | 61 | 47 | 46 |

```
In [2]: scale= (df.数分.astype(int)-df.数分.astype(int).min())/(
            df.数分.astype(int).max()-df.数分.astype(int).min())
        scale.head()
Out[2]:
        0    0.000000
        1    0.184211
        2    0.131579
        3    0.842105
        4    0.552632
Name: 数分, dtype: float64
```

归一化还可以用如下方法。

对正项序列 $x_1,x_2,\cdots,x_n$ 进行变换，得：

$$y_i = \frac{x_i}{\sum_{i=1}^n x_i}$$

则新序列且 $y_1,y_2,\cdots,y_n\in[0,1]$无量纲，并且显然有 $\sum_{i=1}^n y_i =1$ 。

## 6.2.2　Z-score 标准化方法

Z-score 标准化方法给予原始数据的均值（Mean）和标准差（Standard Deviation），以进行数据的标准化。经过处理的数据符合标准正态分布，即均值为 0，标准差为 1，转化函数为：

$$X^*=(x-\mu)/\sigma$$

其中 $\mu$ 为所有样本数据的均值，$\sigma$ 为所有样本数据的标准差。将数据按属性（按列进行）减去均值，并除以标准差，得到的结果是对于每个属性（每列）来说所有数据都聚集在 0 附近，标准差为 1。

Z-score 标准化方法适用于属性 A 的最大值和最小值未知的情况，或有超出取值范围的离群数据的情况。标准化后的变量值围绕 0 上下波动，大于 0 说明高于平均水平，小于 0 说明低于平均水平。

使用 sklearn.preprocessing.scale()函数可以直接对给定数据进行标准化。

```
In [3]: from sklearn import preprocessing
        import numpy as np

        df1=df['数分']
        df_scaled = preprocessing.scale(df1)
        df_scaled
```

159

```
Out[3]:
        array([-2.50457384, -1.75012229, -1.96567988,  0.94434751, -0.2412192 ,
            0.83656872, -0.2412192 ,  0.62101114,  0.18989597, -0.34899799,
           -0.34899799,  0.08211717, -0.2412192 ,  0.51323234, -0.2412192 ,
           -0.02566162,  1.59102027,  0.62101114,  0.72878993,  0.94434751,
            0.83656872])
```

也可以使用 sklearn.preprocessing.StandardScaler 类，使用该类的好处在于可以保存训练集中的参数（均值、标准差），直接使用其对象转换测试集数据。

```
In [4]: X = np.array([[ 1., -1.,  2.],[ 2.,  0.,  0.],[ 0.,  1., -1.]])
        X
Out[4]:
        array([[ 1., -1.,  2.],
               [ 2.,  0.,  0.],
               [ 0.,  1., -1.]])

In [5]: scaler = preprocessing.StandardScaler().fit(X)
        scaler
Out[5]: StandardScaler(copy=True, with_mean=True, with_std=True)

In [6]: scaler.mean_    #均值
Out[6]: array([ 1.        ,  0.        ,  0.33333333])

In [7]: scaler.scale_   #标准差
Out[7]: array([ 0.81649658,  0.81649658,  1.24721913])

In [8]: scaler.var_  #方差
Out[8]: array([ 0.66666667,  0.66666667,  1.55555556])

In [9]: scaler.transform(X)
Out[9]:
        array([[ 0.        , -1.22474487,  1.33630621],
               [ 1.22474487,  0.        , -0.26726124],
               [-1.22474487,  1.22474487, -1.06904497]])

In [10]:#可以直接使用训练集对测试集数据进行转换
scaler.transform([[-1.,  1.,  0.]])
Out[10]: array([[-2.44948974,  1.22474487, -0.26726124]])
```

## 6.3  数据分析

本节主要利用前述的 Python 包 Numpy、Pandas 和 Scipy 等常用分析工具并结合常用的统计量来进行数据的描述，把数据的特征和内在结构展现出来。

### 6.3.1  基本统计

基本统计分析又叫描述性统计分析，一般统计某个变量的最小值、第一个四分位值、中值、第三个四分位值及最大值。

数据的中心位置是最容易想到的数据特征。由中心位置，我们可以知道数据的一个平均情况，如果要对新数据进行预测，那么平均情况是非常直观的选择。数据的中心位置可分为均值（Mean）、中位数（Median）、众数（Mode）。其中均值和中位数用于定量的数据，众数用于定性的数据。对于定量数据 Data 来说，均值是总和除以总量 N，中位数是数值大小位于中间（奇偶总量处理不同）的值。均值相对中位数来说，包含的信息量更大，但是容易受异常值的影响。

描述性统计分析函数为 describe()。返回值是均值、标准差、最大值、最小值、分位数等。括号中可以带一些参数，例如，percentitles=[0,2,0.4,0.6,0.8]就是指定只计算 0.2、0.4、0.6、0.8 分位数，而不是默认的 1/4、1/2、3/4 分位数。

常用的统计函数如下。

- size：计数（此函数不需要括号）。
- sum()：求和。
- mean()：平均值。
- var()：方差。
- std()：标准差。

【例 6-1】数据的基本统计。

```
In [1]: import pandas as pd
        df = pd.read_excel(r'C:\Users\yubg\i_nuc.xls',sheet_name='Sheet7')
        df.head()
Out[1]:
             学号          班级      姓名 性别  英语  体育  军训  数分  高代  解几
     0  2308024241   23080242   成龙  男   76   78   77   40   23   60
     1  2308024244   23080242   周怡  女   66   91   75   47   47   44
     2  2308024251   23080242   张波  男   85   81   75   45   45   60
     3  2308024249   23080242   朱浩  男   65   50   80   72   62   71
     4  2308024219   23080242   封印  女   73   88   92   61   47   46
```

```
In [2]: df.数分.describe()    #查看"数分"列的基本统计
Out[2]:
        count    20.000000
        mean     62.850000
        std       9.582193
        min      40.000000
        25%      60.750000
        50%      63.500000
        75%      69.250000
        max      78.000000
Name: 数分, dtype: float64
```

```
In [3]: df.describe()   #所有各列的基本统计
Out[3]:
                 学号            班级          英语       体育          军训          数分    \
     count  2.000000e+01  2.000000e+01   20.000   20.000000   20.000000   20.000000
     mean   2.308024e+09  2.308024e+07   72.550   70.250000   75.800000   62.850000
     std    8.399160e+01  8.522416e-01    7.178   20.746274   26.486541    9.582193
     min    2.308024e+09  2.308024e+07   60.000    0.000000    0.000000   40.000000
     25%    2.308024e+09  2.308024e+07   66.000   65.500000   77.000000   60.750000
```

```
50%    2.308024e+09  2.308024e+07  73.500  74.000000  84.000000  63.500000
75%    2.308024e+09  2.308024e+07  76.250  80.250000  88.250000  69.250000
max    2.308024e+09  2.308024e+07  85.000  96.000000  93.000000  78.000000

              高代         解几
count  20.000000  20.000000
mean   62.150000  69.650000
std    15.142394  10.643876
min    23.000000  44.000000
25%    56.750000  66.750000
50%    65.500000  71.000000
75%    71.250000  77.000000
max    90.000000  83.000000
```

```
In [4]: df.解几.size    #注意：这里没有括号()
Out[4]: 20

In [5]: df.解几.max()
Out[5]: 83

In [6]: df.解几.min()
Out[6]: 44

In [7]: df.解几.sum()
Out[7]: 1393

In [8]: df.解几.mean()
Out[8]: 69.65

In [9]: df.解几.var()
Out[9]: 113.29210526315788

In [10]: df.解几.std()
Out[10]: 10.643876420889049
```

Numpy 数组可以使用 mean()函数计算样本均值，也可以使用 average()函数计算加权的样本均值。

计算"数分"的平均成绩，代码如下。

```
In [11]: import numpy as np
         np.mean(df['数分'])
Out[11]:
         62.85
```

还可以使用 average()函数，代码如下。

```
In [12]: import numpy as np
         np.average(df['数分'])
Out[12]:
         62.85  0000000000001
```

也可以使用 pandas 的 DataFrame 对象的 mean()方法求均值，代码如下。

```
In [13]: df['数分'].mean()
Out[13]:
         63.23  809523809524
```

计算中位数，代码如下。

```
In [14]: df.median()
Out[14]:
         学号    2.308024e+09
         班级    2.308024e+07
         英语    7.350000e+01
         体育    7.400000e+01
         军训    8.400000e+01
         数分    6.350000e+01
         高代    6.550000e+01
         解几    7.100000e+01
dtype: float64
```

对于定性数据来说，众数是出现次数最多的值，使用 mode()函数计算众数，代码如下。

```
In [15]: df.mode()
Out[15]:
          学号          班级      姓名   性别   英语    体育    军训    数分    高代    解几
   0  2308024201  23080244.0  余皓   男   76.0  50.0  84.0  61.0  47.0  71.0
   1  2308024219  NaN         周怡   NaN  NaN   67.0  NaN   NaN   70.0  NaN
   2  2308024241  NaN         周路   NaN  NaN   74.0  NaN   NaN   NaN   NaN
   3  2308024244  NaN         姜毅涛 NaN  NaN   NaN   NaN   NaN   NaN   NaN
   4  2308024249  NaN         封印   NaN  NaN   NaN   NaN   NaN   NaN   NaN
```

## 6.3.2　分组分析

分组分析是指根据分组字段将分析对象划分成不同的部分，以进行对比分析各组之间的差异性的一种分析方法。

常用的统计指标有计数、求和、平均值。

常用形式如下。

df.groupby(by=['分类 1','分类 2',…])['被统计的列'].agg({列别名 1：统计函数 1，列别名 2：统计函数 2，…})

- by：用于分组的列。
- [ ]：用于统计的列。
- .agg：统计别名显示统计值的名称，统计函数用于统计数据。
- size：计数。
- sum：求和。
- mean：均值。

【例 6-2】分组分析。

```
In [1]: import numpy as np
        from pandas import read_excel
        df = read_excel(r' C:\Users\yubg\i_nuc.xls',sheet_name='Sheet7')
        df
Out[1]:
          学号          班级       姓名  性别   英语  体育  军训  数分  高代  解几
   0  2308024241  23080242  成龙   男   76  78  77  40  23  60
   1  2308024244  23080242  周怡   女   66  91  75  47  47  44
   2  2308024251  23080242  张波   男   85  81  75  45  45  60
   3  2308024249  23080242  朱浩   男   65  50  80  72  62  71
```

分组分析
groupby()

| 4 | 2308024219 | 23080242 | 封印 | 女 | 73 | 88 | 92 | 61 | 47 | 46 |
| 5 | 2308024201 | 23080242 | 迟培 | 男 | 60 | 50 | 89 | 71 | 76 | 71 |
| 6 | 2308024347 | 23080243 | 李华 | 女 | 67 | 61 | 84 | 61 | 65 | 78 |
| 7 | 2308024307 | 23080243 | 陈田 | 男 | 76 | 79 | 86 | 69 | 40 | 69 |
| 8 | 2308024326 | 23080243 | 余皓 | 男 | 66 | 67 | 85 | 65 | 61 | 71 |
| 9 | 2308024320 | 23080243 | 李嘉 | 女 | 62 | 0 | 90 | 60 | 67 | 77 |
| 10 | 2308024342 | 23080243 | 李上初 | 男 | 76 | 90 | 84 | 60 | 66 | 60 |
| 11 | 2308024310 | 23080243 | 郭寞 | 女 | 79 | 67 | 84 | 64 | 64 | 79 |
| 12 | 2308024435 | 23080244 | 姜毅涛 | 男 | 77 | 71 | 0 | 61 | 73 | 76 |
| 13 | 2308024432 | 23080244 | 赵宇 | 男 | 74 | 74 | 88 | 68 | 70 | 71 |
| 14 | 2308024446 | 23080244 | 周路 | 女 | 76 | 80 | 0 | 61 | 74 | 80 |
| 15 | 2308024421 | 23080244 | 林建祥 | 男 | 72 | 72 | 81 | 63 | 90 | 75 |
| 16 | 2308024433 | 23080244 | 李大强 | 男 | 79 | 76 | 77 | 78 | 70 | 70 |
| 17 | 2308024428 | 23080244 | 李侧通 | 男 | 64 | 96 | 91 | 69 | 60 | 77 |
| 18 | 2308024402 | 23080244 | 王慧 | 女 | 73 | 74 | 93 | 70 | 71 | 75 |
| 19 | 2308024422 | 23080244 | 李晓亮 | 男 | 85 | 60 | 85 | 72 | 72 | 83 |

```
In [2]: df.groupby( '班级')[['军训','英语','体育', '性别']].mean()
Out[2]:
        班级         军训          英语          体育
        23080242   81.333333   70.833333   73.000000
        23080243   85.500000   71.000000   60.666667
        23080244   64.375000   75.000000   75.375000
```

groupby 可将列名直接当作分组对象，分组中，数值列会被聚合，非数值列会从结果中排除，当 by 不止一个分组对象（列名）时，需要使用 list。

```
df.groupby( ['班级', '性别'])[['军训','英语','体育']].mean()    #by=可省略不写
```

当统计不止一个统计函数并用别名显示统计值的名称时，比如要同时计算某列数据的 mean、std、sum 等，可以使用 agg()函数，我们需要用 rename 方法来更名，其参数为字典形式、标准差、总数等，可以使用 agg()函数。

```
In [3]: df.groupby(['班级','性别']).agg(
                    {'军训':[np.sum,
                            np.size,
                            np.mean,
                            np.var,
                            np.std,
                            np.max,
                            np.min]}).rename(
                          columns={'sum': '总分',
                                   'size':'人数',
                                   'mean':'平均值',
                                   'var':'方差',
                                   'std':'标准差',
                                   'max':'最高分',
                                   'min':'最低分'})
Out[3]:
        班级       性别   总分   人数   平均值         方差           标准差       最高分   最低分
        23080242 女    167   2    83.500000   144.500000   12.020815   92    75
                 男    321   4    80.250000   38.250000    6.184658    89    75
        23080243 女    258   3    86.000000   12.000000    3.464102    90    84
                 男    255   3    85.000000   1.000000     1.000000    86    84
        23080244 女    93    2    46.500000   4324.500000  65.760931   93    0
                 男    422   6    70.333333   1211.866667  34.811875   91    0
```

### 6.3.3　分布分析

分布分析指根据分析的目的，将数据（定量数据）等距或不等距分组，进行研究各组分布规律的一种分析方法。

分布分析 cut()

【例 6-3】分布分析。

```
In [1]: import pandas as pd
        import numpy
        from pandas import read_excel
        df = pd.read_excel(r'C:\Users\yubg\i_nuc.xls',sheet_name='Sheet7')
        df.head()
```

```
Out[1]:
           学号        班级       姓名  性别  英语  体育  军训  数分  高代  解几
    0  2308024241  23080242  成龙   男   76  78  77  40  23  60
    1  2308024244  23080242  周怡   女   66  91  75  47  47  44
    2  2308024251  23080242  张波   男   85  81  75  45  45  60
    3  2308024249  23080242  朱浩   男   65  50  80  72  62  71
    4  2308024219  23080242  封印   女   73  88  92  61  47  46
```

```
In [2]: df['总分']=df.英语+df.体育+df.军训+df.数分+df.高代+df.解几
        df['总分'].head()
```

```
Out[2]:
    0    354
    1    370
    2    391
    3    400
    4    407
Name: 总分, dtype: int64
```

```
In [3]: df['总分'].describe()
```

```
Out[3]:
    count     20.000000
    mean     413.250000
    std       36.230076
    min      354.000000
    25%      386.000000
    50%      416.500000
    75%      446.250000
    max      457.000000
Name: 总分, dtype: float64
```

```
In [4]: bins = [min(df.总分)-1,400,450,max(df.总分)+1]   #将数据分成三段
        bins
Out[4]: [353, 400, 450, 458]
In [5]: labels=['400及其以下','400到450','450及其以上']   #给三段数据贴标签
        labels
Out[5]: ['400及其以下', '400到450', '450及其以上']
```

```
In [6]: 总分分层 = pd.cut(df.总分,bins,labels=labels)
        总分分层.head()
```

```
Out[6]:
    0    400及其以下
    1    400及其以下
```

```
2      400 及其以下
3      400 及其以下
4      400 到 450
Name: 总分, dtype: category
Categories (3, object): [400 及其以下 < 400 到 450 < 450 及其以上]
```

```
In [7]: df['总分分层']= 总分分层
        df.tail()
Out[7]:
```

|  | 学号 | 班级 | 姓名 | 性别 | 英语 | 体育 | 军训 | 数分 | 高代 | 解几 | 总分 | 总分分层 |
|---|---|---|---|---|---|---|---|---|---|---|---|---|
| 15 | 2308024421 | 23080244 | 林建祥 | 男 | 72 | 72 | 81 | 63 | 90 | 75 | 453 | 450 及其以上 |
| 16 | 2308024433 | 23080244 | 李大强 | 男 | 79 | 76 | 77 | 78 | 70 | 70 | 450 | 400 到 450 |
| 17 | 2308024428 | 23080244 | 李侧通 | 男 | 64 | 96 | 91 | 69 | 60 | 77 | 457 | 450 及其以上 |
| 18 | 2308024402 | 23080244 | 王慧 | 女 | 73 | 74 | 93 | 70 | 71 | 75 | 456 | 450 及其以上 |
| 19 | 2308024422 | 23080244 | 李晓亮 | 男 | 85 | 60 | 85 | 72 | 72 | 83 | 457 | 450 及其以上 |

```
In [8]: df.groupby(by=['总分分层']).agg(
                {'总分':np.size}).rename(columns={"总分":'人数'})
Out[8]:
                       人数
        总分分层
        400 及其以下      7
        400 到 450       9
        450 及其以上      4
```

### 6.3.4　交叉分析

交叉分析通常用于分析两个或两个以上分组变量之间的关系，以交叉表形式进行变量间关系的对比分析。一般分为：定量、定量分组交叉，定量、定性分组交叉，定性、定型分组交叉。

交叉分析
pivot_table()

```
pivot_table(values,index,columns,aggfunc,fill_value)
```

- values：数据透视表中的值。
- index：数据透视表中的行。
- columns：数据透视表中的列。
- aggfunc：统计函数。
- fill_value：NA 值的统一替换。

返回值：数据透视表的结果

【例 6-4】利用上例的数据做交叉分析。

```
In [1]: import pandas as pd
        import numpy
        from pandas import pivot_table
        from pandas import read_excel
        df = pd.read_excel(r'C:\Users\yubg\i_nuc.xls',sheet_name='Sheet7')
        df.pivot_table(index=['班级','姓名'])
Out[1]:
```

| 班级 | 姓名 | 体育 | 军训 | 学号 | 数分 | 英语 | 解几 | 高代 |
|---|---|---|---|---|---|---|---|---|
| 23080242 | 周怡 | 91 | 75 | 2308024244 | 47 | 66 | 44 | 47 |
|  | 封印 | 88 | 92 | 2308024219 | 61 | 73 | 46 | 47 |

```
           张波     81  75  2308024251  45  85  60  45
           成龙     78  77  2308024241  40  76  60  23
           朱浩     50  80  2308024249  72  65  71  62
           迟培     50  89  2308024201  71  60  71  76
23080243   余皓     67  85  2308024326  65  66  71  61
           李上初   90  84  2308024342  60  76  60  66
           李华     61  84  2308024347  61  67  78  65
           李嘉      0  90  2308024320  60  62  77  67
           郭窦     67  84  2308024310  64  79  79  64
           陈田     79  86  2308024307  69  76  69  40
23080244   周路     80   0  2308024446  61  76  80  74
           姜毅涛   71   0  2308024435  61  77  76  73
           李侧通   96  91  2308024428  69  64  77  60
           李大强   76  77  2308024433  78  79  70  70
           李晓亮   60  85  2308024422  72  85  83  72
           林建祥   72  81  2308024421  63  72  75  90
           王慧     74  93  2308024402  70  73  75  71
           赵宇     74  88  2308024432  68  74  71  70
```

默认对所有的数据列进行透视，非数值列自动删除，也可选取部分列进行透视。

```
df.pivot_table(['军训','英语','体育', '性别'],index=['班级','姓名'])
```

更复杂一点的透视表如下。

```
In [2]: df.pivot_table(values=['总分'],index=['总分分层'],
              columns=['性别'],aggfunc=[numpy.size,numpy.mean])
Out[2]:
                 size           mean
                 总分            总分
        性别      女   男     女            男
        总分分层
        400 及其以下  3   4    365.666667    375.750000
        400 到 450  3   6    420.000000    430.333333
        450 及其以上  1   3    456.000000    455.666667
```

## 6.3.5　结构分析

结构分析是在分组以及交叉的基础上，计算各组成部分所占的比重，进而分析总体的内部特征的一种分析方法。

这个分组主要是指定性分组，定性分组一般看结构，它的重点在于占总体的比重。

我们经常把市场比作蛋糕，市场占有率就是一个经典的应用。另外，股权也是结构的一种，如果股票比率大于 50%，那就有绝对的话语权。

axis 参数说明：0 表示列，1 表示行。

【例 6-5】结构分析。

```
In [1]: import numpy as np
        import pandas as pd
        from pandas import read_excel
        from pandas import pivot_table    #在 spyder 下也可以不导入
        df = read_excel(r'C:\Users\yubg\OneDrive\2018book\i_nuc.xls',sheet_name=
        'Sheet7')
```

```
    df['总分']=df.英语+df.体育+df.军训+df.数分+df.高代+df.解几
    df_pt = df.pivot_table(values=['总分'],
             index=['班级'],columns=['性别'],aggfunc=[np.sum])
    df_pt
```
```
Out[1]:
              sum
              总分
    性别       女    男
    班级
    23080242   777  1562
    23080243  1209  1270
    23080244   827  2620
```

```
In [2]: df_pt.sum()
Out[2]:
                性别
    sum  总分    女      2813
                男      5452
dtype: int64
```

```
In [3]: df_pt.sum(axis=1)  #按列合计
Out[3]:
        班级
    23080242    2339
    23080243    2479
    23080244    3447
dtype: int64
```

```
In [4]: df_pt.div(df_pt.sum(axis=1),axis=0)  #按列占比
Out[4]:
                    sum
                    总分
    性别          女         男
    班级
    23080242  0.332193  0.667807
    23080243  0.487697  0.512303
    23080244  0.239919  0.760081
```

```
In [5]: df_pt.div(df_pt.sum(axis=0),axis=1)  #按行占比
Out[5]:
                    sum
                    总分
    性别          女         男
    班级
    23080242  0.276218  0.286500
    23080243  0.429790  0.232942
    23080244  0.293992  0.480558
```

在第 4 个输出按列占比中 23080242 班级中女生成绩占比 0.332193，男生成绩占比 0.667807。其他班级数据同样，23080243 班女生成绩占比 0.487697，男生成绩占比 0.512303；23080244 班女生成绩占比 0.239919，男生成绩占比 0.760081。

在第 5 个输出女生成绩占比中，23080242 班占比 0.276218，23080243 班占比 0.429790，23080244 班占比 0.293992。

### 6.3.6　相关分析

判断两个变量是否具有线性相关关系的最直观的方法是直接绘制散点图，看变量之间是否符合某个变化规律。当需要同时考察多个变量间的相关关系时，一一绘制它们间的简单散点图是比较麻烦的。此时可以利用散点矩阵图同时绘制各变量间的散点图，从而快速发现多个变量间的主要相关性，这在进行多元回归时显得尤为重要。

相关分析

相关分析研究现象之间是否存在某种依存关系，并对具体有依存关系的现象探讨其相关方向以及相关程度，是研究随机变量之间的相关关系的一种统计方法。

为了更加准确地描述变量之间的线性相关程度，通过计算相关系数来进行相关分析，在二元变量的相关分析过程中，比较常用的有 Pearson 相关系数、Spearman 秩相关系数和判定系数。Pearson 相关系数一般用于分析两个连续品变量之间的关系，要求连续变量的取值服从正态分布。不服从正态分布的变量、分类或等级变量之间的关联性可采用 Spearman 秩相关系数（也称等级相关系数）来描述。

相关系数：可以用来描述定量变量之间的关系。

相关系数与相关程度如表 6-1 所示。

表 6-1　　　　　　　　　　　　　相关系数与相关程度

| 相关系数$|r|$取值范围 | 相关程度 |
| --- | --- |
| $0 \leqslant |r| < 0.3$ | 低度相关 |
| $0.3 \leqslant |r| < 0.8$ | 中度相关 |
| $0.8 \leqslant |r| \leqslant 1$ | 高度相关 |

相关分析函数如下。

```
DataFrame.corr()
Series.corr(other)
```

如果由 DataFrame 调用 corr 方法，那么将会计算每列两两之间的相似度。如果由序列调用 corr 方法，那么只计算该序列与传入的序列之间的相关度。

返回值：DataFrame 调用，返回 DataFrame；Series 调用，返回一个数值型，大小为相关度。

【例 6-6】相关分析。

```
In [4]: import numpy as np
        import pandas as pd
        from pandas import read_excel

        df = read_excel(r'C:\Users\yubg\OneDrive\2018book\i_nuc.xls',sheet_name=
        'Sheet7')

In [2]: df['高代'].corr(df['数分'])   #两列之间的相关度计算
Out[2]: 0.60774082332601076

In [3]: df.loc[:,['英语','体育','军训','解几','数分','高代']].corr()
Out[3]:
```

|      | 英语      | 体育      | 军训      | 解几      | 数分       | 高代       |
|------|-----------|-----------|-----------|-----------|------------|------------|
| 英语 | 1.000000  | 0.375784  | -0.252970 | 0.027452  | -0.129588  | -0.125245  |
| 体育 | 0.375784  | 1.000000  | -0.127581 | -0.432656 | -0.184864  | -0.286782  |
| 军训 | -0.252970 | -0.127581 | 1.000000  | -0.198153 | 0.164117   | -0.189283  |
| 解几 | 0.027452  | -0.432656 | -0.198153 | 1.000000  | 0.544394   | 0.613281   |
| 数分 | -0.129588 | -0.184864 | 0.164117  | 0.544394  | 1.000000   | 0.607741   |
| 高代 | -0.125245 | -0.286782 | -0.189283 | 0.613281  | 0.607741   | 1.000000   |

第 2 个输出结果为 0.6077，处在 0.3 和 0.8 之间，属于中度相关，比较符合实际，毕竟都属于数学类课程，但是又存在差异，不像高等代数和线性代数，应该是高度相关。

本章的数据清洗及分析操作方法请查阅附件 B 部分，附件 B 来源于网络。

## 6.4 实战体验：股票统计分析

本案例主要学习以下内容。
（1）获取股票数据。
（2）利用数学和统计分析函数完成实际统计分析应用。
（3）存储数据。

### 1. 数据获取

Pandas 库提供了专门从财经网站获取金融数据的 API 接口，该模块包含在 pandas-datareader 包中，因此导入模块时需要安装该包。安装包的过程跟安装 Numpy 库的过程一样，通过 Anaconda 下的 Anaconda Prompt 执行命令，如图 6-3 所示。

```
conda install pandas_datareader
```
或者
```
pip install pandas_datareader
```
当调用该包时需导入：
```
import pandas_datareader.data as web
```

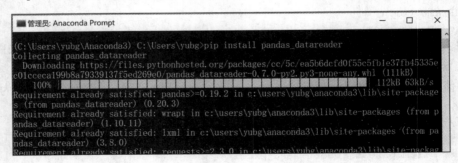

图 6-3　安装 pandas-datareader 包

DataReader 可从多个金融网站获取到股票数据，如"yahoo""iex"等。DataReader 函数的第一个参数为股票代码，Bank of America 的代码为"BAC"，国内股市采用的输入方式为"股票代码"+"对应股市"，上证股票在股票代码后面加上".SS"（如中国银行股票代码为 601988.SS），深圳股票在股票代码后面加上".SZ"。DataReader 函数的第三、四个参数为股票数据的起止时间。返回的数据格式为 DataFrame。

```
In [1]: import pandas_datareader.data as web
   ...: import datetime
   ...: start = datetime.datetime(2017,1,1)#获取数据的起始时间
   ...: end = datetime.date.today()#获取数据的结束时间
   ...: stock = web.DataReader("BAC", "yahoo", start, end)#获取 yahoo 从 2017 年 1
月 1 日至今的股票数据
```

说明：由于接口的更改或网速的问题，可能无法获取数据，请更换上面代码中第一个参数股票代码（"BAC"）或者更换第二个参数数据来源（"yahoo"），或者直接从本书给定的数据源中下载数据：stock._data_bac.csv。

```
In [2]: stock.head()#查看数据的前 5 行，默认是前 5 行
Out[2]:
        date open high low close volume
        2017-01-03 21.8468 21.9241 21.4601 21.7791 99298080
        2017-01-04 21.9628 22.1948 21.8468 22.1851 76875052
        2017-01-05 22.0595 22.1658 21.6003 21.9241 86826447
        2017-01-06 22.0208 22.0885 21.8081 21.9241 66281476
        2017-01-09 21.7598 21.9531 21.6535 21.7985 75901509

In [3]: stock.tail(3)#查看数据的末 3 行
Out[3]:
        date open high low close volume
        2019-02-13 28.87 28.99 28.66 28.70 48951184
        2019-02-14 28.36 28.62 28.11 28.39 47756631
        2019-02-15 28.76 29.31 28.67 29.11 65866974

In [4]: len(stock) #查看数据的长度（即条数）
Out[4]: 534

In [5]: stock.to_csv('stock_data_bac.csv ')#保存数据
```

此处是从 yahoo 获取的美国 BAC 银行的交易数据，包括 Date（时间）、High（最高价）、Low（最低价）、Open（开盘价）、Close（收盘价）、Volume（成交量）。

数据共有 534 条，我们将数据保存在 stock_data_bac.csv 文件中，以备后用。

如果获取网上数据有问题，可以直接按照本书提供的链接下载，下载后打开的文件如图 6-4 所示，并使用 np.loadtxt 方法读取 CSV 文件。

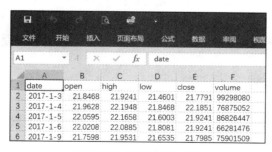

图 6-4　BAC 银行数据

```
In [1]: import numpy as np
   ...: params = dict(fname = "stock_data_bac.csv", #注意文件路径
   ...:               delimiter = ',',
   ...:               usecols = (4,5),
   ...:               skiprows=1,
   ...:               unpack = True)
```

```
    ...: closePrice,volume = np.loadtxt(**params)
    ...: print(closePrice)
    ...: print(volume)
[ 21.6685 22.0724 21.8128 21.8128 21.6877 22.0628 22.1878 22.0436
22.13  01 21.2068 21.7647 21.6685 21.7743 21.6973 22.0724 22.4764
22.54  37 22.4668 22.0724 21.7743 22.0147 21.8512 22.3994 22.2359
22.02  43 21.8031 22.2359 22.1975 22.5052 23.14 23.6401 23.6401
#（为了节省页面，此处省略若干行）
30.03  30.05 30.07 30.02 30.08 30.35 30.77 30.58
30.26  30.5 30.71 30.47 29.92 29.8 29.71 29.58 ]

[ 9.92980800e+07 7.68750520e+07 8.68264470e+07 6.62814760e+07
7.59  015090e+07 1.00977665e+08 9.23855510e+07 1.20474191e+08
1.61  930864e+08 1.52495923e+08 1.24366028e+08 7.59908360e+07
#（为了节省页面，此处省略若干行）
5.61  609700e+07 4.06341250e+07 3.52560500e+07 3.98820420e+07
5.85  283510e+07 3.99033680e+07 4.41734690e+07 5.96499350e+07]
```

说明：numpy.loadtxt 需要传入 5 个关键字参数。

（1）fname：文件名（含路径）。

（2）delimiter：分隔符，数据类型为字符串 str。

（3）usecols：读取的列数，数据类型为元组 tuple,其中元素个数有多少个，则选出多少列。此处注意 A 列是第 0 列，B 列才是第 1 列。

（4）unpack：是否解包，数据类型为布尔 bool。

（5）skiprows：跳过前 1 行，默认值是 0。如果设置 skiprows=2，则会跳过前两行。

### 2. 数据分析

要想知道股票的基本信息，需要计算出成交量加权平均价格、股价近期最高价的最大值和最低价的最小值、股价近期最高价和最低价的最大值和最小值的差值、收盘价的中位数、收盘价的方差，以及计算股票收益率、年波动率及月波动率。

（1）计算成交量加权平均价格。

成交量加权平均价格（Volume-Weighted Average Price，VWAP）是一个非常重要的经济学量，代表着金融资产的"平均"价格。

某个价格的成交量越大，该价格所占的权重就越大。VWAP 就是以成交量为权重计算出来的加权平均值。

```
In [2]: import numpy as np
    ...: params = dict(fname = "stock_data_bac.csv",
    ...:               delimiter = ',',
    ...:               usecols = (4,5),
    ...:               skiprows=1,
    ...:               unpack = True)
    ...:
    ...: closePrice,volume = np.loadtxt(**params)
    ...: print("没有加权均值:",np.average(closePrice))
    ...: print("含加权均值:",np.average(closePrice,weights=volume))
没有加权均值: 26.7865441948
含加权均值: 26.406299509
```

从计算的结果可以看出以下几点。

① 对于 numpy.average()方法，是否加权重 weights，结果会有区别。

② 如果 numpy.average()方法没有 weights 参数，则与 numpy.mean 方法效果相同。

③ np.mean(closePrice)和 closePrice.mean()效果相同。

（2）计算最大值和最小值。

计算股价最高价的最大值和最低价的最小值使用 numpy.max(highPrice)、numpy.min (lowPrice)或者 highPrice.max()、lowPrice.min()方法均可。

最高价位于 Excel 中的第 2 列，最低价位于 Excel 中的第 3 列，所以 usecols=(2,3)。

```
In [3]: import numpy as np
   ...: params = dict(fname = "stock_data_bac.csv",
   ...:               delimiter = ',',
   ...:               usecols = (2,3),
   ...:               skiprows=1,
   ...:               unpack = True)
   ...: highPrice,lowPrice = np.loadtxt(**params)
   ...: print("highPrice _max=",highPrice.max())
   ...: print("lowPrice _min=",lowPrice.min())
highPrice _max= 32.5751
lowPrice _min= 21.2765
```

（3）计算极差。

计算股价最高价和最低价的最大值与最小值的差值，即极差，使用 np.ptp(highPrice)、np.ptp(lowPrice)或 highPrice.ptp()、lowPrice.ptp()方法均可。

```
In [4]: import numpy as np
   ...: params = dict(
   ...: fname = "stock_data_bac.csv",
   ...: delimiter = ',',
   ...: usecols = (2,3),
   ...: skiprows=1,
   ...: unpack = True)
   ...: highPrice,lowPrice = np.loadtxt(**params)
   ...: print("max - min of high price:", highPrice.ptp())
   ...: print("max - min of low price:", lowPrice.ptp())
max - min of high price: 10.7746
max - min of low price: 10.8945
```

（4）计算中位数。

计算收盘价的中位数可以使用 np.median(closePrice)方法，但不能使用 closePrice.median()方法。

```
In [5]: import numpy as np
   ...: params = dict(fname = "stock_data_bac.csv",
   ...:               delimiter = ',',
   ...:               usecols = 4,
   ...:               skiprows=1 )
   ...: closeprice = np.loadtxt(**params)
   ...: print("median =",np.median(closePrice))
median = 27.23925
```

（5）计算方差。

计算收盘价的方差使用 closePrice.var()或者 np.var(closePrice)方法，效果相同。

```
In [5]: import numpy as np
    ...: params = dict(
    ...: fname = "stock_data_bac.csv",
    ...: delimiter = ',',
    ...: usecols = 4,
    ...: skiprows=1)
    ...: closePrice = np.loadtxt(**params)
    ...: print("variance =",np.var(closePrice))
    ...: print("variance =",closePrice.var())
variance = 10.2873645602
variance = 10.2873645602
```

（6）计算股票收益率、年波动率及月波动率。

波动率在投资学中是对价格变动的一种度量，历史波动率可以根据历史价格数据计算得出。在计算历史波动率时，需要先求出对数收益率。在下面的代码中将求得的对数收益率赋值给 logReturns。

$$年波动率=\frac{对数收益率的标准差}{对数收益率的均值}\times\sqrt{252}$$

$$月波动率=\frac{对数收益率的标准差}{对数收益率的均值}\times\sqrt{12}$$

通常年交易日取 252 天，交易月取 12 个月。

```
In [6]: import numpy as np
    ...: params = dict(fname = "stock_data_bac.csv",
    ...:                delimiter = ',',
    ...:                usecols = 4,
    ...:                skiprows=1)
    ...: closePrice = np.loadtxt(**params)
    ...:
    ...: logReturns = np.diff(np.log(closePrice))
    ...: annual_volatility = logReturns.std()/logReturns.mean()*np.sqrt(252)
    ...: monthly_volatility = logReturns.std()/logReturns.mean()*np.sqrt(12)
    ...: print("年波动率",annual_volatility)
    ...: print("月波动率",monthly_volatility)
年波动率 434.117002549
月波动率 94.7320964117
```

np.diff()函数实现每行的后一个值减去前一个。

（7）股票统计分析。

文件中的数据为给定时间范围内某股票的数据，现计算如下数据。

① 获取该时间范围内交易日星期一、星期二、星期三、星期四、星期五分别对应的平均收盘价。

② 平均收盘价最低，最高分别为星期几。

```
In [7]: import numpy as np
    ...: import datetime
    ...:
    ...: def dateStr2num(s):
    ...:     s = s.decode("utf-8")
    ...:     return datetime.datetime.strptime(s, "%Y-%m-%d").weekday()
    ...:
    ...:
```

```
...: params = dict(fname = "stock_data_bac.csv",
...:                delimiter = ',',
...:                usecols = (0,4),
...:                skiprows=1,
...:                converters = {0:dateStr2num},
...:                unpack = True)
...:
...: date, closePrice = np.loadtxt(**params)
...: average = []
...: for i in range(5):
...:     average.append(closePrice[date==i].mean())
...:     print("星期%d 的平均收盘价为:" %(i+1), average[i])
...:
...: print("\n 平均收盘价最低是星期%d" %(np.argmin(average)+1))
...: print("平均收盘价最高是星期%d" %(np.argmax(average)+1))
星期一的平均收盘价为: 26.7351606061
星期二的平均收盘价为: 26.8320703704
星期三的平均收盘价为: 26.7969944954
星期四的平均收盘价为: 26.7781018349
星期五的平均收盘价为: 26.7860972477

平均收盘价最低是星期一
平均收盘价最高是星期二
```

　　说明：获取股票数据的模块较多，如 tushare 模块，tushare 为了避免部分用户低门槛无限制地恶意调用数据，其 tushare Pro 接口开始引入积分制度，只有具备一定积分级别的用户才能调取相应的 API。

　　获取 token 凭证码操作步骤为：注册新用户，从头像上单击用户名，打开个人主页，再单击页面"接口 TOKEN"选项，最后复制图标即可。

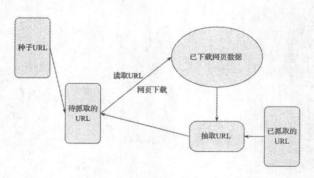

# 第 7 章 网络爬虫

随着网络的迅速发展，万维网成为大量信息的载体，如何有效地提取并利用这些信息成为一个巨大的挑战，网络爬虫应运而生。网络爬虫是一种按照一定的规则自动地抓取万维网信息的程序或者脚本。

网络爬虫按照系统结构和实现技术，大致可以分为以下几种类型。

- 通用网络爬虫：如搜索引擎，基于关键字检索，以大网络覆盖率来获取信息。
- 聚焦网络爬虫：是一个自动下载网页的程序，它根据既定的获取目标，有选择地访问万维网上的网页与相关的链接，获取所需要的信息。
- 增量式网络爬虫：是指对已下载网页采取增量式更新和只爬行新产生的或者已经发生变化网页的爬虫，它能够在一定程度上保证所爬行的页面是尽可能新的页面，不过复杂度和实现难度会相应增加。
- 深层网络爬虫：深层网络是那些大部分内容不能通过静态链接获取的、隐藏在搜索表单后的、只有用户提交一些关键词才能获得的 Web 页面，如用户登录或者注册才能访问的页面。

网络爬虫的基本工作流程如图 7-1 所示。

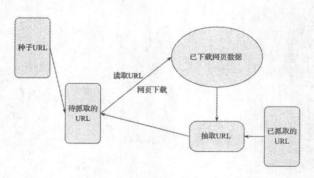

图 7-1　网络爬虫基本工作流程图

上面的流程看起来比较复杂，本章我们将学习最简单也是最基本的爬虫方法。

## 7.1　urllib 库

urllib 是 Python 自带的库，可以用来抓取简单的静态页面。其格式如下。

```
urllib.request.urlopen(url,data=None,[timeout,]*,cafile=None,capath=None,cade
fault=False, context=None)
```

- url：需要打开的网址。
- data：Post 提交的数据。
- timeout：设置网站的访问超时时间。

```
In [1]: from urllib import request
   ...: def getHtml(url):
   ...:     """
   ...:     下载网页上的内容
   ...:     """
   ...:     page_content = request.urlopen(url)
   ...:     html = page_content.read()
   ...:     return html

In [2]: url = 'http://tieba.baidu.com/f?kw=%BA%A3%C4%CF%D2%BD%D1%A7%D4%BA&fr=
        ala0&tpl=5&traceid='
   ...: getHtml(url)
Out[2]: b'\r\n<!DOCTYPE html>\r\n<!--STATUS OK-->\r\n<html>\r\n<head>\r\n <meta
        charset="UTF-8">\r\n <meta http-equiv="X-UA-Compatible"
        content="IE=edge,chrome=1">\r\n <link rel="search"
        type="application/opensearchdescription+xml" href="/tb/cms/content-
        search.xml" title="\xe7\x99\xbe\xe5\xba\xa6\xe8\xb4\xb4\xe5\x90\xa7"
        />\r\n \t<meta itemprop="dateUpdate" content="2019-03-05 23:30:34" />\n\n
        ......
```

直接用 urllib.request 模块的 urlopen()函数获取页面，page_content 的数据格式为 bytes 类型，不便于阅读，需要解码转换成 str 类型，显示网页上的文字等。网页转换需要用 decode('utf8')解码。

解码后在输出部分没有了 b 前缀，表示输出为 str 类型。Urlopen()函数返回对象提供方法如下。

read()、readline()、readlines()、fileno()、close()函数：对 HTTPResponse 类型数据进行操作。

info()函数：返回 HTTPMessage 对象，表示远程服务器返回的头信息。

getcode()函数：返回 Http 状态码。如果是 http 请求，200 表示请求成功，404 表示未找到。

geturl()函数：返回请求的 url。

urlopen()函数的 data 参数默认为 None，当 data 参数不为空时，urlopen()函数提交方式为 Post。

```
In [3]: from urllib import request
   ...: def getHtml(url):
   ...: page_content = request.urlopen(url)
   ...: html = page_content.read()
   ...: html = html.decode('utf8')
   ...: return html
   ...:
   ...:
   ...: url = 'http://tieba.baidu.com/f?kw=%BA%A3%C4%CF%D2%BD%D1%A7%D4%BA&fr=
        ala0&tpl=5&traceid='
   ...: getHtml(url)
Out[3]: '\r\n<!DOCTYPE html>\r\n<!--STATUS OK-->\r\n<html>\r\n<head>\r\n <meta
        charset="UTF-8">\r\n <meta http-equiv="X-UA-Compatible"
        content="IE=edge,chrome=1">\r\n <link rel="search"
```

```
type="application/opensearchdescription+xml" href="/tb/cms/content-search.xml"
title="百度贴吧" />\r\n \t<meta itemprop="dateUpdate" content="2019-03-05 23:30:34"
/>\n\n <meta name="keywords" content="海南医学院,海南院校,高等院校,学姐,考研">\r\n <meta
name="description" content="本吧热帖：1-各位学长学姐，我是 19 年考研，临床医学专业，总分 296.
英语 2-考研临床检验诊断专业 330 有希望吗？3-我是 19 湖北考生，报考的是中药学，总分 307，听说海南医学
院 4-大杰？要我爆料了嘛 5-19 届文科生可以考贵校的口腔专业吗，专科大概多少分江西的 6-口腔 b 类地区，
分数 301，英语超 60，能调剂到贵校专硕么，求 7-想问一下 如果今年专升本没过 可以明年再考吗">\r\n
<title>海南医学院吧-百度贴吧--博学厚德，和谐发言，海医吧有您更加精彩！</title>\r\n
......
```

Python 中 Requests 实现 HTTP 请求的方式，是在 Python 爬虫开发中最为常用的方式。Requests 实现 HTTP 请求非常简单，操作更加人性化。

Requests 库是第三方模块，需要额外进行安装。安装方式与 numpy 安装方式相同，直接在 Anaconda Prompt 下执行 conda install requests 或者 pip install requests 即可。

```
In [4]: import requests
   ...: r = requests.get("http://www.baidu.com")
   ...: print(r.status_code)
   ...: print(r.headers)
        200
        {'Cache-Control': 'private, no-cache, no-store, proxy-revalidate,
        no-transform', 'Connection': 'Keep-Alive', 'Content-Encoding': 'gzip',
        'Content-Type': 'text/html', 'Date': 'Wed, 06 Mar 2019 07:56:11 GMT',
        'Last-Modified': 'Mon, 23 Jan 2017 13:27:32 GMT', 'Pragma': 'no-cache',
        'Server': 'bfe/1.0.8.18', 'Set-Cookie': 'BDORZ=27315; max-age=86400;
        domain=.baidu.com; path=/', 'Transfer-Encoding': 'chunked'}

In [5]: r.content
Out[5]: b'<!DOCTYPE html>\r\n<!--STATUS OK--><html> <head><meta
        http-equiv=content-type content=text/html;charset=utf-8><meta
        http-equiv=X-UA-Compatible content=IE=Edge><meta content=always
        name=referrer><link rel=stylesheet type=text/css
        href=http://s1.bdstatic.com/r/www/cache/bdorz/baidu.min.css><title>
   ...:
```

## 7.2 BeautifulSoap 库

前面介绍的 requests 和 urllib 已经实现了将网页的页面内容抓取下来，但页面还是很凌乱，不利于提取想要的内容。正因为如此，便有了 BeautifulSoup 库。

BeautifulSoup 是一个可以从 HTML 或 XML 文件中提取数据的 Python 库。主要的功能是从网页抓取数据。BeautifulSoup 提供一些简单的、Python 式的函数，用来处理导航、搜索、修改分析树等功能。它是一个工具箱，通过解析文档为用户提供需要抓取的数据。因为简单，所以不需要代码就可以写出一个完整的应用程序。BeautifulSoup 库自动将输入文档转换为 Unicode 编码，输出文档转换为 utf-8 编码，不需要考虑编码方式。

BeautifulSoup 库

使用 BeautifulSoup 库前要安装该库：pip install beautifulsoup4。

创建 BeautifulSoup 库的对象，需导入 bs4 库：from bs4 import BeautifulSoup。

```
In [1]: import urllib
   ...: html = urllib.request.urlopen(r'http://www.baidu.com')
   ...: html
```

```
Out[1]: <http.client.HTTPResponse at 0x253e5b3d748>

In [2]: from bs4 import BeautifulSoup
   ...: soup = BeautifulSoup(html, 'html.parser')
   ...: soup
Out[2]:
<!DOCTYPE html>

<!--STATUS OK-->
<html>
<head>
<meta content="text/html;charset=utf-8" http-equiv="content-type"/>
<meta content="IE=Edge" http-equiv="X-UA-Compatible"/>
<meta content="always" name="referrer"/>
<meta content="#2932e1" name="theme-color"/>
<link href="/favicon.ico" rel="shortcut icon" type="image/x-icon"/>
<link href="/content-search.xml" rel="search" title="百度搜索"
type="application/opensearchdescription+xml"/>
<link href="//www.baidu.com/img/baidu_85beaf5496f291521eb75ba38eacbd87.svg"
mask="" rel="icon" sizes="any"/>
<link href="//s1.bdstatic.com" rel="dns-prefetch">
<link href="//t1.baidu.com" rel="dns-prefetch"/>
<link href="//t2.baidu.com" rel="dns-prefetch"/>
<link href="//t3.baidu.com" rel="dns-prefetch"/>
<link href="//t10.baidu.com" rel="dns-prefetch"/>
<link href="//t11.baidu.com" rel="dns-prefetch"/>
<link href="//t12.baidu.com" rel="dns-prefetch"/>
<link href="//b1.bdstatic.com" rel="dns-prefetch"/>
<title>百度一下，你就知道</title>
<style id="css_index" index="index" type="text/css">html,body{height:100%}
html{overflow-y:auto}
……
<div class="s_tab" id="s_tab">
<div class="s_tab_inner">
<b>网页</b>
<a href="//www.baidu.com/s?rtt=1&amp;bsst=1&amp;cl=2&amp;tn=news&amp;word="
onmousedown="return c({'fm':'tab','tab':'news'})" sync="true" wdfield="word">资讯</a>
<a href="http://tieba.baidu.com/f?kw=&amp;fr=wwwt" onmousedown="return
c({'fm':'tab','tab':'tieba'})" wdfield="kw">贴吧</a>
<a href="http://zhidao.baidu.com/q?ct=17&amp;pn=0&amp;tn=ikaslist&amp;rn=
10&amp;word=&amp;fr=wwwt" onmousedown="return c({'fm':'tab','tab':'zhidao'})"
wdfield="word">知道</a>
    ……
```

有时为了代码的层次感更清晰，也可以使用 print(soup.prettify())显示网页源码。

在写 CSS 时，标签名不需要加任何修饰，类名前加点，id 名前加#。在这里我们也可以利用类似的方法来筛选元素，采用的方法是 soup.select()，返回类型是列表 list。

（1）通过标签名查找。

```
In [6]: print(soup.select('title'))
        [<title>百度一下，你就知道</title>]

In [7]: print(soup.select('b'))
        [<b>网页</b>, <b>百度</b>]
```

（2）通过类名查找。类名前加 "."。

```
In [13]: print(soup.select('.cp-feedback'))
         [<a class="cp-feedback" href="http://jianyi.baidu.com/"
         onmousedown="return ns_c({'fm':'behs','tab':'tj_homefb'})">意见反馈</a>]
```

（3）通过 id 名查找。id 前加 "#"。

```
In [16]: print(soup.select('#setf'))
         [<a href="//www.baidu.com/cache/sethelp/help.html" id="setf"
         onmousedown="return ns_c({'fm':'behs','tab':'favorites','pos':0})"
         target="_blank">把百度设为主页</a>]
```

（4）组合查找。

组合查找时，标签名与类名、id 名进行单独查找方法一样，组合时只需用空格隔开。例如，查找 div 标签中，id 等于 ftConw 的内容，二者需要用空格分开。

```
In [19]: print(soup.select('div #ftConw'))
         [<div id="ftConw"><p id="lh"><a href="//www.baidu.com/cache/sethelp/
         help.html" id="setf" onmousedown="return ns_c({'fm':'behs','tab':
         'favorites','pos':0})" target="_blank">把百度设为主页</a><a
         href="http://home.baidu.com" onmousedown="return ns_c({'fm':'behs',
         'tab':'tj_about'})">关于百度</a><a href="http://ir.baidu.com"
         onmousedown="return ns_c({'fm':'behs','tab':'tj_about_en'})">About
         Baidu</a><a href="http://e.baidu.com/?refer=888" onmousedown="return
         ns_c({'fm':'behs','tab':'tj_tuiguang'})">百度推广</a></p><p id="cp">©2019
         Baidu <a href="http://www.baidu.com/duty/" onmousedown="return ns_c({'fm':
         'behs','tab':'tj_duty'})">使用百度前必读</a> <a class="cp-feedback"
         href="http://jianyi.baidu.com/" onmousedown="return ns_c({'fm':'behs',
         'tab':'tj_homefb'})">意见反馈</a> 京 ICP 证 030173 号 <i class="c-icon-
         icrlogo"></i> <a href="http://www.beian.gov.cn/portal/registerSystemInfo?
         recordcode=11000002000001" id="jgwab" target="_blank">京公网安备
         11000002000001 号</a> <i class="c-icon-jgwablogo"></i></p></div>]
```

直接子标签查找，标签之间加 ">"。

```
In [24]: print(soup.select("div > img"))
         [<img class="index-logo-src" height="129" hidefocus="true"
         src="//www.baidu.com/img/dong1_dd071b75788996a161c3964d450fcd8c.gif"
         usemap="#mp" width="270"/>, <img class="index-logo-srcnew" height="129"
         hidefocus="true" src="//www.baidu.com/img/dong1_dd071b75788996a161c3964
         d450fcd8c.gif" usemap="#mp" width="270"/>]
```

（5）属性查找。

查找时还可以加入属性元素，属性需要用中括号括起来，注意属性和标签属于同一结点，所以中间不能加空格，否则会无法匹配。

```
In [25]: print(soup.select('a[href="http://home.baidu.com"]'))
         [<a href="http://home.baidu.com" onmousedown="return
         ns_c({'fm':'behs','tab':'tj_about'})">关于百度</a>]
```

同样，属性仍然可以与上述查找方式组合，不在同一结点的用空格隔开，同一结点的不加空格。

```
In [26]: print(soup.select('div a[href="http://home.baidu.com"]'))
         [<a href="http://home.baidu.com" onmousedown="return
         ns_c({'fm':'behs','tab':'tj_about'})">关于百度</a>]
```

（6）通过 find_all() 函数查找。

```
findAll(name=None, attrs={}, recursive=True, text=None, limit=None, **kwargs)
```

返回一个列表，其中最重要的参数是 name 和 keywords。

参数 name 匹配 tags 的名字，获得相应的结果集。有几种方法匹配 name，最简单的用法是仅仅给定一个 tag 的 name 值。

① 搜索网页源码中所有 b 标签：soup.findAll('b')。

② 可以传一个正则表达式，下面的代码寻找所有以 b 开头的标签。

```
import re
tagsStartingWithB = soup.findAll(re.compile('^b'))
```

③ 可以传一个 list 或 dictionary。查找所有的 title 和 p 标签，获得结果一样，但方法 2 更快一些。

方法 1：soup.findAll(['title', 'p'])。

方法 2：soup.findAll({'title' : True, 'p' : True})。

输出如下。

```
[<title>Page title</title>,
<p id="firstpara" align="center">This is paragraph <b>one</b>.</p>,
<p id="secondpara" align="blah">This is paragraph <b>two</b>.</p>]
```

④ 可以传一个 True 值，以匹配每个 tag 的 name，也就是匹配每个 tag。当然这看起来不是很有用，但是当限定属性（Attribute）的值时，使用 True 就比较有用了。

```
allTags = soup.findAll(True)
```

⑤ 可以用使用标签的属性搜索标签。

```
pid=soup.findAll('p',id='hehe')  #通过 tag 的 id 属性搜索标签
```

或者

```
pid=soup.findAll('p',{'id':'hehe'}) #通过字典的形式搜索标签内容，返回列表
```

输出均为：

```
 [<p class="title" id="hehe"><b>The Dormouse's story</b></p>]
```

也可以用如下方法，提取所有 a 标签中的属性 href。

```
In [37]: for link in soup.find_all('a'): #soup.find_all 返回的是列表
    ...: print(link.get('href'))
```

```
https://passport.baidu.com/v2/?login&tpl=mn&u=http%3A%2F%2Fwww.baidu.com%2F&sms=5
http://news.baidu.com
https://www.hao123.com
http://map.baidu.com
http://v.baidu.com
http://tieba.baidu.com
http://xueshu.baidu.com
https://passport.baidu.com/v2/?login&tpl=mn&u=http%3A%2F%2Fwww.baidu.com%2F&sms=5
http://www.baidu.com/gaoji/preferences.html
http://www.baidu.com/more/
......
```

注意：find()函数输出第一个可匹配对象，即 find_all()[0]。

## 7.3　实战体验：爬取豆瓣网数据

用 urllib 和 BeautifulSoap 库爬取豆瓣 top250 电影的信息。

获取目标数据：爬取小说名称、价格、星级。

需解决的问题：（1）计算出所有爬取小说的平均星级。

（2）计算所有获取小说的均价。

打开豆瓣小说页面网址"https://book.douban.com/tag/小说?start=0&type=T"，如图 7-2 所示。

图 7-2　豆瓣网小说页面

页面以综合排序列表的形式列出了小说相关数据，如小说的名称、作者、出版社、出版时间、定价、星级标准、评价人数和摘要等信息。此处主要获取小说名称、价格、星级等信息，具体如图 7-3 所示。

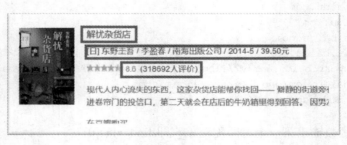

图 7-3　获取的信息

再来看看要获取的小说总数情况。把网页拉到底部，可以看到小说页面总数为 383 页（截图时的数量），具体如图 7-4 所示。其中每页列出的小说数为 20 部，也就说 383 页共有小说数量在 7660 部左右。

图 7-4　小说页面总页数

在爬取页面信息的时，不仅要获取第一页上的 20 部小说的信息，还要获取所有 383 页上的信息，所以在代码中爬取信息时还要处理翻页。首先将第一页和第二页的网址打开，做一对比。

https://book.douban.com/tag/小说?start=0&type=T
https://book.douban.com/tag/小说?start=20&type=T

网址中仅有一个"start="的数据不同，我们还可以翻看其他网页网址，如第三页、第四页。

https://book.douban.com/tag/小说?start=40&type=T
https://book.douban.com/tag/小说?start=60&type=T

从中可以发现，start 数据是小说数据的序列。第一页是第 0～19 条（注意 Python 的序列是从 0 开始的，即第一条）。第二页刚好是延续第一页的序列，每页 20 条，从第 20 条开始。依此类推，第三页从第 40 条开始，第四页从第 60 条开始。

据此，在翻页时需要对网址进行处理，每翻一页增加 20，即对网址中的 start 数据使用占位符%d，再对占位符进行赋值，代码如下。

```
for i in range(0,7660,20):          #在 0 到 7660 中每隔 20 取一个值
    url = 'https://book.douban.com/tag/%E5%B0%8F%E8%AF%B4'+'?start=%d&type=T'%i
```

下面我们来看如何获取每个页面需要提取的数据。

为了方便获取想要的页面数据，我们可以使用"Fn+F12"组合键调取网页源码查阅。具体如图 7-5 所示。当我们把指针定位到"元素/元素突出显示"的相应代码上，上半部分的页面会高亮显示，也就是说，高亮显示的数据所对应的代码就是单击的代码行或者代码段，如图 7-5 所示 A 区域的 b 行。

图 7-5 左下角 B 区域所示的是包括 A 部分以"<li class="开头的都是每部小说显示的相关信息列表。

我们先来研究第一部小说《解忧杂货店》部分的代码。

图 7-5　查阅 html 代码

单击 A 区域的 a 行，可以看到小说的名称：title="解忧杂货店"。由此，我们就可以从这个页面中提取小说《解忧杂货店》的名称，如图 7-6 所示。

图 7-6　代码解析

同样，再单击打开 A 区域的 b 行代码，可以看到我们需要的作者、出版社、出版年份以及定价都可以从这里获取，如图 7-6 所示。

同样，星级数据可以从 A 区域的 c 行代码中获取。

**1．获取网页数据**

具体的翻页和获取网页上数据的代码如下。

```
In [1]: # coding=utf-8
   ...: ############################
   ...: #爬取豆瓣电影数据并处理
   ...: #Created on 2019-3-3 13:44
   ...: #@author: yubg
   ...: ############################
   ...: import requests
   ...: from bs4 import BeautifulSoup        #导入BeautifulSoup
   ...: data_all =[]

In [2]: header={'User-Agent':'Mozilla/5.0(Windows NT 6.1; Win64; x64)
AppleWebKit/537.36(KHTML, like Gecko)Chrome/79.0.3945.88 Safari/537.36'}
        for i in range(0,7660,20):
   ...:    url =
'https://book.douban.com/tag/%E5%B0%8F%E8%AF%B4'+'?start=%d&type=T'%i
   ...: douban_data = requests.get(url,headers=header)
   ...: soup = BeautifulSoup(douban_data.text,'lxml')
   ...: titles = soup.select('h2 a[title]')
        #获取h2标签下a标签的title内容，即小说名称
   ...: prices = soup.select('div.pub')    #获取小说价格
   ...: stars  = soup.select('div span.rating_nums')#获取小说星级
   ...: for title,price,star in zip(titles,prices,stars):
   ...:     data = {'title':title.get_text().strip().split()[0],
   ...:             'price':price.get_text().strip().split('/')[-1],
   ...:             'star' :star.get_text()}
   ...:
   ...: # print(data)
   ...: data_all.append(data)

In [3]: len(data_all)
Out[3]: 1484

In [4]: data_all[:5]   #查看前5个元素
Out[4]:
    [{'price': ' 39.50元', 'star': 8.5, 'title': '解忧杂货店'},
     {'price': ' 20.00元', 'star': 9.3, 'title': '活着'},
     {'price': ' 29.00元', 'star': 8.9, 'title': '追风筝的人'},
     {'price': ' 23.00', 'star': 8.8, 'title': '三体'},
     {'price': ' 29.80元', 'star': 9.1, 'title': '白夜行'}]
```

从 data_all 的前 5 个数据可以看出，data_all 是一个列表，其中的每一个元素都是一个字典，每个字典就是一部小说的数据，包含了价格、星级和小说名称。

在上面这段代码里新增了 header 变量，目的是防止在获取数据时被阻止，即"反爬虫"。所以我们需要在获取数据时将用户行为伪装成正常浏览豆瓣网页，赋给变量 header 的值即为浏览器的一些参数。这个伪装成浏览器的参数变量 header 在 requests.get()中作为参数传递给 headers。

### 2. 保存数据

将已经爬取到的数据保存到 c:\Users\yubg\db_data.txt 里备用。如果从网上获取不到数据（获取不到数据的原因比较多，有网页改版的可能，也有由于获取频率较高被封号的可能），请到本书提供的数据资源里下载 db_data.txt，以备后用。

```
In [5]: with open(r'c:\Users\yubg\db_data.txt','w',encoding='utf-8') as f:
    ...: f.write(str(data_all))
```

# 第 **8** 章　数据可视化

数据可视化是对图形或表格的数据展示，旨在借助图形化手段，清晰有效地传达和沟通信息。有研究表明，人类大脑接收或理解图片的速度要比文字快 6 万倍，所以再整齐的数据，再好的表格，也不抵一张图来得简单、快捷。

## 8.1　使用 Matplotlib 可视化数据

Matplotlib 是一个用于创建高质量图表的桌面绘画包，是受 Matlab 启发构建的库，其目的是为 Python 构建一个绘图接口，接口在 matplotlib.pyplot 模块中。Matplotlib 库是 Python 中用得最多的 2D 图形绘图库，可与 Numpy 库一起使用，也可以和图形工具包一起使用，如 PyQt 和 wxPython 等。

### 8.1.1　Matplotlib 的设置

我们先画一个图。

在 Jupyter Notebook 中试运行下面的代码，结果如图 8-1 所示。

Matplotlib

```
%matplotlib inline
#%matplotlib inline 是在 jupyter 中嵌入显示
%config InlineBackend.figure_format = 'retina'#提高图片清晰度
import matplotlib
import matplotlib.pyplot as plt

myfont = matplotlib.font_manager.FontProperties(
                    fname=r'C:/Windows/Fonts/simfang.ttf')

plt.plot((1,2,3),(4,3,-1))
plt.xlabel(r'横坐标', fontproperties=myfont)
plt.ylabel(r'纵坐标', fontproperties=myfont)
```

在 Jupyter Notebook 中，为了方便图形的显示，需要加入显示图像方式的代码。

```
%matplotlib inline
%config InlineBackend.figure_format = "retina"
```

代码%matplotlib inline 在 Jupyter Notebook 中嵌入显示。这个命令在绘图时，将图片内嵌在交互窗口，而不是弹出一个图片窗口，这样做有一个缺陷：除非将代码一次执行，否则无法叠加绘图。在分辨率较高的屏幕（如 Retina 显示屏）上，Jupyter Notebook 中的默认图像可能会显示模糊，可以在 %matplotlib inline 之后使用 %config InlineBackend.figure_format =

'retina'来呈现分辨率较高的图像。

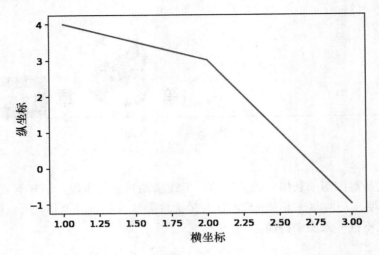

图 8-1　使用 Matplotlib 作图示例

在利用 Matplotlib 绘图时，有时需要在图中进行一些标注，可能会涉及一些符号，尤其是中文，如果不对这些标注进行设置，可能会无法正常显示。这就需要对字体进行设置，首先导入 matplotlib 库，再调用库中字体设置函数 font_manager.FontProperties（），代码如下。

```
import matplotlib
myfont = matplotlib.font_manager.FontProperties(
                    fname=r'C:/Windows/Fonts/simfang.ttf')
```

设置好 myfont，后面的代码就可以直接调用了，如 plt.xlabel(r'横坐标', fontproperties=myfont)。
为防止标注符号出现显示问题，也可以用如下两行代码进行设置。

```
from matplotlib.font_manager import FontProperties
font = FontProperties(fname = "C:/Windows/Fonts/simfang.ttf",size=14)
```

fname 参数指定了使用的字体，simfang.ttf 是仿宋常规简体字。字体可以到系统文件夹 Fonts 下查看。

Matplotlib 中显示中文的完整加载方式如下。

```
import matplotlib.pyplot as plt
import numpy as np

## 设置字体
from matplotlib.font_manager import FontProperties
font = FontProperties(fname = "C:/Windows/Fonts/simfang.ttf ",size=14)

## 在jupyter中显示图像还需要添加以下两句代码
%matplotlib inline
%config InlineBackend.figure_format = "retina"    # 在屏幕上显示高清图片
```

为了方便展示，我们画一个圆，并对展示图像的窗口大小、按坐标点画图、图例显示、图像保存等利用如下代码实现。

```
#绘制散点图的示例
t = np.arange(0,10,0.05)
x = np.sin(t)
```

```
y = np.cos(t)

## 定义一个图像窗口大小
plt.figure(figsize=(8,5))

## 按 x、y 坐标绘制图形
plt.plot(t,x,"r-*",label='sin')  #画一个 sin 函数图
plt.plot(t,y,"b-o",label='cos')  #画一个 cos 函数图
plt.plot(x,y,"g-.",label='sin+cos')  #画一个 cos 函数图

## 使坐标轴相等
plt.axis("equal")  #保证饼状图是正圆，否则会有一点角度偏斜
plt.xlabel("x-纵坐标",fontproperties = font)
plt.ylabel("y-横坐标",fontproperties = font)
plt.title("一个圆形",fontproperties = font)

##显示图例
label=["sin",'cos','sin+cos']
plt.legend(label, loc='upper right')  #显示图例

##保存图像
plt.savefig('./test2.jpg') #将图片保存在当前的环境目录下
```
结果如图 8-2 所示。

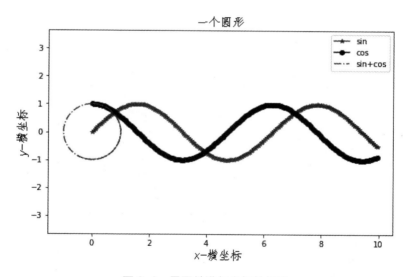

图 8-2　画图并进行坐标轴标注

## 8.1.2　Matplotlib 绘图示例

以下例子大部分来源于官方文档。

### 1. 点图和线图

点图和线图可以用来表示二维数据之间的关系，是查看两个变量之间关系的最直观的方

法。可以通过 plot()函数来得到。

使用 subplot()函数绘制多个子图图像，并且添加 *X,Y* 坐标轴的名称，并且添加标题。代码如下。

```
## subplot()绘制多个子图
import numpy as np
import matplotlib.pyplot as plt

## 生成 X
x1 = np.linspace(0.0, 5.0)    #在起止点之间均匀取值，默认取 50 个点
x2 = np.linspace(0.0, 2.0)

## 生成 Y
y1 = np.cos(2 * np.pi * x1) * np.exp(-x1)
y2 = np.cos(2 * np.pi * x2)

## 绘制第一个子图
plt.subplot(2, 1, 1)
plt.plot(x1, y1, 'yo-')
plt.title('A tale of 2 subplots')
plt.ylabel('Damped oscillation')

## 绘制第二个子图
plt.subplot(2, 1, 2)
plt.plot(x2, y2, 'r.-')
plt.xlabel('time (s)')
plt.ylabel('Undamped')
plt.show()
```

运行上面的程序后，得到的结果如图 8-3 所示。

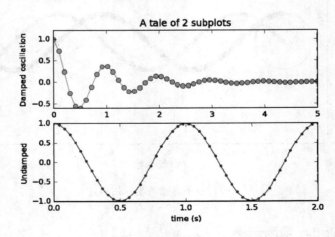

图 8-3　subplot()函数绘制多个子图

可以调用 matplotlib.pyplot 库来绘图，plot()函数调用方式如下。

```
plt.plot(x,y,format_string,**kwargs)
```

参数说明如下。

x: *x* 轴数据，列表或数组，可选。

y: $y$ 轴数据，列表或数组。

format_string: 控制曲线的格式字符串，可选。

**kwargs: 第二组或更多，(x,y,format_string)。

注意：当绘制多条曲线时，各条曲线的 x 不能省略。

在 matplotlib 下，一个 Figure 对象可以包含多个子图（Axes），可以使用 subplot()函数快速绘制，其调用形式如下。

```
subplot(numRows, numCols, plotNum)
```

图表的整个绘图区域被分成 numRows 行和 numCols 列，然后按照从左到右、从上到下的顺序对每个子区域进行编号，左上的子区域的编号为 1，plotNum 参数指定创建的 Axes 对象所在的区域。

如果 numRows＝2, numCols＝3，那么整个绘制图表平面会被划分成 2×3 个图片区域，用坐标表示为：

```
(1, 1), (1, 2), (1, 3)
(2, 1), (2, 2), (2, 3)
```

图形表示如图 8-4 所示。

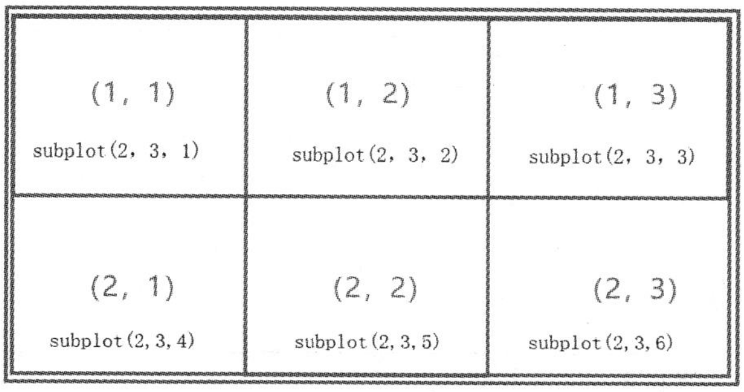

图 8-4　子图区域位置图

当 plotNum＝3 时，表示的坐标为（1,3），即第一行第三列的子图位置。如果 numRows、numCols 和 plotNum 这三个数都小于 10 的话，可以把它们缩写为一个整数。例如，subplot(323)和 subplot(3,2,3)是相同的。

subplot 在 plotNum 指定的区域中创建一个轴对象。如果新创建的轴和之前创建的轴重叠，之前的轴将被删除。

以上是线图，再来看点图 scatter()函数。

```
scatter(x,y,c='r',linewidths=lValue,marker='o')
```

参数说明如下。

x：数组。

y：数组。

c：表示颜色。

linewidths：点的大小。

marker：点的形状。

其中颜色 b 表示 blue，c 表示 cyan，g 表示 green，k 表示 black，r 表示 red，w 表示 white，y 表示 yellow。

形状的表示有："."表示点，"o"表示圆圈，"D"表示钻石，"*"表示五角星。

```
#导入必要的模块
import numpy as np
import matplotlib.pyplot as plt

## 设置字体
from matplotlib.font_manager import FontProperties
font = FontProperties(fname = "C:/Windows/Fonts/simfang.ttf ",size=14)

#产生测试数据
x = np.arange(1,10)
y = x**2

#设置标题
plt.title('散点图',fontproperties = font)
#设置 X 轴标签
plt.xlabel('X')
#设置 Y 轴标签
plt.ylabel('Y')
#画散点图
plt.scatter(x,y,c = 'r',marker = 'D')
#设置图标
plt.legend('x1')
#显示所画的图
plt.show()
```

图像显示如图 8-5 所示。

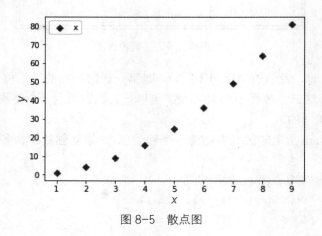

图 8-5　散点图

## 2. 直方图

在统计学中，直方图（Histogram）是一种表示数据分布情况的图形，是一种二维统计图表，它的两个坐标分别是统计样本和该样本对应的某个属性的度量。

我们使用 hist()函数来绘制向量的直方图，计算出直方图的概率密度，并且绘制出概率密度曲线，在标注中使用数学表达式，示例代码如下。

```
## 直方图
import numpy as np
import matplotlib.mlab as mlab
import matplotlib.pyplot as plt
# example data
mu = 100 # 分布的均值
sigma = 15 # 分布的标准差
x = mu + sigma * np.random.randn(10000)
print("x:",x.shape)
## 直方图的条数
num_bins = 50
#绘制直方图
n, bins, patches = plt.hist(x, num_bins, normed=1, facecolor='green', alpha=0.5)
#添加一个最佳拟合和曲线
y = mlab.normpdf(bins, mu, sigma) ## 返回关于数据的 pdf 数值（概率密度函数）
plt.plot(bins, y, 'r--')
plt.xlabel('Smarts')
plt.ylabel('Probability')
## 在图中添加公式需要使用 latex 的语法（$ $）
plt.title('Histogram of IQ: $\mu=100$, $\sigma=15$')
# 调整图像的间距，防止 y 轴数值与 label 重合
plt.subplots_adjust(left=0.15)
plt.show()
print("bind:\n",bins)
```

运行程序得到的结果如图 8-6 所示。

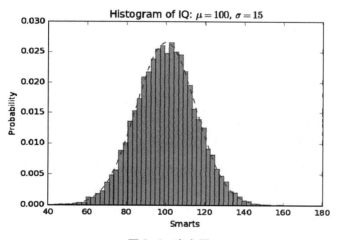

图 8-6　直方图

hist()函数调用方式如下。

```
n, bins, patches = plt.hist(arr,
                            bins=10,
                            normed=0,
                            facecolor='black',
                            edgecolor='black',
                            alpha=1,
                            histtype='bar')
```

hist 的参数非常多，但常用的就这几个，只有第一个是必须的，后面几个是可选的。

arr：直方图的一维数组 x。

bins：直方图的柱数，可选项，默认为 10。

normed：是否将得到的直方图向量归一化，默认为 0。

facecolor：直方图颜色。

edgecolor：直方图边框颜色。

alpha：透明度。

histtype：直方图类型，可选项为 bar,barstacked,step,stepfilled。

返回值如下。

n：直方图向量，是否归一化由参数 normed 设定。

bins：返回各个 bin 的区间范围。

patches：返回每个 bin 里面包含的数据，是一个 list。

### 3. 等值线图

等值线图又称等量线图，是以相等数值点的连线表示连续分布且逐渐变化的数量特征的一种图形，是用数值相等各点联成的曲线（等值线）在平面上的投影来表示被摄物体的外形和大小的图。

我们可以使用 contour()函数将三维图像在二维空间上表示，并使用 clabel()函数在每条线上显示数据值的大小。

```
## matplotlib 绘制 3d 图像
import numpy as np
from matplotlib import cm
import matplotlib.pyplot as plt
from mpl_toolkits.mplot3d import Axes3D
## 生成数据
delta = 0.2
x = np.arange(-3, 3, delta)
y = np.arange(-3, 3, delta)
X, Y = np.meshgrid(x, y)
Z = X**2 + Y**2
x=X.flatten()#返回一维的数组，但该函数只适用于 numpy 对象（array 或者 mat）
y=Y.flatten()
z=Z.flatten()
fig = plt.figure(figsize=(12,6))
ax1 = fig.add_subplot(121, projection='3d')
ax1.plot_trisurf(x,y,z, cmap=cm.jet, linewidth=0.01) #cmap 指颜色，默认绘制为 RGB(A)
颜色空间，jet 表示"蓝-青-黄-红"颜色
plt.title("3D")
ax2 = fig.add_subplot(122)
cs = ax2.contour(X, Y, Z,15,cmap='jet', ) #注意这里是大写 X，Y，Z。这里 15 代表的是显
示等高线的密集程度，数值越大，画的等高线数就越多
ax2.clabel(cs, inline=True, fontsize=10, fmt='%1.1f')
plt.title("Contour")
plt.show()
```

运行上面的代码，得到的图像如图 8-7 所示。

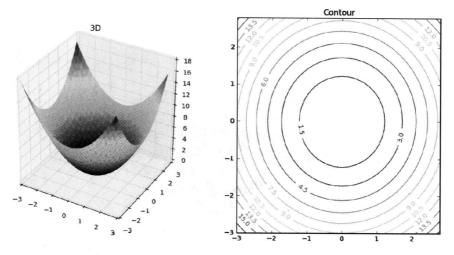

图 8-7　等值线图

### 4．三维曲面图

三维曲面图通常用来描绘三维空间的数值分布和形状。我们可以通过 plot_surface()函数来得到想要的图像，示例代码如下。

```
## 三维图像+各个轴的投影等高线
from mpl_toolkits.mplot3d import axes3d
import matplotlib.pyplot as plt
from matplotlib import cm

fig = plt.figure(figsize=(8,6))
ax = fig.gca(projection='3d')
## 生成三维测试数据
X, Y, Z = axes3d.get_test_data(0.05)
ax.plot_surface(X, Y, Z, rstride=8, cstride=8, alpha=0.3)
cset = ax.contour(X, Y, Z, zdir='z', offset=-100, cmap=cm.coolwarm)
cset = ax.contour(X, Y, Z, zdir='x', offset=-40, cmap=cm.coolwarm)
cset = ax.contour(X, Y, Z, zdir='y', offset=40, cmap=cm.coolwarm)
ax.set_xlabel('X')
ax.set_xlim(-40, 40)
ax.set_ylabel('Y')
ax.set_ylim(-40, 40)
ax.set_zlabel('Z')
ax.set_zlim(-100, 100)
plt.show()
```

通过运行上面的代码，得到图 8-8 所示的图形。

在 spyder 行内输出中无法旋转查看 3D 图形，需要设置新窗口输出。可以在设置中更改默认选项，依次为 Tools、Preferences、IPython Console、Graphics、Graphics backend，inline 即行内输出，而 Qt 则是新窗口输出。设置后需要重新启动 IPthon 内核。

很多时候，我们并不知道某个函数的具体用法，若想了解该函数的具体使用方法，可用 help(function)查看，举例如下。

```
help(ax.plot_surface)
```

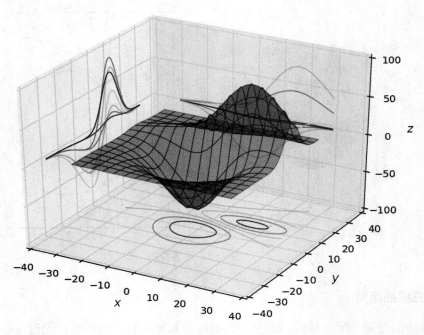

图 8-8　三维曲面图

结果显示如下。

```
Help on method plot_surface in module mpl_toolkits.mplot3d.axes3d:

plot_surface(X, Y, Z, *args, **kwargs)
method of matplotlib.axes._subplots.Axes3DSubplot instance
    Create a surface plot.
    ......
    Added in v2.0.0.    ===================================================
    Argument        Description
    =====================================================
    *X*, *Y*, *Z* Data values as 2D arrays
    *rstride*       Array row stride (step size)
    *cstride*       Array column stride (step size)
    *rcount*        Use at most this many rows, defaults to 50
    *ccount*        Use at most this many columns, defaults to 50
    *color*         Color of the surface patches
    *cmap*          A colormap for the surface patches.
    *facecolors* Face colors for the individual patches
    *norm*          An instance of Normalize to map values to colors
    *vmin*          Minimum value to map
    *vmax*          Maximum value to map
    *shade*         Whether to shade the facecolors
    =====================================================

Other arguments are passed on to
:class:'~mpl_toolkits.mplot3d.art3d.Poly3DCollection'
```

### 5. 条形图

条形图（Bar Chart）也称条图、条状图、棒形图、柱状图，是一种以长方形的长度为变量的统计图表。条形图用来比较两个或两个以上的数值（不同时间或者不同条件），通常用于较小的数据集分析。条形图也可横向排列，或用多维方式表达。

```python
import numpy as np
import matplotlib.pyplot as plt

##生成数据
n_groups = 5 # 组数
#平均分和标准差
means_men = (20, 35, 30, 35, 27)
std_men = (2, 3, 4, 1, 2)

means_women = (25, 32, 34, 20, 25)
std_women = (3, 5, 2, 3, 3)

##条形图
fig, ax = plt.subplots()
#生成 0, 1, 2, 3, ...
index = np.arange(n_groups)
bar_width = 0.35 # 条的宽度

opacity = 0.4     #颜色透明度参数
error_config = {'ecolor': '0.3'}
#条形图中的第一类条
rects1 = plt.bar(index, means_men, bar_width, #坐标、数据、条的宽度
                 alpha=opacity,        #颜色透明度
                 color='b',
                 yerr=std_men,   # xerr、yerr 分别针对水平、垂直型误差
                 error_kw=error_config,  #设置误差记号的相关参数
                 label='Men')
#条形图中的第二类条
rects2 = plt.bar(index + bar_width, means_women, bar_width,
                 alpha=opacity,
                 color='r',
                 yerr=std_women,
                 error_kw=error_config,
                 label='Women')

plt.xlabel('Group')
plt.ylabel('Scores')
plt.title('Scores by group and gender')
plt.xticks(index + bar_width, ('A', 'B', 'C', 'D', 'E'))
plt.legend() # 显示标注

#自动调整 subplot 的参数给指定的填充区
plt.tight_layout()
plt.show()
```

运行程序得到的结果如图 8-9 所示。

Python 编程与数据分析应用（微课版）

### 6. 饼图

饼图或称饼状图，是一个划分为几个扇形的圆形统计图表，用于描述量、频率或百分比之间的相对关系。在饼图中，每个扇区的弧长（以及圆心角和面积）大小为其所表示的数量的比例。这些扇区合在一起刚好是一个完全的圆形。顾名思义，这些扇区拼成了一个切开的饼形图案。

我们可以使用 pie()函数来绘制饼图，示例程序如下。

```
##饼图
import matplotlib.pyplot as plt

##切片将按顺时针方向排列并绘制
labels = 'Frogs', 'Hogs', 'Dogs', 'Logs'## 标注
sizes = [15, 30, 45, 10] ## 大小
colors = ['yellowgreen', 'gold', 'lightskyblue', 'lightcoral'] ## 颜色
##0.1 代表第二个块从圆中分离出来
explode = (0, 0.1, 0, 0)  # only "explode" the 2nd slice (i.e. 'Hogs')
##绘制饼图
plt.pie(sizes, explode=explode, labels=labels, colors=colors,
        autopct='%1.1f%%', shadow=True, startangle=90)

plt.axis('equal')
plt.show()
```

运行程序得到的结果如图 8-10 所示。

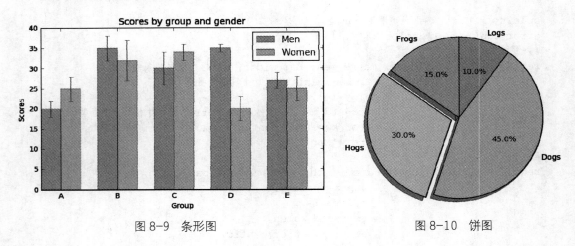

图 8-9　条形图　　　　　　　　　　图 8-10　饼图

### 7. 气泡图（散点图）

气泡图是散点图的一种变体，通过每个点的面积大小，反映第三维。气泡图可以表示多维数据，并且可以通过对颜色和大小的编码表示不同的维度数据。例如，使用颜色对数据分组，使用大小来映射相应值的大小。可以通过 scatter()函数得到气泡图，示例程序如下。

```
##气泡图（散点图）
# -*- coding: utf-8 -*-
"""
Created on Sat May 16 01:50:19 2020
```

```
@author: yubg
"""

import matplotlib.pyplot as plt
import pandas as pd

##导入数据
df_data = pd.read_excel(r'd:\yubg\i_nuc.xls',sheet_name='iris')
df_data.head()

##作图
fig, ax = plt.subplots()
#设置气泡图颜色
colors = ["#99CC01","#FFFF01","#0000FE","#FE0000","#A6A6A6",
          "#D9E021",'#FFF16E','#0D8ECF','#FA4D3D','#D2D2D2',
          '#FFDE45','#9b59b6','#D2D1D2','#FFDE15','#9b59b1']*10
```

#创建气泡图 SepalLength 为 x,SepalWidth 为 y,同时设置 PetalLength 为气泡大小,并设置颜色
透明度等。
```
ax.scatter(df_data['SepalLength'], df_data['SepalWidth'],
s=df_data['PetalLength']*100,color=colors,alpha=0.6)
#第三个变量表明根据[PetalLength]*100 数据显示气泡的大小,color 参数也可省略

ax.set_xlabel('SepalLength(cm)')
ax.set_ylabel('SepalWidth(cm)')
ax.set_title('PetalLength(cm)*100')

#显示网格
ax.grid(True)
fig.tight_layout()
plt.show()
```
运行程序,得到的结果如图 8-11 所示。

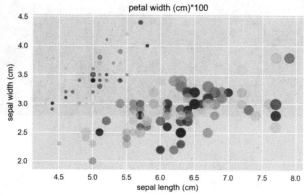

图 8-11  散点图

## 8.2  使用 Pyecharts ECharts 可视化数据

ECharts,缩写来自商业级数据图表 Enterprise Charts。ECharts 是百度开源的一个 Javascript
数据可视化库。

ECharts 库主要用于数据可视化，可以流畅地运行在计算机和移动设备上，兼容当前绝大部分浏览器（IE6/7/8/9/10/11，Chrome，Firefox，Safari 等），提供直观、生动、可交互、可高度个性化定制的数据可视化图表。创新的拖曳重计算、数据视图、值域漫游等特性大大增强了用户体验，赋予了用户对数据进行挖掘、整合的能力。

ECharts 库支持图表类型有柱状图（条状图）、散点图（气泡图）、饼图（环形图）、地图、折线图（区域图）、雷达图（填充雷达图）、K 线图、和弦图、力导向布局图、仪表盘、漏斗图、事件河流图 12 类图表，同时提供标题、详情气泡、图例、值域、数据区域、时间轴、工具箱 7 个可交互组件，支持多图表、组件的联动和混搭展现。

## 8.2.1 安装及配置

在 Python 中使用 ECharts 库需要安装包 Pyecharts。Pyecharts 是一个用于生成 Echarts 图表的类库，实际上就是 ECharts 与 Python 的对接。

在下载安装之前，我们必须对 Pyecharts 的版本进行了解。Pyecharts 分为 V0.5.X 和 V1 两个大版本，相互不兼容，Pyecharts V1 是一个全新的版本。Pyecharts V0.5.X 支持 Python2.7、Python 3.4+，经开发团队决定，Pyecharts V0.5.X 版本将不再进行维护。Pyecharts V1 仅支持 Python3.6+，新版本系列将从 Pyecharts V1.0.0 开始。

学习 Python 最怕的就是版本不兼容问题，为了读者适应最新版，本书此处我们选择 Python3.7 和 Pyecharts V1。至于它有什么新的动向，可以查阅网站：https://pyecharts.org/#/zh-cn/quickstart。

### 1. 安装

打开 Anaconda 目录下的 Anaconda Prompt，安装 Pyecharts: pip install pyecharts，安装完毕后如图 8-12 所示。

图 8-12　安装 Pyecharts

安装完毕界面的最后一句话显示了安装版本为 1.2.1。

ECharts 库的图表类型绘制流程如下，包括一个函数体和一个保存函数。

```
#伪代码
charttype = (                          #链式调用
    ChartType () # 实例化一个对象，ChartType 指图像的类型，如 Pie、Bar 等
    .add()        # Bar 图则为 add_xaxis()和 add_yaxis()
    .set_global_opts(title_opts=opts.TitleOpts(title="主标题", subtitle="副标题"))
    # 或者直接使用字典参数
    # .set_global_opts(title_opts={"text": "主标题", "subtext": "副标题"}))
chart_name.render()          #保存图片
```

先看一个示例。

```
from pyecharts import options as opts
from pyecharts.charts import Page, Pie

name= ['草莓','芒果','葡萄','雪梨','西瓜','柠檬','车厘子']
value=[23,32,12,13,10,24,56]
data = [tuple(z) for z in zip(name, value)]
pie = (Pie()
    .add("",data)
    .set_global_opts(title_opts={"text":"Pie 基本示例", "subtext":"（副标题无）"})
    )
pie.render('1.html')
#pie.render_notebook() #在 jupyter 中直接在页面显示图片
```

说明：（1）Pyecharts 生成的图表默认在线从网站 https://assets.pyecharts.org/assets/挂载 js 静态文件（echarts.min.js），当离线或者网速不佳时打开保存的图表网页将可能不显示数据图，具体的处理方法详见附录 D。

（2）Pie()函数体括号内代码虽然进行了分行，但是每行末尾没有使用逗号，称为链式调用。

Pyecharts 网页不
显示图的问题

上面代码也可以写成单独调用的方法，形式如下。

```
pie = Pie()
pie.add("",data)
pie.set_global_opts(title_opts={"text":"Pie 基本示例", "subtext":"（副标题无）"})

pie.render('yubg1.html')
#pie.render_notebook()
```

输出如图 8-13 所示。

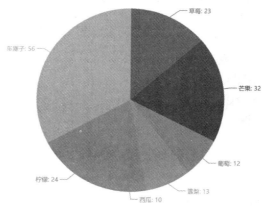

图 8-13　饼图

图形以 HTML 格式保存在当前路径下（yubg1.html），以网页形式才能打开。

在 Jupyter Notebook 中，Pyecharts 具有 matplotlib 同样的功能，Pyecharts 也有。如果需要使用 Jupyter Notebook 展示图表，调用 render_notebook() 即可，所有图表均可正常显示（除了 3D 图）。

## 2. 通用配置项

图 8-13 所示的饼图中缺少了一些可设置的项，如图中的线条粗细、颜色（主题）等，需要使用 options 配置项。设置配置项首先要导入模块。

```
from pyecharts import options as opts
```
接下来可以在函数体中加入设置参数。
```
.set_global_opts(title_opts=opts.TitleOpts(title="主标题", subtitle="副标题"))
```
或者使用字典的方式来设置参数。
```
.set_global_opts(title_opts={"text": "主标题", "subtext": "副标题"})
```
Pyecharts 还提供了十多种内置主题色调。在使用主题色调配置项时，需要先导入模块 ThemeType。

```
from pyecharts.globals import ThemeType
```
接下来可以在函数体中加入 init_opts 参数项。
```
init_opts=opts.InitOpts(theme=ThemeType.LIGHT)
```
参数项中的 ThemeType.LIGHT 可以修改为其他的主题，如 WHITE、DARK、CHALK、ESSOS、INFOGRAPHIC、MACARONS、PURPLE_PASSION、ROMA、ROMANTIC、SHINE、VINTAGE、WALDEN、WESTEROS、WONDERLAND 等，在后续我们将会使用到。

## 3. Pyecharts 可做的图表类型

Pyecharts 可绘制如下类型的图表。

① Bar（柱状图/条形图）。

② Bar3D（3D 柱状图）。

③ Boxplot（箱形图）。

④ EffectScatter（带有涟漪特效动画的散点图）。

⑤ Funnel（漏斗图）。

⑥ Gauge（仪表盘）。

⑦ Geo（地理坐标系）。

⑧ Graph（关系图）。

⑨ HeatMap（热力图）。

⑩ Kline（K 线图）。

⑪ Line（折线/面积图）。

⑫ Line3D（3D 折线图）。

⑬ Liquid（水球图）。

⑭ Map（地图）。

⑮ Parallel（平行坐标系）。

⑯ Pie（饼图）。

⑰ Polar（极坐标系）。

⑱ Radar（雷达图）。

⑲ Sankey（桑基图）。

⑳ Scatter（散点图）。

㉑ Scatter3D（3D 散点图）。

㉒ ThemeRiver（主题河流图）。

㉓ WordCloud（词云图）。

pyecharts 可自定义如下类用于图表。

Grid 类：并行显示多张图。

Overlap 类：结合不同类型图表叠加并绘制在同一张图上。

Page 类：同一网页按顺序展示多张图。

Timeline 类：提供时间线轮播多张图。

## 8.2.2 基本图表

### 1. 饼图

饼图中 add 数据项 data 是一个二元元组或列表格式的列表或元组，其数据格式如下。

```
[(1,2),(3,2),('a',5)]
((1,2),(3,2),('a',5))
[[1,2],[3,2],['a',5]]
([1,2],[3,2],['a',5])
```

输入绘制饼图代码如下。

```
from pyecharts import options as opts
from pyecharts.charts import Page, Pie

name=['草莓','芒果','葡萄','雪梨','西瓜','柠檬','车厘子']
value=[23,32,12,13,10,24,56]
data=[tuple(z) for z in zip(name, value)]
pie=(Pie()
    .add("",data) #其中 data 数据是二元的列表或元组[('草莓', 23), ('杧果', 32)]
    .set_global_opts(title_opts={"text":"Pie 基本示例", "subtext":"（副标题无）"})
    .set_series_opts(label_opts=opts.LabelOpts(formatter="{b}: {c}"))
#在图中显示数据格式"草莓: 23"
    )
pie.render('2.html')
```

输出如图 8-14 所示。

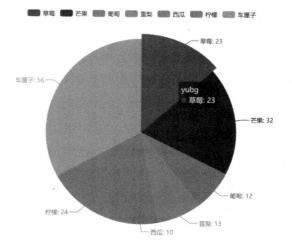

图 8-14　显示数据的饼图

203

图 8-14 中的颜色可以指定修改，在 add 行下添加 set_colors 项即可。

```
.set_colors(["blue", "green", "yellow", "red", "pink", "orange", "purple"])
```

还可以对图形进行更多的设置，在 add 项中添加 label_opts 参数对标签进行显示控制。

```python
from pyecharts import options as opts
from pyecharts.charts import Page, Pie

name= ['草莓','芒果','葡萄','雪梨','西瓜','柠檬','车厘子']
value=[23,32,12,13,10,24,56]
data = [tuple(z) for z in zip(name, value)]

c = (Pie()
     .add("yubg",data,
          label_opts=opts.LabelOpts(position="outside",
              formatter="{a|{a}}{abg|}\n{hr|}\n {b|{b}: }{c}  {per|{d}%}",
              background_color="#eee",
              border_color="#aaa",
              border_width=1,
              rich={"a": {"color": "#999",
                          "lineHeight": 22,
                          "align": "center"},
                    "abg": {"backgroundColor": "#e3e3e3",
                        "width": "100%",
                        "align": "right",
                        "height": 22,
                        "borderRadius": [4, 4, 0, 0]},
                    "hr": {"borderColor": "#aaa",
                        "width": "100%",
                        "borderWidth": 0.5,
                        "height": 0},
                    "b": {"fontSize": 16, "lineHeight": 33},
                    "per": {"color": "#eee",
                            "backgroundColor": "#334455",
                            "padding": [2, 4],
                            "borderRadius": 2}
                                        }) )
     .set_global_opts(title_opts=opts.TitleOpts(title="Pie-富文本示例")))
c.render('P2.html')
```

输出如图 8-15 所示。

## 2. 漏斗图

漏斗图中 add 数据项 data 是一个二元元组或列表格式的列表或元组，其数据格式如饼图。

```python
from pyecharts import options as opts
from pyecharts.charts import Funnel, Page

name= ['草莓','芒果','葡萄','雪梨','西瓜','柠檬','车厘子']
value=[23,32,12,13,10,24,56]
data = [tuple(z) for z in zip(name, value)]
funnel= (Funnel()
         .add("商品", data)
         .set_global_opts(title_opts=opts.TitleOpts(title="Funnel-基本示例"))
```

```
        .set_series_opts(label_opts=opts.LabelOpts(formatter="{b}: {c}"))
    )
funnel.render('f1.html')
```

输出如图 8-16 所示。

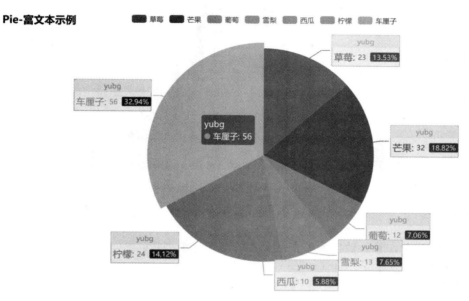

图 8-15　富文本式图

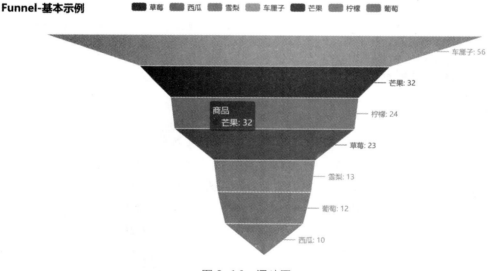

图 8-16　漏斗图

漏斗中的数据标签也可以放到图中居中显示，在 add 中添加参数 label_opts 项即可。

```
.add("商品",data,label_opts=opts.LabelOpts(position="inside"),sort_=
"ascending")
```

其中的 sort_ 项让漏斗倒立，但显示字典格式的数据项 set_series_opts 需去掉，结果如图 8-17 所示。

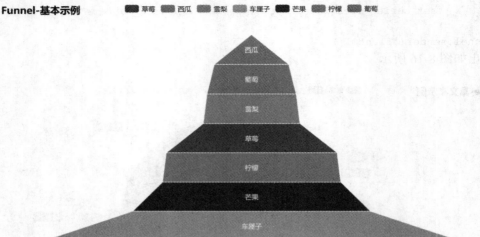

图 8-17　倒立居中漏斗图

### 3．仪表图

仪表图比较简单，输入数据就是一个元素的二元元组列表。

```python
from pyecharts import options as opts
from pyecharts.charts import Gauge, Page

data = [("完成率", 66.6)]
gauge = (Gauge()
        .add("",data)
        .set_global_opts(title_opts=opts.TitleOpts(title="Gauge-基本示例"))
        )
gauge.render('g1.html')
```

输出如图 8-18 所示。

图 8-18　仪表图

### 4．关系图

关系图（Graph）add 项中的数据有两项结点 nodes 和连接边 links，nodes 和 links 都是字典格式。

结点格式如下。

```
nodes= [{"结点名": "结点 1", "结点大小": 10},{"结点名": "结点 2", "结点大小": 20]
```

连接边格式如下。

```
Links=[{'起点': '结点 1', '止点': '结点 2'}, {'起点': '结点 2', '止点': '结点 1'}]
```

结点和连接边也可以使用图格式。

```
nodes = [opts.GraphNode(name="结点 1", symbol_size=10),
         opts.GraphNode(name="结点 2", symbol_size=20)]
links = [opts.GraphLink(source="结点 1", target="结点 2"),
         opts.GraphLink(source="结点 2", target="结点 3")]


import json
import os

from pyecharts import options as opts
from pyecharts.charts import Graph, Page

#结点列表，每个元素用字典表示，每个元素有结点名和结点大小
nodes= [{"name": "结点 1", "symbolSize": 10},
        {"name": "结点 2", "symbolSize": 20},
        {"name": "结点 3", "symbolSize": 30},
        {"name": "结点 4", "symbolSize": 40},
        {"name": "结点 5", "symbolSize": 50},
        {"name": "结点 6", "symbolSize": 40},
        {"name": "结点 7", "symbolSize": 30},
        {"name": "结点 8", "symbolSize": 20}]

#边列表。列表中每个元素也是用字典表示，字典中每个元素都有结点名
#如[{'source': '结点 1', 'target': '结点 1'}, {'source': '结点 1', 'target': '结点 2'}]。
links = []
for i in nodes:
    for j in nodes:
        links.append({"source": i.get("name"), "target": j.get("name")})

graph = (Graph()
         .add("", nodes, links, repulsion=8000)#图显示的大小（两结点间的距离）
         .set_global_opts(title_opts=opts.TitleOpts(title="Graph-基本示例")))
graph.render('graph1.html')
```

输出如图 8-19 所示。

利用 graph 图可以实现微博转发关系图。数据来自 Weibo.json，输出如图 8-20 所示。

```
import json
from pyecharts import options as opts
from pyecharts.charts import Graph, Page

with open(r"fixtures\weibo.json", "r", encoding="utf-8") as f:
    j = json.load(f)
    nodes, links, categories, cont, mid, userl = j

graph= (Graph()
```

```
    .add("", nodes, links, categories, repulsion=50,
        linestyle_opts=opts.LineStyleOpts(curve=0.2),
        label_opts=opts.LabelOpts(is_show=False) )
    .set_global_opts(legend_opts=opts.LegendOpts(is_show=False),
        title_opts=opts.TitleOpts(title="Graph-微博转发关系图")))
graph.render('graph2.html')
```

**Graph-基本示例**

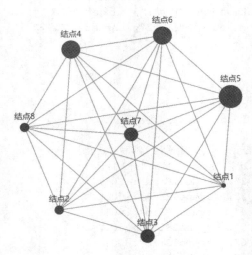

图 8-19　关系图

**Graph-微博转发关系图**

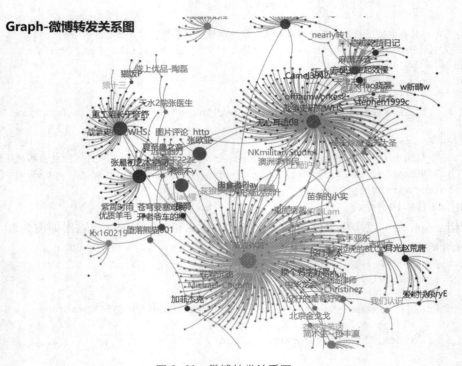

图 8-20　微博转发关系图

### 5．词云图

词云图（WordCloud）的做法比较简单，主要数据是提供词频。下面代码的输出如图 8-21 所示。

```python
from pyecharts import options as opts
from pyecharts.charts import Page, WordCloud
from pyecharts.globals import SymbolType

words = [
    ("中北", 9000),
    ("Macys", 6181),
    ("Amy Schumer", 4386),
    ("Jurassic World", 4055),
    ("Charter Communications", 2467),
    ("Chick Fil A", 2244),
    ("Planet Fitness", 1868),
    ("Pitch Perfect", 1484),
    ("Express", 1112),
    ("yubg", 865),
    ("Johnny Depp", 847),
    ("Lena Dunham", 582),
    ("Lewis Hamilton", 555),
    ("余老师", 4500),
    ("Mary Ellen Mark", 462),
    ("Farrah Abraham", 366),
    ("Rita Ora", 360),
    ("Serena Williams", 282),
    ("NCAA baseball tournament", 273),
    ("Point Break", 265),
]

wordcloud = (WordCloud()
    .add("", words, word_size_range=[10, 50])# word_size_range 为字体大小范围
    .set_global_opts(title_opts=opts.TitleOpts(title="WordCloud-基本示例")) )
wordcloud.render('wordcloud.html')
```

一般对于给出的一篇文章，首先要对其进行词频统计，并对其停用词进行处理。

图 8-21　词云图

### 8.2.3 坐标系图表

ECharts 的坐标系图表类型绘制流程如下，包括一个函数体和一个保存函数。

```
#伪代码
charttype = (                        #链式调用
    ChartType ()
    .add_xaxis()
    .add_yaxis()
    .set_global_opts(title_opts=opts.TitleOpts(title="主标题", subtitle="副标题"))
    #或者直接使用字典参数，如下
    #.set_global_opts(title_opts={"text": "主标题", "subtext": "副标题"}))
chart_name.render()        #保存图片
```

#### 1. 柱状图（Bar）

```
#柱状图
from pyecharts.charts import Bar
from pyecharts import options as opts

bar = (Bar()
        .add_xaxis(["衬衫", "羊毛衫", "雪纺衫", "裤子", "高跟鞋", "袜子"])
        .add_yaxis("商家A", [5, 20, 36, 10, 75, 90]))
        .set_global_opts(title_opts=opts.TitleOpts(
                title="商铺存货情况",subtitle="A\B 店纺织品存货情况"),
                toolbox_opts=opts.ToolboxOpts(), #工具显示
                legend_opts=opts.LegendOpts(is_show=True)))
bar.render('yubg1.html')
```

输出如图 8-22 所示。

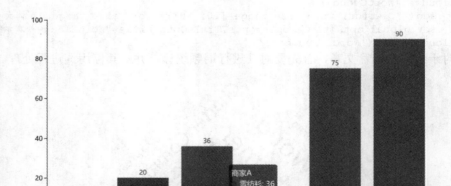

图 8-22 柱状图

#### 2. 折线图（Line）

```
from pyecharts.charts import Line
from pyecharts import options as opts
```

```
line = (Line()
        .add_xaxis(["衬衫", "羊毛衫", "雪纺衫", "裤子", "高跟鞋", "袜子"])
        .add_yaxis("店铺 A", [5, 20, 36, 10, 75, 90])
        .add_yaxis("店铺 B", [15, 6, 45, 20, 35, 66])
        .set_global_opts(title_opts=opts.TitleOpts(
                title="商铺存货情况",subtitle="A\B 店纺织品存货情况"),
                toolbox_opts=opts.ToolboxOpts(), #工具显示
                legend_opts=opts.LegendOpts(is_show=True)))
line.render(line.html)
```
输出如图 8-23 所示。

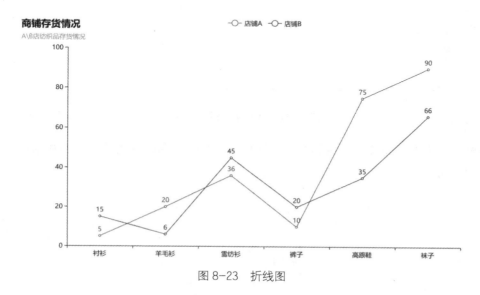

图 8-23  折线图

这里使用主题色调配置，需要先导入模块 ThemeType。
```
from pyecharts.globals import ThemeType
```
接下来可以在函数体中加入 init_opts 参数项。
```
init_opts=opts.InitOpts(theme=ThemeType.LIGHT)
```
参数项中的 ThemeType.LIGHT 可以修改为其他的主题，如 WHITE、ROMANTIC、SHINE 等。

在上面的代码中加入这两项，完整代码如下。
```
from pyecharts. charts import Line
from pyecharts import options as opts
from pyecharts.globals import ThemeType
line = (Line(init_opts=opts.InitOpts(theme=ThemeType. SHINE))
        .add_xaxis(["衬衫", "羊毛衫", "雪纺衫", "裤子", "高跟鞋", "袜子"])
        .add_yaxis("店铺 A", [5, 20, 36, 10, 75, 90])
        .add_yaxis("店铺 B", [15, 6, 45, 20, 35, 66])
        .set_global_opts(title_opts=opts.TitleOpts(
                title="商铺存货情况",subtitle="A\B 店纺织品存货情况"),
                toolbox_opts=opts.ToolboxOpts(), #工具显示
                legend_opts=opts.LegendOpts(is_show=True)))
line.render_notebook( )
```
输出如图 8-24 所示。

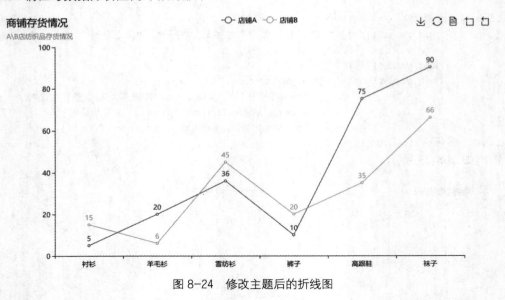

图 8-24　修改主题后的折线图

当单击图中右上角工具框中的第三个图标（▤）时，图即变成了另外的数据视图形式，如图 8-25 所示。

| | 店铺A | 店铺B |
|---|---|---|
| 衬衫 | 5 | 15 |
| 羊毛衫 | 20 | 6 |
| 雪纺衫 | 36 | 45 |
| 裤子 | 10 | 20 |
| 高跟鞋 | 75 | 35 |
| 袜子 | 90 | 66 |

图 8-25　数据视图

我们还可以在折线图中添加平均线。在 **add_yaxis** 项中添加如下参数。

```
markline_opts=opts.MarkLineOpts(data=[opts.MarkLineItem(type_="average")
```

### 3. 散点图（Scatter）

```
from pyecharts import options as opts
from pyecharts.charts import Scatter

x=["衬衫", "羊毛衫", "雪纺衫", "裤子", "高跟鞋", "袜子"]
a=[5, 20, 36, 10, 75, 90]

scatter= (Scatter()
        .add_xaxis(x)
        .add_yaxis("商家 A", a)
        .set_global_opts(title_opts=opts.TitleOpts(title="Scatter-基本示例"),
                    toolbox_opts=opts.ToolboxOpts(),
                    legend_opts=opts.LegendOpts(is_show=True)))
scatter.render(scatter.html)
```

输出如图 8-26 所示。

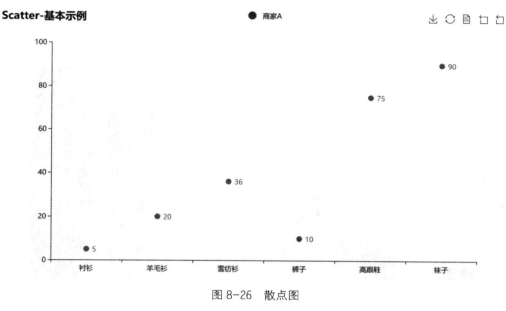

图 8-26　散点图

## 4．图形的叠加（Overlap）

有时候需要在一个图表中叠加另一个图表，这就需要用到 overlap()函数。

```
from pyecharts. charts import Line
from pyecharts import options as opts
from pyecharts.globals import ThemeType
from pyecharts.charts import Bar

x=["衬衫", "羊毛衫", "雪纺衫", "裤子", "高跟鞋", "袜子"]
a=[5, 20, 36, 10, 75, 90]
b=[15, 6, 45, 20,  35, 66]
bar = (Bar()
        .add_xaxis(x)
        .add_yaxis("商家A", a))

line = (Line(init_opts=opts.InitOpts(theme=ThemeType.SHINE))
        .add_xaxis(x)
        .add_yaxis("店铺B", b, markline_opts=opts.MarkLineOpts(data=[opts.
MarkLineItem(type_="average")]))
        .set_global_opts(title_opts=opts.TitleOpts(title="商铺存货情况
",subtitle="B店纺织品存货情况")))

bar.overlap(line)
bar.render(bar.html)
```

输出如图 8-27 所示。

图 8-27 所示为 bar 和 line 两个图的叠加，bar.overlap(line)表示 line 在 bar 上，即 bar 作为底层。在显示图的时候，需要从底层开始显示，所以最后用 bar.render_notebook()函数来显示图。

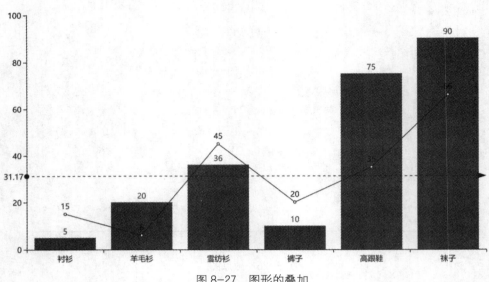

图 8-27　图形的叠加

### 8.2.4　地图与地理坐标绘制

Pyecharts 的地图功能主要依靠 Geo 和 Map 两个类实现。其中 Geo 实现了一个地理坐标系，地图上的点可以利用经纬度向地图中插入，也可以获取地图上某一点的经纬度，实现地图上的标注功能主要依靠 Geo 类来实现。而 Map 功能类似于 Geo，但只有地图，没有坐标系，即地图上的点无法与经纬度进行转换。

#### 1. 地理坐标系（Geo）

Geo 在使用时需要调用以下模块。

```
from pyecharts import options as opts
from pyecharts.charts import Geo
from pyecharts.globals import ChartType, SymbolType
```

ChartType 是描述在地图上的标注形式，如 EFFECT_SCATTER、HEATMAP、LINES 等。

地图上显示的数据格式是二元列表，如[['naame1', value1], ['name2', value2],…]。

这里的 name 可以是省份、城市名称，在地图模型中已经加入了各个省份及城市的坐标点。具体看以下代码示例。

```
#数据准备
provinces = ["广东", "北京", "上海", "新疆","安徽","山西", "湖南", "浙江", "江苏"]
pro_value = [54, 87, 56, 34,98,65,45, 56, 78, 50]
pr_data = [list(z) for z in zip(provinces,pro_value)]

#链式调用
geo = (Geo()
    # 加载图表模型中的中国地图
    .add_schema(maptype="china")
```

```
    # 在地图中加入点的属性
    .add("geo", pr_data, type_=ChartType.EFFECT_SCATTER)

    # 设置坐标属性
    .set_series_opts(label_opts=opts.LabelOpts(is_show=False))

    # 设置全局属性
    .set_global_opts(visualmap_opts=opts.VisualMapOpts(is_piecewise=True),
                    title_opts=opts.TitleOpts(title="Geo-基本示例"),
    ))

#在 html(浏览器) 中渲染图表，即保存为 html 格式
geo.render()

#在 Jupyter Notebook 中渲染图表
#geo.render_notebook()
```

在上面的代码中，**pr_data** 将数据处理成 **add** 能够接收的数据格式，即元素为二元列表的列表。

代码使用链式调用，**add_schema** 项中 **maptype** 选用的是中国地图 "**china**"，也可以选择世界地图 "**world**"，还可以选择某个省份，如 "安徽" 等。

**add** 项中的 **type_** 参数 **ChartType.EFFECT_SCATTER** 是地图上显示标注点的形式或形状，还可以是 **ChartType.HEATMAP**、**ChartType.LINES** 等。

**set_series_opts** 项表示是否在地图上显示数据，参数可以是 True 或 False。

**set_global_opts** 项中的 **visualmap_opts** 参数默认是 "色条" 数据示例，也可以选用分段数据示例参数 **is_piecewise=True**。

需要注意的是 **add_schema** 项中 **maptype** 参数的选用国家或者省份时不能出现 Pyecharts 中没有加入的标注点。例如，填写 "江南" 省，将会得到一个空地图。同样，选择 "安徽" 省，在显示安徽下的各个城市的数据时，如果城市的名称不存在，如 "潜山市" 还没有在地图数据中升级为市，将会显示空图或提示错误。

为了解决这种前述没有加载中国地图模型中的各个省份或城市的坐标点的问题，需要利用 Geo 类中的 add_coordinate 方法，在 Geo 图中加入自定义的点，需要添加坐标地点名称（name: str）、经度（longitude: Numeric）、纬度(latitude: Numeric）3 个参数。

```
from pyecharts import options as opts
from pyecharts.charts import Geo
from pyecharts.globals import ChartType, SymbolType

ah_data=[['安庆市', 54], ['合肥市', 65], ['六安市', 76], ['马鞍山市', 64],
    ['芜湖市', 35], ['池州市', 35], ['蚌埠市', 54], ['淮北市', 34],
    ['淮南市', 56], ['黄山市', 87], ['阜阳市', 43], ['滁州市', 65],
    ['宣城市', 47], ['亳州市', 45], ['宿州市', 23],['铜陵市', 45],
    ["潜山市", 51]]    #假设 Geo 数据源中没有潜山市

#链式调用
anhui = (Geo()
        .add_schema(maptype="安徽")
        # 加入自定义的点
        .add_coordinate("潜山市", 116.53, 30.62)
```

```
#添加数据
.add("geo", ah_data,type_=ChartType.EFFECT_SCATTER)
.set_series_opts(label_opts=opts.LabelOpts(is_show=True))
.set_global_opts(visualmap_opts=opts.VisualMapOpts(is_piecewise=True),
            title_opts=opts.TitleOpts(title="加入潜山市")))
```

```
#在 html(浏览器) 中渲染图表,即保存为 html 格式
anhui.render()
```

```
#在 Jupyter Notebook 中渲染图表
#anhui.render('anhui.html')
```

输出如图 8-28 所示。

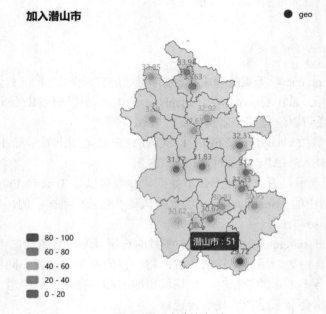

图 8-28　自定义标注

## 2. 地图（Map）

通过前面的 Geo，我们大概了解了地图标注的操作。Map 与 Geo 差别不大，通过下面的代码，可以看出其操作相对较简单。

```
from pyecharts import options as opts
from pyecharts.charts import Map

#数据准备
provinces = ["广东", "北京", "上海", "新疆","安徽","山西", "湖南", "浙江", "江苏"]
pro_value = [54, 87, 56, 34,98,65,45, 56, 78, 50]
pr_data = [list(z) for z in zip(provinces,pro_value)]

map = (
    Map()
    .add("商家 A", pr_data, "china")
    .set_global_opts(title_opts=opts.TitleOpts(title="Map-基本示例"))
)
```

```
map.render('map.html')
#map.render_notebook()
```

上面的代码基本与 Geo 相同，仅将 add_schema 项的地图显示范围参数移到了 add 项中。
参数可选 world、china 及省市。

以上数据在地图显示中不明显，相关的省份没有颜色显示，可以增加省份颜色显示。

```
map_v = (
        Map()
        .add("商家A", pr_data, "china")
        .set_global_opts(
            title_opts=opts.TitleOpts(title="Map-VisualMap（分段型）"),
            visualmap_opts=opts.VisualMapOpts(max_=200, is_piecewise=True),
        )
    )
map_v.render('map1.html')
map_v.render_notebook()
```

上述代码中的 visualmap_opts 项默认是连续型，也可选择分段型 is_piecewise=True。
我们对数据进行改造，并按省份地图显示，代码如下，如图 8-29 所示。

```
ah_data=[['安庆市', 54], ['合肥市', 65], ['六安市', 76], ['马鞍山市', 64],
    ['芜湖市', 35], ['池州市', 35], ['蚌埠市', 54], ['淮北市', 34],
    ['淮南市', 56], ['黄山市', 87], ['阜阳市', 43], ['滁州市', 65],
    ['宣城市', 47], ['亳州市', 45], ['宿州市', 23],['铜陵市', 45],
    ["潜山市", 51]]   #假设 Geo 数据源中没有潜山市
map_v = (Map()
        .add("商家A", ah_data, "安徽")
        .set_global_opts(
            title_opts=opts.TitleOpts(title="Map-VisualMap（省份）"),
            visualmap_opts=opts.VisualMapOpts(max_=200, is_piecewise=True),
        )
    )
map_v.render('map2.html')
#map_v.render_notebook()
```

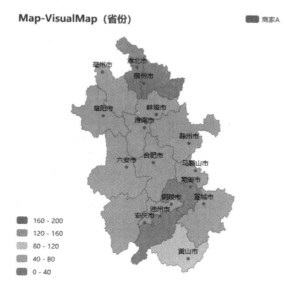

图 8-29　省份地图

目前地图最小显示范围参数可以设置到市一级，如设置为"安庆"。

```
.add("商家A", ah_data, "安庆")
```

### 8.2.5  3D 图形

3D 图形的输入数据是三维的列表，如[x, y, z]。

**Axis3DOpts** 坐标轴类型可选如下 4 种。

（1）value：数值轴，适用于连续数据。

（2）category：类目轴，适用于离散的类目数据，为该类型时必须通过 data 设置类目数据。

（3）time：时间轴，适用于连续的时序数据，与数值轴相比时间轴带有时间的格式化，在刻度计算上也有所不同。例如，会根据跨度的范围来决定使用月、星期、日，还是小时范围的刻度。

（4）log：对数轴，适用于对数数据。

**Grid3DOpts** 坐标系组件在三维场景中的宽度、高度、深度分别是：width、height、depth。

```python
import math
from pyecharts import options as opts
from pyecharts.charts import Surface3D


def surface3d_data():
    '''
    造数据
    '''
    for t0 in range(-60, 60, 1):
        y = t0 / 60
        for t1 in range(-60, 60, 1):
            x = t1 / 60
            if math.fabs(x) < 0.1 and math.fabs(y) < 0.1:
                z = "-"
            else:
                z = math.sin(x * math.pi) * math.sin(y * math.pi)
            yield [x, y, z]


surf3d = (Surface3D()
    .add("",
        list(surface3d_data()),
        xaxis3d_opts=opts.Axis3DOpts(type_="value"),
        yaxis3d_opts=opts.Axis3DOpts(type_="value"),
        grid3d_opts=opts.Grid3DOpts(width=100, height=100, depth=100))
    .set_global_opts(
        title_opts=opts.TitleOpts(title="Surface3D-基本示例"),
        visualmap_opts=opts.VisualMapOpts( max_=3, min_=-3)))


surf3d.render('test_yubg.html')
#surf3d.render_notebook()
```

输出如图 8-30 所示。

**Surface3D-基本示例**

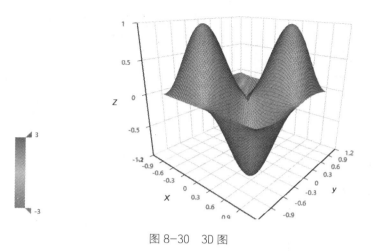

图 8-30　3D 图

## 8.3　有向图与无向图

### 8.3.1　模块安装

打开 Anaconda 目录下的 Anaconda Prompt，安装 networkx，安装命令如下。

```
pip install networkx
```

本环境是在 Python3.7.3 下安装的，安装完毕后如图 8-31 所示。

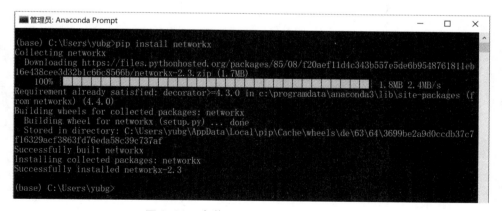

图 8-31　安装 networkx

### 8.3.2　无向图

无向图的操作比较简单，首先导入 networkx 库。

```
import networkx as nx
import matplotlib.pyplot as plt
```

无向图

进行无向图的绘制首先得声明一个无向图，声明无向图的方法有以下三种。

① G = nx.Graph()：建立一个空的无向图 G。

② G1 = nx.Graph([(1,2),(2,3),(1,3)])：构建 G 时指定结点数组来构建 Graph 对象。

③ G2 = nx.path_graph(10)：生成一个 10 个结点的路径无向图。

在无向图中定义一条边，代码如下。

```
e=(2,4)              #定义个关系——一条边
G2.add_edge( *e)     #添加关系对象
```

在无向图中增加一个结点，代码如下。

```
G.add_node(1)        #添加一个结点 1
G.add_edge(2,3)      #添加一条边 2-3（隐含着添加了两个结点 2、3）
G.add_edge(3,2)      #对于无向图，边 3-2 与边 2-3 被认为是一条边
G.add_nodes_from([3,4,5,6])     #加点集合
G.add_edges_from([(3,5),(3,6),(6,7)])   #加边集合
G.add_cycle([1,2,3,4])          #加环，但在 networkx2.1 及其以上版本删除了该方法
```

输出结点和边，代码如下。

```
print("nodes:", G.nodes())        #输出全部的结点：[1, 2, 3]
print("edges:", G.edges())        #输出全部的边：[(2, 3)]
print("number of edges:", G.number_of_edges())    #输出边的数量
```

运行代码输出结果如下。

```
nodes: [1, 2, 3, 4, 5, 6, 7]
edges: [(1, 2), (1, 4), (2, 3), (3, 5), (3, 6), (3, 4), (6, 7)]
number of edges: 7
```

画图，输出如图 8-32 所示。

```
nx.draw(G,
        with_labels = True,
        font_color='white',
        node_size=800,
        pos=nx.circular_layout(G),
        node_color='blue',
        edge_color='red',
        font_weight='bold')   #画出带有标签的图，标签粗体，让结点环形排列
plt.savefig("yxt_yubg.png")   #保存图片到本地
plt.show()
```

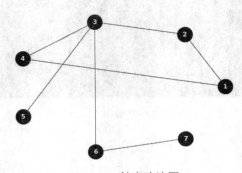

图 8-32　结点连边图

networkx 画图参数如下。

● node_size：指定结点的尺寸大小（默认是 300，单位未知，如图 8-35 所示那么大的点）。

- node_color：指定结点的颜色（默认是红色），可以用字符串简单标识颜色。例如，r 为红色，b 为绿色等，具体可查看手册。用"数据字典"赋值的时候必须对字典取值（.values()）后再赋值。

- node_shape：结点的形状（默认是圆形，用字符串'o'标识，具体可查看手册）。
- alpha：透明度（默认是 1.0，不透明，0 为完全透明）。
- width：边的宽度（默认为 1.0）。
- edge_color：边的颜色（默认为黑色）。
- style：边的样式（默认为实现，可选：solid|dashed|dotted,dashdot）。
- with_labels：结点是否带标签（默认为 True）。
- font_size：结点标签字体大小（默认为 12）。
- font_color：结点标签字体颜色（默认为黑色）。
- pos：布局指定结点排列形式。

例如，绘制结点的尺寸为 30，不带标签的网络图，代码如下。

```
nx.draw(G, node_size = 30, with_label = False)
```

建立布局，对图进行布局美化，布局指定结点排列形式的 pos 参数有如下 5 种形式。

- spring_layout：用 Fruchterman-Reingold 算法排列结点（样子类似多中心放射状）。
- circular_layout：结点在一个圆环上均匀分布。
- random_layout：结点随机分布。
- shell_layout：结点在同心圆上分布。
- spectral_layout：根据图的拉普拉斯特征向量排列结点。

例如，pos = nx.spring_layout(G)。

### 8.3.3 有向图

有向图和无向图在操作上相差并不大，同样需要先声明一个有向图。

```
import networkx as nx
import matplotlib.pyplot as plt

DG = nx.DiGraph()               #建立一个空的有向图 DG
DG = nx.path_graph(4, create_using=nx.DiGraph())
                    #默认生成结点 0、1、2、3，生成有向边 0->1，1->2，2->3
```

给有向图添加结点，也就添加了有向边。

```
DG.add_path([7, 8, 3])  #生成有向边：7->8->3
```

画图同无向图。

```
nx.draw(DG,
        with_labels = True,
        font_color='white',
        node_size=800,
        pos=nx.circular_layout(DG),
        node_color='blue',
        edge_color='red',
        font_weight='bold')  #画出带有标签的图，标签粗体，让结点环形排列
plt.savefig("wxt_yubg.png")  #保存图片到本地
plt.show()
```

输出如图 8-33 所示。

注意：有向图和无向图可以互相转换。

```
DG.to_undirected()   #有向图转无向图
G.to_directed()      #无向图转有向图
```

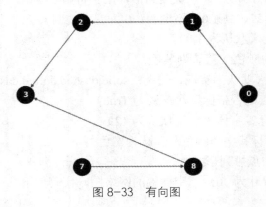

图 8-33　有向图

## 8.4　实战体验：标注货物流向图

以下是某人从广州向北京、上海、重庆、杭州发货的数据情况，现要求从图上标注发货流向。代码如下。

```
from pyecharts import options as opts
from pyecharts.charts import Geo
from pyecharts.globals import ChartType, SymbolType


linegeo = (Geo()
        .add_schema(maptype="china")
        .add("yubg",
            [("广州", 55), ("北京", 66), ("杭州", 77), ("重庆", 88)],
            type_=ChartType.EFFECT_SCATTER,
            color="green" )
        .add("geo",
            [("广州", "上海"), ("广州", "北京"), ("广州", "杭州"), ("广州", "重庆")],
            type_=ChartType.LINES,
            effect_opts=opts.EffectOpts(
                symbol=SymbolType.ARROW, symbol_size=6, color="blue" ),
            linestyle_opts=opts.LineStyleOpts(curve=0.2) )
        .set_series_opts(label_opts=opts.LabelOpts(is_show=False))
        .set_global_opts(title_opts=opts.TitleOpts(title="GeoLines")))
linegeo.render('qx.html')
#linegeo.render_notebook()
```

当然，上例还有很大的完善空间，如将地点进行标注，将图示按比例缩放显示，将数据在图上显示等，这些都交给读者自行完成。

# 第 9 章　应用案例分析

为了更好地理解和应用 Python 进行数据处理与分析，本章选用 3 个应用案例进行详细讲解，并附完整的代码，期望达到学以致用的目的。

## 9.1　案例——飞机航班数据分析

### 9.1.1　需求介绍

现有一组来源于网络的航空数据，是关于航线上各个城市间的航班基本信息，如某段旅程的起始点和目的地，还有一些表示每段旅程的到达和起飞时间。现假设有以下几个问题需要处理。

（1）从 A 到 B 的最短途径是什么？分别从距离和时间角度考虑。

（2）有没有办法从 C 到 D？

（3）哪些机场的交通最繁忙？

（4）哪个机场位于大多数其他航线"之间"？以便成为其他航线的中转站。

这里的 ABCD 分别表示某 4 个机场的名称。

### 9.1.2　预备知识

#### 1. 图论简介

图理论主要用于研究和模拟社交网络、欺诈模式、社交媒体的病毒性和影响力，尤其社交网络分析（SNA）可能是图理论在数据科学中最著名的应用，它用于聚类算法，特别是 K-Means，系统动力学也使用一些图理论。

为了后续进一步研究的方便，我们需要熟悉以下术语。

顶点 $u$ 和 $v$ 称为边（$u$，$v$）的末端顶点。如果两条边具有相同的末端顶点，则它们是平行的。具有共同顶点的边是相邻的。结点 $v$ 的度，写作 $d(v)$，是指以 $v$ 作为末端顶点的边数。

平均路径长度是所有可能结点对应的最短路径长度的平均值，给出了图的"紧密度"度量，可用于了解此网络中某些内容的流动速度。

广度优先搜索和深度优先搜索是用于在图中搜索结点的两种不同算法。它们通常用于确定我们是否可以从给定结点到达某个结点。这也称为图遍历。

中心性旨在寻找网络中最重要的结点。由于对重要性的不同的理解，对中心性的度量标准也不一样。常用的有以下 3 个。

（1）度中心性（Degree Centrality）。

例如，我有 20 个好友，那么意味着 20 个结点与我相连，如果你有 50 个好友，那么意味着你的点度中心度比我高，社交圈子比我广。这就是点度中心性的概念。

通过结点的度表示结点在图中的重要性，默认情况下会进行归一化，其值表达为结点度 d($u$)除以 $n$–1（其中 $n$–1 就是归一化使用的常量）。由于可能存在循环，所以该值可能大于 1。如果一个点与其他许多点直接相连，就意味着该点具有较高中心度，居于中心地位。一个结点的结点度越大，就意味着这个结点的度中心性越高，该结点在网络中就越重要。

（2）紧密中心性（Closeness Centrality）。

例如，要建一个大型的娱乐商场（或者仓库的核心中转站），希望周围的顾客到达这个商场（中转站）的距离都尽可能短。这个就涉及紧密中心性或接近中心性的概念，接近中心性的值为路径长度的倒数。

接近中心性需要考量每个结点到其他结点的最短路径的平均长度。也就是说，对于一个结点而言，它距离其他结点越近，那么它的中心度越高。一般来说，那种需要让尽可能多的人使用的设施，它的接近中心度一般是比较高的。

紧密中心度还叫结点距离中心系数。通过距离来表示结点在图中的重要性，一般是指结点到其他结点的平均路径的倒数。该值越大表示结点到其他结点的距离越近，即中心性越高。如果一个点与网络中所有其他点的距离都很短，则称该点具有较高的整体中心度，又叫作接近中心度。对于一个结点，它距离其他结点越近，那么它的接近性中心性越大。

（3）介数中心性（Betweenness Centrality）。

类似于我们身边的社交达人，我们认识的不少朋友可能都是通过他、她认识的，这个人起到了中介的作用。介数中心性是指所有最短路径中经过该结点的路径数目占最短路径总数的占比。例如，经过点 Y 并且连接两点的短程线占这两点之间的短程线总数之比。计算图中结点的介数中心性分为两种情况：有权图上的介数中心性和无权图上的介数中心性。两者的区别在于求最短路径时使用的方法不同，对于无权图采用 BFS（宽度优先遍历）求最短路径，对于有权图采用 Dijkstra 算法求最短路径。在无向图中，该值表示为通过该结点的最短路径数除以(($n$–1)($n$–2)/2)；在有向图中，该值表示为通过该结点的最短路径数除以(($n$–1)($n$–2))。介性中心度较高，说明其他点之间的最短路径很多甚至全部都必须经过它中转。假如这个点消失了，那么其他点之间的交流会变得困难，甚至可能断开。

还有一个比较有用的概念即图的密度（Density）。假设由 A、B、C 这 3 个用户组成的关注网络，其中唯一的边是 A->B，那么这个网络是否紧密？我们可以这样思考，3 个人之间最多可以有 6 条边，那么我们可以用 1 除以 6 来表示这个网络的紧密程度。如果 6 条边都存在，那么紧密程度是 1，都不存在，则为 0。这就是所谓图的密度。

### 2．networkx 库

networkx 是一个用 Python 语言开发的图论与复杂网络建模工具，内置了常用的图与复杂网络分析算法，可以方便地进行复杂网络数据分析、仿真建模等工作。networkx 支持创建简单无向图、有向图和多重图（Multigraph）；内置许多标准的图论算法，结点可为任意数据；支持任意的边值维度，功能丰富，简单易用。在上一章数据可视化中已经对其用法做了介绍。

### 3．图的操作

（1）图的基本操作。

```
G = nx.Graph()          #建立一个空的无向图 G
G.add_node(1)           #添加一个结点 1，只能增加一个结点。结点可以用数字或字符表示
G.add_nodes_from([3,4,5,6])      #增加多个结点
G.add_cycle([1,2,3,4])            #增加环。在 nx2.4 及其以上版本中，已停用此属性
G.add_edge(2,3)              #添加一条边 2-3（隐含着添加了两个结点 2、3）
G.add_edge(3,2)             #对于无向图，边 3-2 与边 2-3 被认为是一条边

G.nodes()                  #输出全部的结点
G.edges()                  #输出全部的边
G.number_of_edges()         #输出边的数量
len(G)                   #返回 G 中结点数目
nx.degree(G)              #计算图的各个结点的度

nx.draw_networkx(G, with_labels=True) #画出带有刻度标尺及结点标签
nx.draw(G, with_labels=True)     #画出带有结点标签
pos=nx.spring_layout(G)   #生成结点位置
nx.draw_networkx_nodes(G,pos,node_color='g',node_size=500,alpha=0.8) #画出结点
nx.draw_networkx_edges(G,pos,width=1.0,alpha=0.5,edge_color='b')  #把边画出来
nx.draw_networkx_labels(G,pos,labels,font_size=16)  #把结点的标签画出来
nx.draw_networkx_edge_labels(G, pos, edge_labels)  #把边权重画出来
plt.savefig("wuxiangtu.png")     #保存图

Graph.to_undirected()     #有向图和无向图互相转换
Graph.to_directed()        #无向图和有向图互相转换

G.add_weighted_edges_from([(3, 4, 3.5),(3, 5, 7.0)])  #加权图
G.get_edge_data(2, 3)          #获取 3-4 边的权

sub_graph = G.subgraph([1, 3,4])  #子图
```

（2）加权图。

有向图和无向图都可以给边赋予权重，用到的方法是 add_weighted_edges_from，它接受1 个或多个三元组[$u,v,w$]作为参数，其中 $u$ 是起点，$v$ 是终点，$w$ 是权重，如下所示。

```
G.add_weighted_edges_from([(3, 4, 3.5),(3, 5, 7.0)]) #3 到 4 的权重为 3.5，3 到 7 的权
重为 7.0
```

（3）图论经典算法。

计算 1：求无向图的任意两点间的最短路径。

```
# -*- coding: cp936 -*-
import networkx as nx
import matplotlib.pyplot as plt

#求无向图的任意两点间的最短路径
G = nx.Graph()
G.add_edges_from([(1,2),(1,3),(1,4),(1,5),(4,5),(4,6),(5,6)])
path = nx.all_pairs_shortest_path(G)
for i in path:
    print(i)
nx.draw_networkx(G, with_labels=True)
```

计算 2：找图中两个点的最短路径。

```
import networkx as nx
G=nx.Graph()
G.add_nodes_from([1,2,3,4])
G.add_edge(1,2)
G.add_edge(3,4)

nx.draw_networkx(G, with_labels=True)
try:
    n=nx.shortest_path_length(G,1,4)
    print(n)
except nx.NetworkXNoPath:
    print('No path')
```

（4）求最短路径和最短距离的函数。

NetworkX 最短路径 dijkstra_path 和最短距离 dijkstra_path_length：

```
nx.dijkstra_path(G, source, target, weight='weight')        #求最短路径
nx.dijkstra_path_length(G, source, target, weight='weight') #求最短距离

nx.degree_centrality(G)            #结点度中心系数
nx.closeness_centrality(G)         #紧密中心性
nx.betweenness_centrality(G)       #介数中心系数
```

nx.transitivity(G)    #图或网络的传递性，即图或网络中，认识同一个结点的两个结点也可能认识双方，计算公式为：3×三角形的个数/三元组个数（该三元组个数是有公共顶点的边对数）

nx.clustering(G)    #图或网络中结点的聚类系数。计算公式为：((d(u)(d(u)-1)/2)

## 9.1.3　航班数据处理

我们先来对航班数据（Airline.csv）进行了解。打开数据表前 4 行数据，如图 9-1 所示。

| | A | B | C | D | E | F | G | H |
|---|---|---|---|---|---|---|---|---|
| 1 | year | month | day | dep_time | sched_dep_time | dep_delay | arr_time | sched_arr_time |
| 2 | 2013 | 2 | 26 | 1807 | 1630 | 97 | 1956 | 1837 |
| 3 | 2013 | 8 | 17 | 1459 | 1445 | 14 | 1801 | 1747 |
| 4 | 2013 | 2 | 13 | 1812 | 1815 | -3 | 2055 | 2125 |
| 5 | 2013 | 4 | 11 | 2122 | 2115 | 7 | 2339 | 2353 |

| I | J | K | L | M | N | O | P |
|---|---|---|---|---|---|---|---|
| arr_delay | carrier | flight | tailnum | origin | dest | air_time | distance |
| 79 | EV | 4411 | N13566 | EWR | MEM | 144 | 946 |
| 14 | B6 | 1171 | N661JB | LGA | FLL | 147 | 1076 |
| -30 | AS | 7 | N403AS | EWR | SEA | 315 | 2402 |
| -14 | B6 | 97 | N656JB | JFK | DEN | 221 | 1626 |

图 9-1　航班数据

从图 9-1 可以看出，数据共有 16 列，为了方便对数据的理解，我们将数据的列名对应关系给出，如表 9-1 所示。

表 9-1　　　　　　　　　　　　　数据列名称对应关系

| year | month | day | dep_time | sched_dep_time | dep_delay | arr_time | sched_arr_time |
|---|---|---|---|---|---|---|---|
| 年 | 月 | 日 | 起飞时间 | 计划起飞时间 | 起飞延迟时间 | 到达时间 | 计划到达时间 |
| arr_delay | air_time | distance | carrier | flight | tailnum | origin | dest |
| 到达延迟时间 | 飞行时间 | 距离 | 客机类型 | 航班号 | 编号 | 出发地 | 目的地 |

## 1. 导入数据

```
In [1]: import pandas as pd
   ...: import numpy as np
   ...:
   ...: data = pd.read_csv(r'c:\Users\lenovo\Airlines.csv',
   ...:             engine='python') #参数engine='python'是为了防止中文路径出错
   ...: data.shape
Out[1]: (100, 16)

In [2]: data.dtypes
Out[2]:
year int64
month int64
day int64
dep_time float64
sched_dep_time int64
dep_delay float64
arr_time float64
sched_arr_time int64
arr_delay float64
carrier object
flight int64
tailnum object
origin object
dest object
air_time float64
distance int64
dtype: object

In [3]: data.head()
Out[3]:
year month day dep_time ... origin dest air_time distance
0 2013 2 26 1807.0 ... EWR MEM 144.0 946
1 2013 8 17 1459.0 ... LGA FLL 147.0 1076
2 2013 2 13 1812.0 ... EWR SEA 315.0 2402
3 2013 4 11 2122.0 ... JFK DEN 221.0 1626
4 2013 8 5 1832.0 ... JFK SEA 358.0 2422

[5 rows x 16 columns]
```

## 2. 处理时间格式数据

预计离港时间格式不标准，将时间格式转化为标准格式 std。

```
In [4]: data['sched_dep_time'].head()
Out[4]:
0 1630
1 1445
2 1815
3 2115
4 1835
Name: sched_dep_time, dtype: int64

In [5]: data['std'] = data.sched_dep_time.astype(str).str.replace('(\d{2}$)', '')
```

```
+ ':' + data.sched_dep_time.astype(str).str.extract('(\d{2}$)', expand=False) + ':00'
    ...: data['std'].head()
Out[5]:
0 16:30:00
1 14:45:00
2 18:15:00
3 21:15:00
4 18:35:00
Name: std, dtype: object
```

replace()方法将 sched_dep_time 字段从末尾取两个数字用空去替代，也就是删除末尾的两个数字。

```
S.replace(old,new[,count=S.count(old)])
```

● old：指定的旧子字符串。

● new：指定的新子字符串。

● count：可选参数，替换的次数，默认为指定的旧子字符串在字符串中出现的总次数。

返回值：返回把字符串中指定的旧子字符串替换成指定的新子字符串后生成的新字符串，如果指定 count 可选参数则替换指定的次数，默认为指定的旧子字符串在字符串中出现的总次数。

\d{2}$：其中\d 表示匹配数字 0～9，{2}表示将前面的操作重复 2 次，$表示从末尾开始匹配。

Series.str.extract(pat, flags=0, expand=None)可用正则表达式从字符数据中抽取匹配的数据，只返回第一个匹配的数据。

● pat：字符串或正则表达式。

● flags：整型。

● expand：布尔型，是否返回 DataFrame。

返回值：数据框 dataframe/索引 index。

```
In [6]: #将计划到达时间 sched_arr_time 转化为标准格式 sta
    ...: data['sta'] = data.sched_arr_time.astype(str).str.replace('(\d{2}$)', '') +
':' + data.sched_arr_time.astype(str).str.extract('(\d{2}$)', expand=False) + ':00'
    ...:
    ...: #将实际离港时间 dep_time 转化为标准格式 atd
    ...: data['atd'] =
data.dep_time.fillna(0).astype(np.int64).astype(str).str.replace('(\d{2}$)', '') +
':' + data.dep_time.fillna(0).astype(np.int64).astype(str).str.extract('(\d{2}$)',
expand=False) + ':00'
    ...:
    ...: #将实际到达时间 arr_time 转化为标准格式 ata
    ...: data['ata'] =
data.arr_time.fillna(0).astype(np.int64).astype(str).str.replace('(\d{2}$)', '') +
':' + data.arr_time.fillna(0).astype(np.int64).astype(str).str.extract('(\d{2}$)',
expand=False) + ':00'
    ...:
    ...: #将年月日时间合并为一列 date
    ...: data['date'] = pd.to_datetime(data[['year', 'month', 'day']])
    ...:
    ...: # 删除不需要的 year、month、day
    ...: data = data.drop(['year', 'month', 'day'],axis = 1)#drop 函数默认删除行,
删除列需要加 axis = 1
```

```
    ...: data.head(15)
Out[6]:
dep_time sched_dep_time dep_delay ... atd ata date
0 1807.0 1630 97.0 ... 18:07:00 19:56:00 2013-02-26
1 1459.0 1445 14.0 ... 14:59:00 18:01:00 2013-08-17
2 1812.0 1815 -3.0 ... 18:12:00 20:55:00 2013-02-13
3 2122.0 2115 7.0 ... 21:22:00 23:39:00 2013-04-11
4 1832.0 1835 -3.0 ... 18:32:00 21:45:00 2013-08-05
5 1500.0 1505 -5.0 ... 15:00:00 17:51:00 2013-06-30
6 1442.0 1445 -3.0 ... 14:42:00 18:33:00 2013-02-14
7 752.0 755 -3.0 ... 7:52:00 10:37:00 2013-07-25
8 557.0 600 -3.0 ... 5:57:00 7:25:00 2013-07-10
9 1907.0 1915 -8.0 ... 19:07:00 21:55:00 2013-12-13
10 1455.0 1500 -5.0 ... 14:55:00 16:47:00 2013-01-28
11 903.0 912 -9.0 ... 9:03:00 10:51:00 2013-09-06
12 NaN 620 NaN ... NaN NaN 2013-08-19
13 553.0 600 -7.0 ... 5:53:00 6:57:00 2013-04-08
14 625.0 630 -5.0 ... 6:25:00 8:24:00 2013-05-12

[15 rows x 18 columns]
```

### 3. 检查数据空缺值

检查数据有没有 0 值或空值。

```
In [7]: np.where(data == 0) #从得出的空行数据中查看第 29 行数据 data.iloc[29]
Out[7]:
(array([29, 43, 48, 59, 62, 87, 93, 96], dtype=int64),
 array([5, 2, 2, 5, 2, 2, 2, 2], dtype=int64))

In [8]: np.where(pd.isnull(data))    #发现了 nan 数据
Out[8]:
(array([12, 12, 12, 12, 12, 12, 12, 90], dtype=int64),
 array([ 0, 2, 3, 5, 11, 15, 16, 16], dtype=int64))
```

发现了 0 和空值，该怎么处置？一般使用删除或者填充。当数据够大时，在删除不影响
整体或者影响很小的数据时，可以采用删除的方法，当数据不够多时，或者删除数据对计算、
预测原数据集有影响时，建议采用均值法填充、0 值填充、按前值或后值填充等方法。

### 4. 构建图，并载入数据

```
In [9]: import networkx as nx
    ...: FG = nx.from_pandas_edgelist(data, source='origin', target='dest',
edge_attr=True,)
    ...: FG.nodes()
    ...: FG.edges()
Out[9]: EdgeView([('EWR', 'MEM'), ('EWR', 'SEA'), ('EWR', 'MIA'), ('EWR', 'ORD'),
('EWR', 'MSP'), ('EWR', 'TPA'), ('EWR', 'MSY'), ('EWR', 'DFW'), ('EWR', 'IAH'), ('EWR',
'SFO'), ('EWR', 'CVG'), ('EWR', 'IND'), ('EWR', 'RDU'), ('EWR', 'IAD'), ('EWR', 'RSW'),
('EWR', 'BOS'), ('EWR', 'PBI'), ('EWR', 'LAX'), ('EWR', 'MCO'), ('EWR', 'SJU'), ('LGA',
'FLL'), ('LGA', 'ORD'), ('LGA', 'PBI'), ('LGA', 'CMH'), ('LGA', 'IAD'), ('LGA', 'CLT'),
('LGA', 'MIA'), ('LGA', 'DCA'), ('LGA', 'BHM'), ('LGA', 'RDU'), ('LGA', 'ATL'), ('LGA',
'TPA'), ('LGA', 'MDW'), ('LGA', 'DEN'), ('LGA', 'MSP'), ('LGA', 'DTW'), ('LGA', 'STL'),
('LGA', 'MCO'), ('LGA', 'CVG'), ('LGA', 'IAH'), ('FLL', 'JFK'), ('SEA', 'JFK'), ('JFK',
```

```
'DEN'), ('JFK', 'MCO'), ('JFK', 'TPA'), ('JFK', 'SJU'), ('JFK', 'ATL'), ('JFK', 'SRQ'),
('JFK', 'DCA'), ('JFK', 'DTW'), ('JFK', 'LAX'), ('JFK', 'JAX'), ('JFK', 'CLT'), ('JFK',
'PBI'), ('JFK', 'CLE'), ('JFK', 'IAD'), ('JFK', 'BOS')])

In [10]: import networkx as nx
    ...: FG = nx.from_pandas_edgelist(data, source='origin', target='dest',
edge_attr=True,)
    ...: FG.nodes()
Out[10]: NodeView(('EWR', 'MEM', 'LGA', 'FLL', 'SEA', 'JFK', 'DEN', 'ORD', 'MIA',
'PBI', 'MCO', 'CMH', 'MSP', 'IAD', 'CLT', 'TPA', 'DCA', 'SJU', 'ATL', 'BHM', 'SRQ',
'MSY', 'DTW', 'LAX', 'JAX', 'RDU', 'MDW', 'DFW', 'IAH', 'SFO', 'STL', 'CVG', 'IND',
'RSW', 'BOS', 'CLE'))

In [11]: FG.edges()
Out[11]: EdgeView([('EWR', 'MEM'), ('EWR', 'SEA'), ('EWR', 'MIA'), ('EWR', 'ORD'),
('EWR', 'MSP'), ('EWR', 'TPA'), ('EWR', 'MSY'), ('EWR', 'DFW'), ('EWR', 'IAH'), ('EWR',
'SFO'), ('EWR', 'CVG'), ('EWR', 'IND'), ('EWR', 'RDU'), ('EWR', 'IAD'), ('EWR', 'RSW'),
('EWR', 'BOS'), ('EWR', 'PBI'), ('EWR', 'LAX'), ('EWR', 'MCO'), ('EWR', 'SJU'), ('LGA',
'FLL'), ('LGA', 'ORD'), ('LGA', 'PBI'), ('LGA', 'CMH'), ('LGA', 'IAD'), ('LGA', 'CLT'),
('LGA', 'MIA'), ('LGA', 'DCA'), ('LGA', 'BHM'), ('LGA', 'RDU'), ('LGA', 'ATL'), ('LGA',
'TPA'), ('LGA', 'MDW'), ('LGA', 'DEN'), ('LGA', 'MSP'), ('LGA', 'DTW'), ('LGA', 'STL'),
('LGA', 'MCO'), ('LGA', 'CVG'), ('LGA', 'IAH'), ('FLL', 'JFK'), ('SEA', 'JFK'), ('JFK',
'DEN'), ('JFK', 'MCO'), ('JFK', 'TPA'), ('JFK', 'SJU'), ('JFK', 'ATL'), ('JFK', 'SRQ'),
('JFK', 'DCA'), ('JFK', 'DTW'), ('JFK', 'LAX'), ('JFK', 'JAX'), ('JFK', 'CLT'), ('JFK',
'PBI'), ('JFK', 'CLE'), ('JFK', 'IAD'), ('JFK', 'BOS')])
```

### 5. 找出最繁忙的机场

```
In [12]: nx.draw_networkx(FG, with_labels=True) # 绘图，我们看到 3 个繁忙的机场
In [13]: dd = nx.algorithms.degree_centrality(FG) # 结点度中心系数
    ...: max(dd, key=lambda x:dd[x])#或者直接用字典方法 max(dd,key=dd.get),但不能显
示并列值
Out
Out[13]: 'EWR'
```

注意：图 9-2 中，结点度中心系数最大的并非只有 EWR 机场，LGA 机场同样跟 EWR 机场有相等的值，所以我们需要自定义一个函数来查看最大值，这里仅判断前三项是否并列，并抛出最大值。

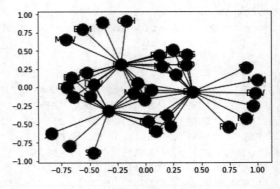

图 9-2　结点度中心系数示意图

```
In [14]: def top(dd):
    ...:     '''
    ...:     通过结点度中心系数来求其最大值
    ...:     此处仅判断前三项是否并列
    ...:     '''
    ...:     dd_id = list(dd.items())
    ...:     dd_id_0=[]
    ...:     for i in dd_id:
    ...:         i= list(i)
    ...:         i[0],i[1]=i[1],i[0]
    ...:         dd_id_0.append([i[0],i[1]])
    ...:     sor_dd = sorted(dd_id_0,reverse=True)
    ...:     if sor_dd[0][0]== sor_dd[1][0]:
    ...:         if sor_dd[1][0]== sor_dd[2][0]:
    ...:             print(sor_dd[0:3])
    ...:         else:
    ...:             print(sor_dd[0:2])
    ...:     else:
    ...:         print(sor_dd[0])
    ...:
    ...: top(dd)
[[0.5714285714285714, 'LGA'], [0.5714285714285714, 'EWR']]
```
所以 EWR 机场和 LGA 机场是所有机场中最繁忙的两个机场。

### 6．找出某两个机场间的最短路径和最省时

找出 JAX 机场和 DFW 机场间的最短路径。
```
In [15]: all_path = nx.all_simple_paths(FG, source='JAX', target='DFW')#从 JAX
到 DFW 的所有路径

In [16]: dijpath = nx.dijkstra_path(FG, source='JAX', target='DFW')
    ...: dijpath
Out[110]: ['JAX', 'JFK', 'SEA', 'EWR', 'DFW']

In [17]: shortpath = nx.dijkstra_path(FG, source='JAX', target='DFW',
weight='air_time')
    ...: shortpath
Out[17]: ['JAX', 'JFK', 'BOS', 'EWR', 'DFW']
```

### 7．适合做中转的机场

```
In [18]: cc = nx.closeness_centrality(FG)
    ...: top(cc)
[[0.5555555555555556, 'LGA'], [0.5555555555555556, 'EWR']]

In [19]: bc = nx.betweenness_centrality(FG)
    ...: top(bc)
[0.44733893557422966, 'EWR']
```
适合做中转的机场不仅需要有较大的度，还要具有紧密性和介数中心性，通过这两项可以看出，最适合作为中转机场的是 EWR 机场。

## 9.1.4　完整代码

```
import pandas as pd
import numpy as np
```

```
#【导入数据】
data = pd.read_csv(r'c:\Users\yubg\Airlines.csv',engine='python')
#参数 engine='python'是为了防止中文路径出错
data.shape
data.dtypes
data.head()

#【处理时间数据格式】
#将时间格式转化成正常格式
data['sched_dep_time'].head()
#预计离港时间格式不标准，将它转化为标准格式 std
#replace()将 sched_dep_time 字段从末尾取两个数字用空去替代，也就是删除末尾的两个数字
#extract(pat,expand=False) 用正则从字符中抽取匹配的数据，只返回第一个匹配的数据
data['std'] = data.sched_dep_time.astype(str).str.replace('(\d{2}$)', '') + ':'
+ data.sched_dep_time.astype(str).str.extract('(\d{2}$)', expand=False) + ':00'
data['std'].head()

#将计划到达时间 sched_arr_time 转化为标准格式 sta
data['sta'] = data.sched_arr_time.astype(str).str.replace('(\d{2}$)', '') + ':'
+ data.sched_arr_time.astype(str).str.extract('(\d{2}$)', expand=False) + ':00'

#将实际离港时间 dep_time 转化为标准格式 atd
data['atd'] =
data.dep_time.fillna(0).astype(np.int64).astype(str).str.replace('(\d{2}$)', '') +
':' + data.dep_time.fillna(0).astype(np.int64).astype(str).str.extract('(\d{2}$)',
expand=False) + ':00'

#将实际到达时间 arr_time 转化为标准格式 ata
data['ata'] =
data.arr_time.fillna(0).astype(np.int64).astype(str).str.replace('(\d{2}$)', '') +
':' + data.arr_time.fillna(0).astype(np.int64).astype(str).str.extract('(\d{2}$)',
expand=False) + ':00'

#将年月日时间合并为一列 date
data['date'] = pd.to_datetime(data[['year', 'month', 'day']])

#删除不需要的 year、month、day
data = data.drop(['year', 'month', 'day'],axis = 1)#drop 函数默认删除行，列需要加 axis = 1
data.head(15)

#【检查数据空缺值】
#检查数据有没有 0 值或者空值
np.where(data == 0) #从得出的空行数据中查看第 29 行数据 data.iloc[29]
#np.where(np.isnan(data))#有时会报错，报错就用 pd.isnull(data)
np.where(pd.isnull(data))#发现了 nan 数据

#【构建图，并载入数据】
#使用 networkx 函数导入数据集
import networkx as nx
FG = nx.from_pandas_edgelist(data, source='origin', target='dest',
edge_attr=True,)
FG.nodes()
```

```
FG.edges()

#【找出最繁忙的机场】
nx.draw_networkx(FG, with_labels=True)  # 绘图。正如预期的一样，我们看到 3 个繁忙的机场
dd = nx.algorithms.degree_centrality(FG)  # 结点度中心系数。通过结点的度表示结点在图中
的重要性
#dd = nx.degree_centrality(FG)
max(dd, key=lambda x:dd[x])#或者直接用字典方法 max(dd,key=dd.get)，但是不能显示并列第一

#下面定义函数的方式输出最大值
def top(dd):
    '''
    通过结点度中心系数来求其最大值
    此处仅判断前三项是否并列
    '''
    dd_id = list(dd.items())
    dd_id_0=[]
    for i in dd_id:
        i= list(i)
        i[0],i[1]=i[1],i[0]
        dd_id_0.append([i[0],i[1]])
    sor_dd = sorted(dd_id_0,reverse=True)
    if sor_dd[0][0]== sor_dd[1][0]:
        if sor_dd[1][0]== sor_dd[2][0]:
            print(sor_dd[0:3])
        else:
            print(sor_dd[0:2])
    else:
        print(sor_dd[0])

top(dd)

nx.density(FG)  #图的平均边密度
nx.average_shortest_path_length(FG)  #最短路径的平均长度
nx.average_degree_connectivity(FG)  #均值连接的度（平均连接度）
nx.degree(FG)  #每个结点的度

#找出某两个机场之间的所有路径
all_path = nx.all_simple_paths(FG, source='JAX', target='DFW')
for path in all_path:
    print(path)

#找出最短路径（Dijkstra 最短路径算法）
dijpath = nx.dijkstra_path(FG, source='JAX', target='DFW')
dijpath

#找出最省时的路径
shortpath = nx.dijkstra_path(FG, source='JAX', target='DFW', weight='air_time')
shortpath

#适合做中转的机场
```

```
cc = nx.closeness_centrality(FG)
top(cc)

bc = nx.betweenness_centrality(FG)
top(bc)
```

## 9.2 案例——豆瓣网络数据分析

本案例将使用本书 7.3 节中获取的数据 db_data.txt。前面已将爬取到的数据保存在 c:\Users\ yubg\db_data.txt 中，请到本书提供的数据资源里下载。

### 9.2.1 数据处理

（1）重新将已经保存好的数据 db_data.txt 读取到内存里进行数据处理。

```
In [1]: f1 = open(r'c:\Users\yubg\db_data.txt','r',encoding='utf-8')
   ...: f2 = f1.read()
   ...: type(f2)
Out[1]: str

In [2]: f2[:159]    #读取其中的前 159 个字符查看数据情况
Out[2]: "[{'title': '解忧杂货店', 'price': ' 39.50 元', 'star': 8.5}, {'title': '
活着', 'price': ' 20.00 元', 'star': 9.3}, {'title': '追风筝的人', 'price': ' 29.00 元
', 'star': 8.9}, {'"
```

读取到的数据 f2 是字符型，需要对数据进行转换，将 f2 转化为列表 f3。

```
In [3]: f3 = eval(f2)    #还原到了 data_all
   ...: type(f3)
   ...: f3[:5]
Out[3]:
[{'price': ' 39.50 元', 'star': 8.5, 'title': '解忧杂货店'},
{'price': ' 20.00 元', 'star': 9.3, 'title': '活着'},
{'price': ' 29.00 元', 'star': 8.9, 'title': '追风筝的人'},
{'price': ' 23.00', 'star': 8.8, 'title': '三体'},
{'price': ' 29.80 元', 'star': 9.1, 'title': '白夜行'}]
```

这里用到了 eval()函数，将数据 f2 还原到了爬取数据时的 data_all 状态，即字典做成的列表。

（2）将 f3 中的每一个元素（字典）中的值提取出来做成列表 k，k 中的每一个元素就是一个小说[名称，价格，星等级]的列表。

```
In [4]: k=[]
   ...: for i in f3:
   ...:     k.append(list(i.values()))
   ...:
   ...: k[:10]#查看前 10 个元素
Out[4]:
[['解忧杂货店', ' 39.50 元', 8.5],
['活着', ' 20.00 元', 9.3],
['追风筝的人', ' 29.00 元', 8.9],
['三体', ' 23.00', 8.8],
['白夜行', ' 29.80 元', 9.1],
```

```
['小王子', ' 22.00元', 9.0],
['房思琪的初恋乐园', ' 45.00元', 9.2],
['嫌疑人 X 的献身', ' 28.00', 8.9],
['失踪的孩子', ' 62.00元', 9.2],
['围城', ' 19.00', 8.9]]
```

我们已经将从网上获取到的数据做成了列表,列表中的每个元数据就是一部小说的名称、价格、星等级 3 个数值做成的列表,即列表 k 中的每个元素还是列表。

（3）将 k 列表做成一个数据框 df,便于后面的数据清洗。

```
In [5]: import pandas as pd
   ...: df = pd.DataFrame(columns = ["title", "price", "star"])
   ...: p=0
   ...: for j in k:
   ...:     df.loc[p]=j
   ...:     p+=1
   ...: df.tail() #查看后 5 行数据
Out[5]:
title price star
1479 大唐明月 1·风起长安 27.00元 8.6
1480 伊斯坦布尔 36.00元 8.4
1481 如果蜗牛有爱情 45.00 7.0
1482 人性的因素 62.00元 8.7
1483 翅鬼 45 7.3
```

```
In [6]: df.to_excel(r'c:\Users\yubg\db_data.xls')#保存处理好的原数据
```

这里已经将数据处理成了数据框,并且查看数据框的最后 5 行数据,数据按照第一列为 title、第二列为 price、第三列为 star 排列,总数为 1484 条数据（包含了索引为 0 的数据）。

## 9.2.2　计算平均星级

我们已经将数据做成了数据框,星级数据在"star"列,可以使用 df['star'].mean()计算 star 的平均星级,但运行 df['star'].mean()时发现有错误提示。

```
In [7]: df['star'].mean()
Traceback (most recent call last):

File "<ipython-input-6-e967f6eeb502>", line 1, in <module>
df['star'].mean()

File "C:\Users\yubg\Anaconda3\lib\site-packages\pandas\core\generic.py", line
6342, in stat_func
numeric_only=numeric_only)
File "C:\Users\yubg\Anaconda3\lib\site-packages\pandas\core\series.py", line
2381, in _reduce
return op(delegate, skipna=skipna, **kwds)

File "C:\Users\yubg\Anaconda3\lib\site-packages\pandas\core\nanops.py", line 62,
in _f
return f(*args, **kwargs)

File "C:\Users\yubg\Anaconda3\lib\site-packages\pandas\core\nanops.py", line
```

```
122, in f
    result = alt(values, axis=axis, skipna=skipna, **kwds)

    File "C:\Users\yubg\Anaconda3\lib\site-packages\pandas\core\nanops.py", line
312, in nanmean
    the_sum = _ensure_numeric(values.sum(axis, dtype=dtype_sum))

    File "C:\Users\yubg\Anaconda3\lib\site-packages\numpy\core\_methods.py", line
32, in _sum
    return umr_sum(a, axis, dtype, out, keepdims)

TypeError: unsupported operand type(s) for +: 'float' and 'str'
```

从错误类型来看，主要是数据 star 列中的数据类型不全是 float，也就是说 star 中含有 str 类型，即错误提示 float 和 str 不能相加。这就说明数据中有"异类"，要么是字符，要么是 NaN，或者是其他的，总之不全是数值型。我们需要对这个"异类"进行排查。

```
In [8]: import pandas as pd
    ...: df['star'] = pd.to_numeric(df['star'],errors='coerce')#转成数值型, coerce
表示无效数据设置成 NaN
    ...: df['star'].astype(float).tail()
Out[8]:
1479 8.6
1480 8.4
1481 7.0
1482 8.7
1483 7.3
Name: star, dtype: float64

In [9]: df['star'].isnull().any()#对列判断, 列有空或 NAN 元素就为 True, 否则为 False
Out[9]: True

In [10]: df['star'][df['star'].isnull().values==True]#可以只显示存在缺失值的行列,
清楚地确定缺失值的位置
Out[10]:
970 NaN
1016 NaN
1388 NaN
1443 NaN
1447 NaN
1450 NaN
1457 NaN
Name: star, dtype: float64
```

发现有 7 个数据为缺失值 NaN，为了方便数据处理，我们以 0 填充。

```
In [11]: df['star'] = df['star'].fillna(0)   #用填充空值, 覆盖原 df

In [12]: df['star'][df['star'].isnull().values==True]#再次核查是否还有空缺值
Out[12]: Series([], Name: star, dtype: float64)

In [13]: df['star'].mean()   #在没有空缺值的情况下再次计算"star"的均值
Out[13]: 8.327021563342328
```

故第一问中所有爬取的小说的平均星级为 8.327。

说明如下。

① 对于缺失数据一般的处理方法为滤掉或者填充。

② 滤除缺失数据：dropna()。填充缺失数据：fillna()。

③ 当只选择行里的数据全部为空才丢弃时，可向 dropna()函数传入参数 how='all'，如果以同样的方式按列丢弃，可以传入 axis=1。

**1．用固定值填充**

如果不想丢掉缺失的数据，而用默认值填充这些缺失值，可以使用 fillna()函数，如 df.fillna(0)；如果不想仅以某个标量填充，可以传入一个字典，如（fillna({})），对不同的列填充不同的值。

```
df.fillna({3:-1,2:100}) #第 3 列填充-1，第 2 列填充 100
```

**2．用均值填充**

```
data_train.fillna(data_train.mean())  # 将所有行用各自的均值填充
data_train.fillna(data_train.mean()['browse_his', 'card_num']) # 也可以指定某些行
进行填充
```

**3．用上下数据进行填充**

```
data_train.fillna(method='pad')      #用前一个数据代替 NaN：method='pad'
data_train.fillna(method='bfill')     #与 pad 相反，bfill 表示用后一个数据代替
```

fillna()函数还有个参数 limit，默认值 None；如果指定了该参数，则连续的前向、后向填充 NaN 值的最大次数。换句话说，如果连续 NaN 数量超过这个数字，它将只被部分填充。如果未指定该参数，则沿着整个轴的 NaN 值被填充。

```
df.fillna(value=0, limit=3) #以 0 替换空值，并最多替换前 3 个
```

## 9.2.3 计算均价

再来看数据 df 的第二列 price 的数据情况。从数据的后 5 行来看，price 列数据不整齐，有的带有单位元，属于字符型，为了计算小说的均价，需要处理掉汉字"元"，仅保留数字。

首先，大概浏览下数据概况。

```
In [14]: df['price'].head()
Out[14]:
0 39.50 元
1 20.00 元
2 29.00 元
3 23.00
4 29.80 元
Name: price, dtype: object

In [15]: df['price'].tail(15)
Out[15]:
1469 18.00
```

```
1470 89.00
1471 46.00 元
1472 68
1473 68.00 元
1474 22.00 元
1475 20.00 元
1476 10.20 元
1477 水如天儿
1478 32.00 元
1479 27.00 元
1480 36.00 元
1481 45.00
1482 62.00 元
1483 45
Name: price, dtype: object
```

从数据的前 5 行和最后 15 行可以看出，数据不是很整齐，如 29.00 元、23.00、68、水如天儿等。为了发现更多的其他情况，继续查看中间的数据情况。

```
In [16]: df['price'][500:].head(15)  #查看第 500 行以后的开始 15 行数据
Out[16]:
500 39.80 元
501 39.50 元
502 38.00 元
503 CNY 39.50
504 16.80 元
505 18.80 元
506 32.00
507 16.00 元
508 28.00
509 9.20 元
510 24.80
511 35.00 元
512 12.00 元
513 12.00
514 32.00 元
Name: price, dtype: object
```

第 503 行数据为 CNY 39.50。

为了将 price 列处理为数值，需要将 price 数据的前后非数值字符处理掉。

```
In [17]: df_rstrip = df['price'].str.rstrip('元')

In [18]: df_rstrip.head()
Out[18]:
0 39.50
1 20.00
2 29.00
3 23.00
4 29.80
Name: price, dtype: object

In [19]: df_rstrip.tail(10)
Out[19]:
```

```
1474 22.00
1475 20.00
1476 10.20
1477 水如天儿
1478 32.00
1479 27.00
1480 36.00
1481 45.00
1482 62.00
1483 45
Name: price, dtype: object

In [20]: df_rstrip[503]
Out[20]: ' CNY 39.50'

In [21]: df['price']= df_rstrip
```

为了去掉左边的非数字的字符，需要将空缺值找出来并赋值为0。

```
In [22]: a = df[df['price'].isin([''])].index.tolist()#从price列中定位给定值，即
```
找出空缺值的位置，并给出这些值的索引列表
```
    ...: print(a)
[1160]
```
可以看出空缺值仅有索引为1160的行。对1160行的缺失值赋值为0。
```
In [23]:df['price'][1160] = 0

In [24]: df.iloc[1160] #查看1160行的数据
Out[24]:
title 六爻
price 0
star 8.7
Name: 1160, dtype: object
```
我们先写一个函数，功能是删除给定的字符串，删除其左边的非数字的字符，如果全部为非数字的字符，则将此字符串赋值0，如果字符串全部为数字，则字符串不变。
```
In [25]: def del_l_str(string):
    ...: '''
    ...: delte arg's left_string
    ...: 删除数据的左侧非数字，当全部为非数字时，返回0
    ...: 输入只能是字符型，若输入为空，则返回错误
    ...: '''
    ...: string = str(string)
    ...: j = 0
    ...: while not string[j].isdigit(): #判断数据k中的第j个字符是不是数字
    ...: print(string[j])
    ...: if j+1 == len(string): #当k中字符全部为非数字时，跳出循环，并将该时的k赋值为0，
```
见下赋值
```
    ...: string = '0'*len(string)
    ...: break
    ...: else:
    ...: j += 1
    ...: string = string[j:]
    ...: return string
```

使用 del_l_str()函数删除 price 列每个数据左侧的非数字字符。

```
In [26]: len(df['price'])
    ...: n = 0 #标记索引号
    ...: for k in df['price']:
    ...:     df['price'][n] = del_l_str(k)
    ...:      n += 1
In [27]: df['price'].tail(50)#查看最后 50 个数据
Out[27]:
1434 69.90
1435 34.8
1436 26.00
1437 23.00
1438 12.00
1439 42.00
1440 38.00
1441 49.50
1442 36.00
1443 36.80
1444 68
1445 48.00
1446 22.00
1447 36.8
1448 11.00
1449 25.00
1450 48.00
1451 39.90
1452 25.00
1453 18.00
1454 20.00
1455 38.00
1456 21.00
1457 32.8
1458 128.00
1459 9.80
1460 22.00
1461 65.00
1462 25.00
1463 29.80
1464 32.80
1465 18.00
1466 49.50
1467 36.00
1468 50.00
1469 18.00
1470 89.00
1471 46.00
1472 68
1473 68.00
1474 22.00
```

```
1475 20.00
1476 10.20
1477 0
1478 32.00
1479 27.00
1480 36.00
1481 45.00
1482 62.00
1483 45
Name: price, dtype: object
```

通过删除数据的左右非数字字符，绝大部分数据已经被处理成了纯数字，但为了防止数据中还有其他的"杂质"，强制将其他非数字行转化为 nan，再将 nan 替换成数值 0。

```
In [28]: df['price'] = pd.to_numeric(df['price'],errors='coerce')

In [29]: c = df[df['price'].isin(['nan'])].index.tolist()#找出空缺值的位置并给出其
索引列表
    ...: print(c)
[68, 166, 212, 290, 553, 651, 697, 775, 1127, 1221, 1331]
```
将这些强制转化为空的数据替换成 0。
```
In [32]: for i in c:
    ...: df['price'][i] = 0
    ...:
    ...: df.iloc[697] #查看索引为 697 行的数据
__main__:2: SettingWithCopyWarning:
A value is trying to be set on a copy of a slice from a DataFrame

See the caveats in the documentation: http://pandas.pydata.org/pandas-docs/
stable/indexing.html#indexing-view-versus-copy
Out[32]:
title 杀破狼
price 0
star 9
Name: 697, dtype: object
```
至此数据的处理已经完成。为了查验数据是否缺项，可以先用 count()函数进行统计，再求均值。
```
In [35]: df['price'].count()
Out[35]: 1484

In [36]: df['price'].mean()
Out[36]: 45.7841509433964
```
说明：数据已经处理完毕，均值已经计算出来，但是这样处理数据还不是很合理。例如，数据的单位不统一，有台币、人民币，还有美元，应该先进行相应的单位换算，再计算均值，或者将这些行删除后，再进行均值计算。这些留给读者思考并自行完成。

### 9.2.4　完整代码

```
# coding=utf-8
###########################
```

```python
#爬取豆瓣电影数据并处理
#Created on 2019-3-3 13:44
#@author: yubg
###############################

#自定义函数。【删除字符串左侧非数字的字符】
def del_l_str(string):
    '''
    删除字符串左侧非数字的字符
    删除数据左侧非数字的字符，当全部为非数字时，返回 0
    输入只能是字符型，若输入为空，则返回错误
    '''
    string = str(string)
    j = 0
    while not string[j].isdigit():   #判断数据 k 中的第 j 个字符是不是数字
        print(string[j])
        if j+1 == len(string):   #当 k 中每一字符全部为非数字时，跳出循环，并将该时的 k 赋
值为 0，见下赋值
            string = '0'*len(string)
            break
        else:
            j += 1
    string = string[j:]
    return string


#【第一步 获取网页数据】
import requests
from bs4 import BeautifulSoup       #导入 BeautifulSoup
header={'User-Agent':'Mozilla/5.0(Windows NT 6.1; Win64; x64)
AppleWebKit/ 537.36(KHTML, like Gecko)Chrome/79.0.3945.88 Safari/537.36'}
data_all =[]
for i in range(0,7660,20):
    url = 'https://book.douban.com/tag/%E5%B0%8F%E8%AF%B4'+'?start=%d&type=T'%i
    douban_data = requests.get(url, headers=header)
    soup = BeautifulSoup(douban_data.text,'lxml')
    titles = soup.select('h2 a[title]')
    prices = soup.select('div.pub')
    stars  = soup.select('div span.rating_nums')
    for title,price,star in zip(titles,prices,stars):
        data = {'title':title.get_text().strip().split()[0],
                'price':price.get_text().strip().split('/')[-1],
                'star' :star.get_text()}
# print(data)
        data_all.append(data)
len(data_all)
data_all[:5]   #查看前 5 个元素


#将整理好的数据存储到 c:\Users\yubg\db_data.txt 里
with open(r'c:\Users\yubg\db_data.txt','w',encoding='utf-8') as f:
    f.write(str(data_all))
```

```
####【第二步 数据处理】
#将 c:\Users\yubg\db_data.txt 读取到 f4 变量
f1 = open(r'c:\Users\yubg\Desktop\db_data.txt','r',encoding='utf-8')
f2 = f1.read()
type(f2)
f2[:159]

f3 = eval(f2)   #还原到了 data_all
type(f3)
f3[:5]

k=[]
for i in f3:
    k.append(list(i.values()))

k[:10]#查看前 10 个元素

import pandas as pd
df = pd.DataFrame(columns = ["title", "price", "star"])
p=0
for j in k:
# print(j)
  df.loc[p]=j
  p+=1
df.tail() #查看前 5 行数据
type(df)
df.to_excel(r'c:\Users\yubg\OneDrive\2019 书稿\db_data.xls')#保存处理好的原数据


###【第三步 计算出所有爬取的小说的平均星级】
df['star'].mean()   #发现错误

import pandas as pd
from pandas import DataFrame
df['star'] = pd.to_numeric(df['star'],errors='coerce')
#转成数值型,If 'coerce', then invalid parsing will be set as NaN
df['star'].astype(float).tail()

df['star'].isnull().any()
#列级别的判断,只要该列有为空或者 NA 的元素,就为 True,否则为 False
df['star'][df['star'].isnull().values==True]
#可以只显示存在缺失值的行列,清楚地确定缺失值的位置

df['star'] = df['star'].fillna(0)

df['star'][df['star'].isnull().values==True]#再次核查是否还有空缺值

df['star'].mean()   #在没有空缺值的情况下再次计算"star"的均值
        #说明:此处的均值包含了空置或者为 0 的项在内,按道理应该剔除这些项数
```

```
df['star'].count()#统计 star 列的总项数
(df == 0).sum(axis=0)#统计各列出现 0 的次数
df.groupby(['star']).size()[0]#统计 star 列出现 0 的次数


'''
import pandas as pd
data0 = [0,1,2,0,1,0,2,0]
pd.value_counts(data0)  #df['price'].value_counts()
#输出每个数出现的频数：
0 4
2 2
1 2
'''
df.to_excel(r'd:\db_data_star.xls')  #保存处理好 star 列的数据

#【第四步 计算所有小说的均价】
#查看数据概貌
df['price'].head()
df['price'].tail(15)
df['price'][500:].head(15)

#为了将 price 列处理为数值，需要将 price 数据的前后非数值处理掉
df_rstrip = df['price'].str.rstrip('元')   #删除 price 列数据后的单位元
df_rstrip.head()
df_rstrip.tail(10)
df_rstrip[503]
df['price'] = df_rstrip

#将左边的非数字全部去掉
#为了去掉左边的非数字，我们要将空缺值选出来，并赋值 0
a = df[df['price'].isin([''])].index.tolist()#从 price 列中定位给定值，即找出空缺值的
位置，并给出这些值的索引列表
print(a)
for i in a:
    df['price'][i] = 0

df.iloc[1160]  #查看 1160 行的数据

#删除左边非数值的字符

len(df['price'])
n = 0    #标记索引号
for k in df['price']:
    df['price'][n] = del_l_str(k)
    n += 1
# print(n)
df['price'].tail(50)

#为了防止数据中还有其他的杂质
#强制将其他型转化为 nan，再将 nan 替换成数值 0
```

244

```
df['price'] = pd.to_numeric(df['price'],errors='coerce')
#df['price'][1331]
```

```
c = df[df['price'].isin(['nan'])].index.tolist()#从 price 列中定位给定值，即找出空缺
值的位置，并给出这些值的索引列表
print(c)
for i in c:
    df['price'][i] = 0
df.iloc[697] #查看索引为 697 行的数据
df['price'].count()
df['price'].mean()
```

```
df.to_excel(r'd:\db_data_price.xls')#保存处理好 price 列的数据
```

说明：到此为止，数据已经处理的差不多了，但是数据还是很不合理。例如，数据的单位不统一，有的是台币，有的是人民币，有的是美元，按理都应该删除。同样，还有很多空缺值，也应该删除了再计算均值。

## *9.3　案例——微信好友数据分析

由于微信平台对部分账号登录的限制，本案例扫码登录微信的操作可能会失败，此时可直接载入 9.3.4 节代码 In[8]部分，导入本书给定的数据 yubg1.xlsx，并使用图像数据 ybgwechar.rar 进行实验。

### 9.3.1　需求介绍

本案例主要介绍利用网页端微信获取数据，实现个人微信好友数据的获取，并进行一些简单的数据分析，包括如下功能。

（1）爬取好友列表，显示好友昵称、性别、地域和签名，文件保存为 Excel 的.xlsx 格式。

（2）统计好友的地域分布，并且做成词云及在地图上展示分布。

（3）获取所有好友的头像，合并成一张大图。

### 9.3.2　依赖库介绍

以上任务需要依赖几个库，分别简要介绍如下，并介绍相应的网络资源请读者参考。各个模块库的具体安装见 9.3.3 节环境运行。

#### 1. Pillow

PIL（Python Imaging Library）已经是 Python 平台事实上的图像处理标准库了。PIL 功能非常强大，但 API 却非常简单易用。由于 PIL 仅支持到 Python 2.7，加上年久失修，于是一群志愿者在 PIL 的基础上创建了兼容的版本，命名为 Pillow，支持最新的 Python 3.x，又加入了许多新特性，因此，我们可以直接安装使用 Pillow。

#### 2. Pyecharts

Echarts 是一个开源的数据可视化 JS 库，大多数人不习惯用 JavaScript，所以有人开发了

Pyecharts。Pyecharts 是一个生成 Echarts 图表的 Python 类库。在使用 Pyecharts 时，首先需要安装 Pyecharts 类库。Pyecharts 分为 v0.5.X 和 v1 两个大版本，相互不兼容，v1 是一个全新的版本。

### 3．Itchat

Itchat 是一个开源的微信个人号接口，使用 Python 调用微信从未如此简单。

### 4．Jieba

Jieba 是优秀的中文分词库，中文分词与英文不同，中文文本需要通过分词来获得单个词语。Jieba 库提供了 3 种分词模式：精确模式、全模式、搜索引擎模式。精确模式是将文本精确分割，不存在冗余。全模式是将文本中所有可能单词都扫描出来，存在冗余。搜索引擎模式是将经过精确模式分割下的长词再进行分割。

Jieba 库的优点如下。

（1）支持三种分词模式。

① 精确模式，试图将句子最精确地切开，适合文本分析。

② 全模式，把句子中所有的可以成词的词语都扫描出来，速度非常快，但是不能解决歧义。

③ 搜索引擎模式，在精确模式的基础上，对长词再次切分，提高召回率，适合用于搜索引擎分词。

（2）支持自定义词典。

Jieba 库还支持自定义词典。

### 5．Numpy

Numpy 系统是 Python 的一种开源的数值计算扩展。这种工具可用来存储和处理大型矩阵，比 Python 自身的嵌套列表（Nested List Structure）结构要高效得多（该结构也可以用来表示矩阵 matrix）。

### 6．Pandas

Pandas 是基于 Numpy 的一种工具，该工具是为了解决数据分析任务而创建的。Pandas 纳入了大量库和一些标准的数据模型，提供了高效的操作大型数据集所需的工具。Pandas 提供了大量能使我们快速便捷处理数据的函数和方法。你很快就会发现，它是使 Python 成为强大而高效的数据分析环境的重要因素之一。

### 7．wxpy

wxpy 在 Itchat 的基础上，通过大量接口优化提升了模块的易用性，并进行丰富的功能扩展。

### 8．WordCloud

WordCloud 库可以说是 Python 非常优秀的词云展示第三方库。词云以词语为基本单位，更加直观和艺术地展示文本。生成一个漂亮的词云文件 3 步就可以完成，即配置对象参数、加载词云文本、输出词云文件。

### 9.3.3　运行环境

#### 1．Python3.7

使用 Anaconda 下的 Spyder 编辑器。

#### 2．使用到的 Python 库

在 Anaconda 中的 Anaconda Prompt 下运行命令，安装前需要升级 pip，如图 9-3 所示。

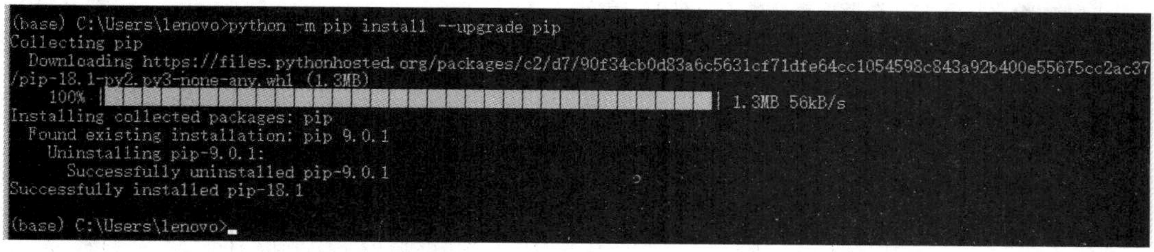

图 9-3　升级 pip

安装 pyecharts：pip install pyecharts。
安装 Itchat: pip install itchat。
安装 wxpy: pip install wxpy。
安装 PIL: pip install pillow。
安装 Jieba: pip install jieba。
安装 WordCloud: pip install WordCloud。
其中 Numpy 和 Pandas 在 Anaconda 下已经自带，所以不必再安装。
安装 Itchat 库如图 9-4 所示。

图 9-4　安装所需的模块和库

### 9.3.4　数据的获取与处理

**1．获取用户信息**

首先让程序登录微信，并获取"我的好友"相关信息。

注意：在执行以下代码时，请确保计算机能够打开微信且能够扫描登录微信。如若不能登录，则代码执行失败。所以执行如下代码时，需要先测试是否能够成功登录微信。

```
In[1]:#导入模块
      from wxpy import *

      #初始化机器人，选择缓存模式（扫码）登录
      bot = Bot(cache_path=True)

      #获取我的所有微信好友信息
      friend_all = bot.friends()
```

运行登录代码会自动弹出一个二维码页面，如图 9-5 所示，用手机微信扫码同意后，进入微信并获取微信好友的相关信息。

图 9-5　获取微信好友二维码

获取数据后，可以查看一下对每位好友获取了哪些字段的信息，如下所示。

```
In[2]:print(friend_all[0].raw)   #friend_all[0]是我的微信昵称，.raw则是获取我的全部信息
```

{'UserName': '@1dff85e12f5798d2780dd0b65b14978b', 'City': '太原', 'DisplayName':
'', 'PYQuanPin': 'guoguo', 'RemarkPYInitial': '', 'Province': '山西', 'KeyWord': 'nuc',
'RemarkName': '', 'PYInitial': 'GG', 'EncryChatRoomId': '', 'Alias': '', 'Signature':
'教育，培训，数据分析！', 'NickName': '蝈蝈', 'RemarkPYQuanPin': '', 'HeadImgUrl':
'/cgi-bin/mmwebwx-bin/webwxgeticon?seq=666694997&username=@1dff85e12f5798d2780dd0
b65b14978b&skey=@crypt_b89600c7_1ba3c01fe9cc0891a2d7ffc29b1cbe95', 'UniFriend': 0,
'Sex': 1, 'AppAccountFlag': 0, 'VerifyFlag': 0, 'ChatRoomId': 0, 'HideInputBarFlag':
0, 'AttrStatus': 100817511, 'SnsFlag': 17, 'MemberCount': 0, 'OwnerUin': 0,
'ContactFlag': 7, 'Uin': 27319575, 'StarFriend': 0, 'Statues': 0, 'MemberList': [],
'WebWxPluginSwitch': 0, 'HeadImgFlag': 1, 'IsOwner': 0}

好友的基本数据都已经有了。其实 wxpy 这个库已经替我们做了很多事情，只需要调用就可以了。仅仅用了几行代码就获得了想要的数据。

## 2．统计用户信息

首先查阅获取了多少位好友。
```
In[3]:len(friend_all)
Out[3]: 1742
```
为了获取好友信息中需要的部分，我们对信息进行处理。从获取的信息全字段来看，每位好友的信息都是一个字典，字典里只有"City""Province""Signature""NickName""HeadImgUrl""Sex"是我们需要的。下面我们就对这几个 key 进行提取。

提取上述 key 相应的值，放入一个列表 list_0 中，即将每个好友的这些 key 的值做成一个列表，再对所有的好友使用 for 循环进行同样的操作，将所有好友的列表做成一个大列表 lis 的元素，即列表中的每个元素也是列表。

```
In[4]:
    lis=[]
    for a_friend in friend_all:
        NickName = a_friend.raw.get('NickName',None)
        #Sex = a_friend.raw.get('Sex',None)
        Sex ={1:"男",2:"女",0:"其他"}.get(a_friend.raw.get('Sex',None),None)
        City = a_friend.raw.get('City',None)
        Province = a_friend.raw.get('Province',None)
        Signature = a_friend.raw.get('Signature',None)
        HeadImgUrl = a_friend.raw.get('HeadImgUrl',None)
        HeadImgFlag  = a_friend.raw.get('HeadImgFlag',None)
        list_0=[NickName,Sex,City,Province,Signature,HeadImgUrl,HeadImgFlag]
    lis.append(list_0)
```
为了将 lis 列表保存到 Excel 中，便于后面的使用，也便于此方法的再次使用，我们将这个功能写成一个 lis2e07()函数，即将这种列表嵌套列表的 lis 转成 Office 2007 版以上的 Excel 文件保存在本地。

```
In[5]:
    def lis2e07(filename,lis):
        '''
        将列表写入Office 2007版 Excel 中，其中列表中的元素是列表.
        filename:保存的文件名（含路径）
        lis: 元素为列表的列表，如下:
        lis = [["名称", "价格", "出版社", "语言"],
               ["暗时间", "32.4", "人民邮电出版社", "中文"],
               ["拆掉思维里的墙", "26.7", "机械工业出版社", "中文"]]
        '''
        import openpyxl
        wb = openpyxl.Workbook()
        sheet = wb.active
        sheet.title = 'list2excel07'
        file_name = filename +'.xlsx'
        for i in range(0, len(lis)):
            for j in range(0, len(lis[i])):
                sheet.cell(row=i+1, column=j+1, value=str(lis[i][j]))
        wb.save(file_name)
        print("写入数据成功！")
```

将列表信息存储到 Excel 中，文件名为 yubg1.xlsx。

```
In[6]:lis2e07('yubg1',lis)
```
写入数据成功！

打开 Excel 文件，数据如图 9-6 所示。

| | A | B | C | D | E | F | G |
|---|---|---|---|---|---|---|---|
| 1 | 蝈蝈 | 男 | 太原 | 山西 | 教育，培训，数据分析！ | /cgi-bin/mmwebwx-bin/webwxget | 1 |
| 2 | 冀庆斌 | 男 | 太原 | 山西 | | /cgi-bin/mmwebwx-bin/webwxget | None |
| 3 | 余栽缝 | 男 | 安庆 | 安徽 | 光彩四期好来屋窗簾金品布 | /cgi-bin/mmwebwx-bin/webwxget | None |
| 4 | 任飞雪 | 女 | 太原 | 山西 | | /cgi-bin/mmwebwx-bin/webwxget | None |
| 5 | 顺风帆 | 其它 | | | | /cgi-bin/mmwebwx-bin/webwxget | None |
| 6 | 专著出版社 | 其它 | | | | /cgi-bin/mmwebwx-bin/webwxget | None |
| 7 | Ben | 其它 | | | | /cgi-bin/mmwebwx-bin/webwxget | None |
| 8 | 余余 | 男 | 朝阳 | 北京 | | /cgi-bin/mmwebwx-bin/webwxget | None |
| 9 | 茉莉 | 女 | 太原 | 山西 | 寻找开心，快乐，幸福的人 | /cgi-bin/mmwebwx-bin/webwxget | None |

图 9-6　Excel 表中的信息

### 3. 数据分析

此处对数据进行初略的认知分析。

```
In[7]:
        #对数据进行初步探索
        #方法一
        #粗略获取好友的统计信息
        Friends = robot.friends()
        data = Friends.stats_text(total=True, sex=True,top_provinces=30,top_cities=
500)

        print(data)
```

上面的代码是对数据的简单分析，并将结果打印出来，输出结果如下。

蝈蝈 共有 1742 位微信好友

男性：1088（62.5%）
女性：533（30.6%）

TOP 30 省份
山西：653（37.49%）
北京：143（8.21%）
安徽：100（5.74%）
广东：78（4.48%）
江苏：35（2.01%）
上海：35（2.01%）
新疆：30（1.72%）
四川：29（1.66%）
海南：28（1.61%）
浙江：24（1.38%）
陕西：23（1.32%）
山东：19（1.09%）
湖北：16（0.92%）
……（以下省略。）

从结果数据中可以看出，"蝈蝈"共有 1742 位微信好友，其中男性有 1088 位，占 62.0%，女性有 533 位，占 30.6%，还有少部分人没有标注自己的性别。

我们也可以从存储在本地的 Excel 中读取数据进行分析，并查看数据形式。在执行以下代码之前，需要先给 Excel 文件加一个列标题行。

```
In[8]
    from pandas import read_excel
    %matplotlib inline
    df = read_excel('yubg1.xlsx',sheet_name='list2excel07',header=None)
    df.head(10)
Out[8]:
                                    0  ...      6
    0                            蝈蝈  ...      1
    1                          任飞雪  ...   None
    2                          顺风帆  ...   None
    3                      专著出版挂名  ...   None
    4                          Ben  ...   None
    5                          余余  ...   None
    6                          茉莉  ...   None
    7   龙城001   中国平安综合金融集团客户经理  理财规划师何孝儒  ...   None
    8                        g s z  ...   None
    9                          旺仔  ...   None

[10 rows x 7 columns]
```

对导入的数据 city 列做简单的统计分析如下。

```
In[9]:
    df.columns = ['NickName','Sex','City','Province','Signature','HeadImgUrl',
'HeadImgFlag']
    print('男性占比: ',len(df[df.Sex=='男'])/len(df))
Out[9]:
    男性占比: 0.6236250597800096
In[10]:df.city.describe()
Out[10]:
    count     1310
    unique     191
    top         太原
    freq       533
    Name: City, dtype: object
```

## 9.3.5  数据的可视化

### 1. 词云

将 city 列数据做成词云。

方法 1：利用 plt+WordCloud 方法。

```
In [11]:
    from wordcloud import WordCloud
    import matplotlib.pyplot as plt
    import pandas as pd
    from pandas import DataFrame

    word_list=df['City'].fillna('0').tolist()#将dataframe的列转化为list,其中nan
用"0"替换
```

```
new_text = ' '.join(word_list)
wordcloud = WordCloud(font_path='simhei.ttf',
                      background_color="black").generate(new_text)
plt.imshow(wordcloud)
plt.axis("off")
plt.show()
```

生成的图如图 9-7 所示。

图 9-7　词云图 1

从图 9-5 可以看到，"蝈蝈"的朋友基本在太原，其次是安庆、广州，北京市海淀区也有一些。

方法 2：利用 Pyecharm 做词云。

```
In [12]:
    #利用 Pyecharm 做词云
    import pandas as pd
    from pyecharts import options as opts
    from pyecharts.charts import Page, WordCloud
    from pyecharts.globals import SymbolType

    #count = df.City.value_counts() #对 dataframe 进行全频率统计，排除了 nan
    city_list = df['City'].fillna('NAN').tolist()#将 df 的列转化为 list，其中 nan 用
"NAN"替换
    count_city = pd.value_counts(city_list)#对 list 进行全频率统计
    name = count_city.index.tolist()
    value = count_city.tolist()
    city_data =[(city,value) for city,value in zip(name,value)]

    wordcloud = (WordCloud()
        .add("", city_data, word_size_range=[10, 50])# word_size_range 为字体大小范围
        .set_global_opts(title_opts=opts.TitleOpts(title="城市好友数据词云图")) )
    wordcloud.render('cy.html')
    wordcloud.render_notebook()
```

做成的词云图保存在 C:\Users\lenovo\wc.html 网页中，打开效果如图 9-8 所示。

当把光标放到相应的城市名称上时，会显示本地区的好友数量，如太原 533。

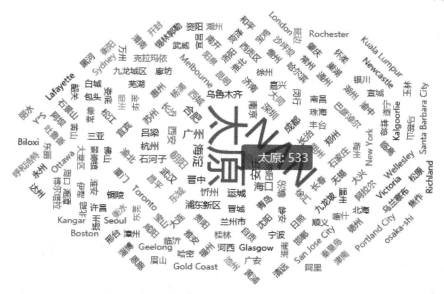

图 9-8 词云图 2

### 2. 数据地图

将好友数据可视化展示在地图上。

```
#将这些好友在全国地图上做分布
from pyecharts.charts import Map
province_list = df['Province'].fillna('NAN').tolist()#将 df 的列转化为 list,其中 nan
用 "NAN" 替换
count_province = pd.value_counts(province_list)#对 list 进行全频率统计

value =count_province.tolist()
prov_name =count_province.index.tolist()
prov_data =[(prov_name,value) for prov_name,value in zip(prov_name,value)]

map_v = (
        Map()
        .add("城市好友数据", prov_data, "china")
        .set_global_opts(
            title_opts=opts.TitleOpts(title="城市好友数据图"),
            visualmap_opts=opts.VisualMapOpts(max_=200, is_piecewise=True),
        )
    )
map_v.render('map_prov.html')
map_v.render_notebook()
```

做成的地图保存在 c:\Users\lenovo\map_prov.html 网页中。

使用 Pyecharts 作图的好处是能动态显示,只需把指针放到相应的区域,就会显示该区域的数据。

## 9.3.6 下载图像并合成图像

下载好友图像,需要先扫码登录。这里我们使用 Itchat 库。下面的语句将获取一个所有好友信息的列表，其元素是字典，每个字典对应着一名好友。

```
itchat.get_friends(update=True)[0:]
#下载好友头像
import itchat
import PIL.Image as Image

itchat.auto_login()  #扫码登录微信
friends = itchat.get_friends(update=True)[0:]

num = 0
for i in friends:
    img = itchat.get_head_img(userName=i["UserName"])
    fileImage = open(r"d:\ybgwechat\ " +str(num) + ".jpg",'wb')
    fileImage.write(img)
    fileImage.close()
    num += 1
```

注意：由于部分微信账号不允许网页扫码登录，不能正常下载图像，此处可从本书提供的部分微信图像进行练习。将图像数据 ybgwechat.rar 下载后解压在 d:\ 下即可。

下面开始合并图像。合并后的图像为每行 10 张，每张图片大小由 960 像素压缩成了 96 像素。

```
#合并图像
def mergeimage(name='he',path='d:/ybgwechat/',a=96,b=10):
    """
    合并多个图片为长图
    file: 文件名，含路径
    sum_num: 总图片数
    a = 96 : 图片压缩成 96
    b = 10:表示默认每行放 10 张照片
    """
    import PIL.Image as Image
    import os
    files = os.listdir(path)
    a=96   #每张图片的宽度或者长度
    b=10   #每行所放的照片的数量
    toImage = Image.new('RGBA', (a*10, (len(files)// 10+1)*a ))#设置新的画布长宽
    x = 0
    y = 0

    for i in files:
        try:
            #打开图片
            img = Image.open(path +i)
        except IOError:
            print("Error: 没有找到文件或读取文件失败")
        else:
            #缩小图片
            img = img.resize((a, a), Image.ANTIALIAS) #压缩成无锯齿的 96×96 大小
            #纵向向下拼接图片
            toImage.paste(img, (x*a, y*a))  #将 img 贴在 (x×96, y×96)位置
            x += 1
            if x == b:       #每行放 10 个图片，放满后 x 回归 0，但 y+1
                x = 0
                y += 1
    nam = name +'.png'
    toImage.save(nam, quality=95)    #保存在当前路径下，quality 指保存的质量
```

```
mergeimage("d:/ybgwechat/he")
```

执行结果如果有"Error: 没有找到文件或读取文件失败"的警告信息，则表明有图片下载失败，打开 C:/yubg 目录查看，如图 9-9 所示。合成后的照片显示在 C:/yubg 目录下，文件名为 he.png。

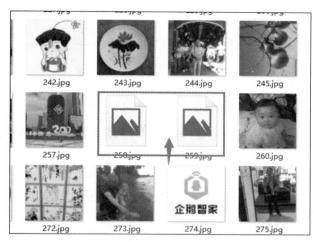

图 9-9　不能显示的图

合成后的图片如图 9-10 所示。

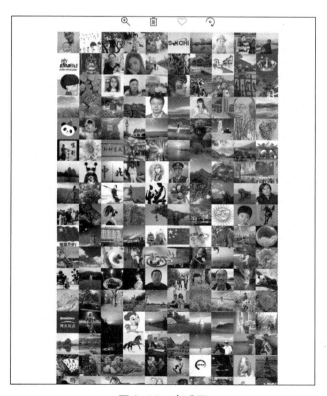

图 9-10　合成图

### 9.3.7　功能模块代码

完整代码在 Spyder 下导入运行即可。Jupyter 代码见本书数据代码资源。

```python
# -*- coding: utf-8 -*-
#导入模块
from wxpy import *

#初始化机器人，选择缓存模式（扫码）登录
bot = Bot(cache_path=True)
#获取我的所有微信好友信息
friend_all = bot.friends()

#查看好友信息都记录了哪些字段
print(friend_all[0].raw) #friend_all[0]是我的微信昵称，.raw则是获取我的全部信息
len(friend_all)

#获取好友信息中部分需要的信息
lis=[]
for a_friend in friend_all:
    NickName = a_friend.raw.get('NickName',None)
    #Sex = a_friend.raw.get('Sex',None)
    Sex ={1:"男",2:"女",0:"其他"}.get(a_friend.raw.get('Sex',None),None)
    City = a_friend.raw.get('City',None)
    Province = a_friend.raw.get('Province',None)
    Signature = a_friend.raw.get('Signature',None)
    HeadImgUrl = a_friend.raw.get('HeadImgUrl',None)
    HeadImgFlag = a_friend.raw.get('HeadImgFlag',None)
    list_0=[NickName,Sex,City,Province,Signature,HeadImgUrl,HeadImgFlag]
    lis.append(list_0)

#将列表信息存储到 xlsx 文件中
def lis2e07(filename,lis):
    '''
    将列表写入 07 版 Excel 中，其中列表中的元素是列表
    filename:保存的文件名（含路径）
    lis: 元素为列表的列表，格式如下。
    lis = [["名称", "价格", "出版社", "语言"],
            ["暗时间", "32.4", "人民邮电出版社", "中文"],
            ["拆掉思维里的墙", "26.7", "机械工业出版社", "中文"]]
    '''
    import openpyxl
    wb = openpyxl.Workbook()
    sheet = wb.active
    sheet.title = 'list2excel07'
    file_name = filename +'.xlsx'
    for i in range(0, len(lis)):
        for j in range(0, len(lis[i])):
            sheet.cell(row=i+1, column=j+1, value=str(lis[i][j]))
    wb.save(file_name)
    print("写入数据成功! ")
```

```
lis2e07('yubg1',lis)


#用"city"数据做成词云
#粗略获取好友的统计信息
Friends = bot.friends()
data = Friends.stats_text(total=True, sex=True,top_provinces=30, top_cities=500)
print(data)


#方法一
#读取数据
from pandas import read_excel
df = read_excel('yubg1.xlsx',sheet_name='list2excel07',header=None)
df.head(10)
df.columns =
['NickName','Sex','City','Province','Signature','HeadImgUrl','HeadImgFlag']

df.City.count()
df.City.describe()

#词云图 plt+wordcloud
from wordcloud import WordCloud
import matplotlib.pyplot as plt
import pandas as pd
from pandas import DataFrame

word_list= df['City'].fillna('0').tolist()
#将 dataframe 的列转化为 list，其中的 nan 用 0 替换
new_text = ' '.join(word_list)
wordcloud = WordCloud(font_path='simhei.ttf',
background_color="black").generate(new_text)
plt.imshow(wordcloud)
plt.axis("off")
plt.show()

#方法二
#利用 pyecharm 做词云
import pandas as pd
from pyecharts import options as opts
from pyecharts.charts import Page, WordCloud
from pyecharts.globals import SymbolType

#count = df.City.value_counts() #对 dataframe 进行全频率统计，排除了 nan
city_list = df['City'].fillna('NAN').tolist()
#将 dataframe 的列转化为 list，其中的 nan 用 NAN 替换
count_city = pd.value_counts(city_list)#对 list 进行全频率统计
name = count_city.index.tolist()
value = count_city.tolist()
city_data =[(city,value) for city,value in zip(name,value)]
```

```
wordcloud = (WordCloud()
        .add("", city_data, word_size_range=[10, 50])# word_size_range 为字体大小范围
        .set_global_opts(title_opts=opts.TitleOpts(title="城市好友数据词云图")) )
wordcloud.render('cy.html')
#wordcloud.render_notebook()  #在 Jupyter 下使用


#将这些好友在全国地图上做分布
from pyecharts.charts import Map
province_list = df['Province'].fillna('NAN').tolist()
#将 dataframe 的列转化为 list，其中的 nan 用 NAN 替换
count_province = pd.value_counts(province_list)#对 list 进行全频率统计

value =count_province.tolist()
prov_name =count_province.index.tolist()
prov_data =[(prov_name,value) for prov_name,value in zip(prov_name,value)]

map_v = (
        Map()
        .add("城市好友数据", prov_data, "china")
        .set_global_opts(
            title_opts=opts.TitleOpts(title="城市好友数据图"),
            visualmap_opts=opts.VisualMapOpts(max_=200, is_piecewise=True),
        )
    )
map_v.render('map_prov.html')
#wordcloud.render_notebook()  #在 Jupyter 下使用


#下载好友头像
import itchat
import os
import PIL.Image as Image
from os import listdir
import math

itchat.auto_login()  #扫码登录微信
friends = itchat.get_friends(update=True)[0:]

num = 0
for i in friends:
    img = itchat.get_head_img(userName=i["UserName"])
    fileImage = open(r"C:\yubg\ " +str(num) + ".jpg",'wb')
    fileImage.write(img)
    fileImage.close()
    num += 1

#合并图像
from yubg import *
d ef mergeimage(file,sum_num,a=96,b=10):
    """
    合并多个图片为长图
```

```
    file: 文件名, 含路径
    sum_num: 总图片数
    a = 96 : 图片压缩成96
    b = 10:表示默认每行放10张照片
    """
    import PIL.Image as Image
    toImage = Image.new('RGBA', (a*10, (sum_num//10+1)*a))#设置新的画布长宽
    x = 0
    y = 0
    for i in range(sum_num):
        try:
            #打开图片
            img = Image.open(r"C:\yubg\ " +str(i) + ".jpg")
        except IOError:
            print("Error: 没有找到文件或读取文件失败")
        else:
            #缩小图片
            img = img.resize((a, a), Image.ANTIALIAS) #压缩成无锯齿的96像素×96像素大小
            #纵向向下拼接图片
            toImage.paste(img, (x*a, y*a))  #将 img 贴在 (x×96, y×96)位置
            x += 1
            if x == b:       #每行放10个图片, 放满后x回归0, 但y加1
                x = 0
                y += 1
    name = file +'.png'
    toImage.save(name, quality=95)    #保存在当前路径下, quality指保存的质量

mergeimage("C:/yubg/he",1600)
```

## A. 常用函数与注意事项

1. 查看已安装的模块的帮助文档：help('modules')。

对于初学者而言，也许 dir()和 help()这两个函数是最实用的。使用 dir()函数可以查看指定模块中所包含的所有成员或者指定对象类型所支持的操作方法，而 help()函数则返回指定模块或函数的说明文档。

```
>>> help(list)
Help on class list in module builtins:
 | ...
 | append(...)
 |   L.append(object)-> None -- append object to end
 | pop(...)
 |   L.pop([index])->item--remove and return item at index (default last).
 |     Raises IndexError if list is empty or index is out of range.
 | sort(...)
 |     L.sort(key=None, reverse=False) -> None -- stable sort *IN PLACE*
>>>
```

2. 查询相关命令的属性和方法 dir()。例如，list 和 tuple 是否都有 pop 方法呢？使用 dir()函数即可了解详细情况。

```
>>> dir(list)
['__add__', '__class__', '__contains__', '__delattr__', '__delitem__', '__dir__',
'__doc__', '__eq__', '__format__', '__ge__', '__getattribute__', '__getitem__', '__gt__',
'__hash__', '__iadd__', '__imul__', '__init__', '__iter__', '__le__', '__len__', '__lt__',
'__mul__', '__ne__', '__new__', '__reduce__', '__reduce_ex__', '__repr__', '__reversed__',
'__rmul__', '__setattr__', '__setitem__', '__sizeof__', '__str__', '__subclasshook__',
'append', 'clear', 'copy', 'count', 'extend', 'index', 'insert', 'pop', 'remove',
'reverse', 'sort']
>>>
```

从上面列表中能看出 list 删除有两个属性 pop 和 remove（pop 默认删除最后一个元素，remove 删除首次出现的指定元素）。

3. 测试变量类型：type(变量)。

4. 转换变量类型：str(变量)　　#将变量转化为 str
　　　　　　　　　　　　int(变量)　　#将变量转化为 int

5. 查询两个变量存储地址是否一致，使用函数 id()。

6. 查询字符（十进制）的 ASCII 码

```
>>> ord('a')
97
>>>
```

反过来有了十进制的整数，如何找出对应的字符？

```
>>> chr(97)
'a'
>>>
```

7. 查找字符串的长度：len()。

8. str 通过索引能找出对应的元素，反过来，能否通过元素找出索引？

```
>>>s='python good'
>>>s[1]
'y'
>>>s.index('y')
1
>>>
```

9. tuple、list、string 相同点如下。

每一个元素都可以通过索引来读取，都可以用 len 测长度，都可以使用加法 "+" 和数乘 "*"。数乘表示将 tuple、list、string 重复倍数。

list 的.append、.insert、.pop、del 和 list[n]赋值等方法属性均不能用于 tuple 和 string。

10. str.split()将字符型转化成 list。

```
>>> s='I love python, and\nyou\t?hehe'
>>> print(s)
I love python, and
you ?hehe
>>> s.split(",")     #英文 ","
['I love python, and\nyou\t?hehe']
>>> s.split(", ")    #中文 ","
['I love python', 'and\nyou\t?hehe']
>>>
```

当分隔符 sep 不在字符串中时，它会整体转化成一个 list。

```
>>> s.split()
['I', 'love', 'python, and', 'you', '?hehe']
>>>
```

当分隔符省略时，它会按所有的分隔符号分割，包括\n（换行）、\t（缩进）等。

11. split 的逆运算：jion。

```
'sep'.join(list)   #sep 为连接符
```

12. 列表和元组之间是可以相互转化的：list(tuple)、tuple(list)。

元组操作速度比列表快；列表可改变，元组不可变，可以将列表转化为元组 "写保护"；字典的 key 也要求不可变，所以元组可以作为字典的 key，但元素不能有重复。

**13.** 检测字符串开头和结尾。

```
string.endswith('str')、string.startswith('str')
```

例如：

```
>>> file = 'F:\\ data\\catering_dish_profit.xls'
>>> file.endswith('xls')         #判断 file 是否以 xls 结尾
True
>>>
>>> url = 'http://www.i-nuc.com'
>>> url.startswith('https')  #判断 url 是否以 https 开头
False
>>>
```

14.S.replace(被查找词,替换词)  #查找与替换

```
>>> S='I love python, do you love python?'
>>> S.replace('python','R')
'I love R, do you love R?'
>>>
```

**14.** 使用 re.sub(被替词,替换词,替换域, flags=re.IGNORECASE)查找与替换，忽略大小写。

```
>>> import re          #导入正则模块
>>> S='I love Python, do you love python?'
>>> re.sub('python','R',S)      #在 S 中用 R 替换 python
'I love Python, do you love R?'
>>> re.sub('python','R',S, flags=re.IGNORECASE) #替换时忽略大小写
'I love R, do you love R?'
>>> re.sub('python','R',S[0:15], flags=re.IGNORECASE)
'I love R, '
>>>
```

**15.** Python 命名规范如下。

（1）包名、模块名、局部变量名、函数名：全小写+下画线式驼峰。

如：this_is_var

（2）全局变量：全大写+下画线式驼峰。

如：GLOBAL_VAR

（3）类名：首字母大写式驼峰。

如：ClassName()

（4）关于下画线。

以单下画线开头，是弱内部使用标识，from M import * 时，将不会导入该对象；以双下画线开头的变量名，主要用于类内部标识类私有，不能直接访问。双下画线开头且双下画线结尾的命名方法尽量不要用，这是标识。

**16.** 英文半角。

代码中所涉及的括号()、引号"以及冒号:都需要在英文半角状态下输入。

**17.** 关于复制。

很多时候处理数据前需要先把数据复制一份，做个备份，以防不测。下面是具体的例子。

```
>>> a = [3,2,5,4,9,8,1]
>>> id(a)                #查看 a 的存储地址
```

```
55494776
>>> c=a                    #复制一个副本 c
>>> c
[3, 2, 5, 4, 9, 8, 1]
>>> id(c)                  #查看 c 的存储地址
55494776                   #发现 c 的地址跟 a 一致，说明 c 不是真正的复制
>>> b=a[:]                 #拷贝一个副本 b，把 a 的所有元素赋值给 b
>>> b
 [3, 2, 5, 4, 9, 8, 1]
>>> id(b)                  #查看 b 的存储地址
55486264                   #发现 b 和 a 地址不同，说明备份成功
```

从上面代码显示的存储地址知道，c 仅仅是 a 的一个标签，并不是真正意义上的复制。不论是 a 改变，还是 c 改变，其实改变的都是同一个地址里的内容，所以互相有影响。只有 b 才是真正意义上的备份。另外，也可以利用函数 copy() 对数据进行备份。

```
>>>a=[1,2]
>>>b=a
>>>c=a.copy()     #对 a 做一个备份
>>>d=a[:]
>>>b
[1, 2]
>>>c
 [1, 2]
>>>d
>>>id(a)
 1532321535816
>>>id(b)
 1532321535816
>>>id(c)
 1532321535560
>>>id(d)
 1532321020616
```

18. Numpy。

```
import numpy as np

lis = [1,2,3,4]
data = [[1,3,2,4],[4,6,0,9]]

a = np.array(lis)
b =np.array([4,6,2,8])
a.ndim #查看数据维度
np.zeros((2,5))#生成全为 0 的 2×5 的数组
np.ones((2,5))#生成全为 1 的 2×5 的数组
np.empty((2,5))#生成不一定全为 0 的 2×5 的数组
np.arange(2,9,2)#start/stop/step
a.reshape(2,2)  #将 a 的数据形状修改为 2 行 2 列
np.linspace(s1,s2,c)#从[s1,s2]中取 c 个值，含 s1\s2，默认 c=50
a.dtype#查看数据类型
a.astype('float32')#转换数据类型为 float32
a.round()#将 a 5 舍 6 入
```

```
a[::-1]#将 a 倒序
a<3  #布尔值索引
a[a<3]#取值
np.dot(A,B)#矩阵 AB 的乘法
a.flatten()#将数据展开成一维，生成一个副本
a.ravel()#将数据展开成一维，原数据被改动
np.concatenate([a,b])#合并 a、b，等同于 axis=0，所有的行加在一起，即增加了一行"合计"
np.concatenate([a,b],axis=1)#合并 a、b，所有的列加在一起，即增加了一列"合计"
np.stack([a,b])#增加维度的叠加
np.unique()#类似于 set
np.sqrt(a)#np.cos(a);np.sin(a)
np.add(a,b)#等同于 a+b
np.subtract(b,a)#a 减 b
np.mod(b,a)#求商，同 b%a
a//b  #求余数
～(a)#求 a 的反
q = np.random.normal(size=(2,5))#产生 2×5 的正态随机分布
np.random.randn(2,5)#产生 2×5 的标准正态随机分布
np.random.randint(min,max,(shape))#在[min,max]上产生 shape 形状的随机自然数
np.random.choice(a)#从 a 中随机选择一个数
np.random.permutation(a)#对 a 乱序
np.random.permutation(len(a))#产生乱序的索引
np.random.seed(n)#重复随机数的种子
q.mean()#同 np.mean(q)
a.sum()
a.sum(axis=1)
a.max()
a.max(axis=1)
a.min()
a.min(axis=1)
a.std()#标准差
a.std(axis=1)
np.median(a)#取中间值
a.cumsum()#累加值
a.cumsum(0)#累加值，即 axis=0
a.cumprod()#累乘
a.cumprod(1)#累乘，即 axis=1
sum(a>2)  #返回 axis=0 上>2 的个数
np.sum(a>2)#返回所有元素>2 的个数
np.any(a>0)#是否有 a>0,返回布尔值
np.all(a>0)#是否所有的值>0
a.sort()
a.sort(axis=0)
np.sort(a)
a.argsort()  #返回排序的索引
a[a.argsort()]#返回排序后的值
a.argmax()  #返回最大值的索引
a.argmin()  #返回最小值的索引
np.where(np.random.randn(4)>0,a,b)#按照条件 c 来选择 a 或者 b,False 选择 a
np.where(data['状态'] == 'Y', True, False)#当状态列中等于"Y"值时，返回 True，否则返
```
回 False

```
np.save('name',a)#将 a 保存到 name
np.load('name.npy')#读取 name
```

## 19. Pandas。

```
import numpy as np
import pandas as pd

s = pd.Series([1,2,3,4])#创建一个索引
s2 = pd.Series([6,3,5,1],index=list('abcd'))
s2.index    #返回所有索引
s2.values   #返回所有的数据值
s1.sort_index()  #对 s1 按索引进行排序
s1.sort_values()  #对 s1 按值进行排序
s2[s2.values == 1].index  #通过值找出索引
s2[['a','d']]   #通过索引找值
s>2
s[s>2]#布尔取值
s.mean()
s.sum()
np.mean(s)
'a' in s   #判断 "a" 是否在 s 当中
s['b'] = np.nan  #赋值为 NaN 的唯一方法
s+s2#索引相同进行相加，不同的补 NaN。要想保留所有的数据，则需使用 .add() 函数

data = pd.DataFrame({'a':[1,2,3,4],'b':list('yubg'),'c':1},index=['first',
'second','third','fourth'])
data.index    #取索引
data.columns  #取所有的列名
data.values   #取所有的值
data['a']  #取列
data.a #取列
data[['a','b']] #取列
data[0:2]#取行
data.loc['first']#取行
data.loc[['first','second']]#按照索引取行
data.loc['first':'third']#按照索引取行，注意包含两端的值
data.loc['first':'third','b':'c']#取块，取 first 到 third 行的 b 到 c 列的数据
data.loc['first':'third','b']
data.iloc[1:3]#取行
data.iloc[1:3,1:]#取行和列

data['d']=[2,3,4,5]
data.last = [2,3,4,5]  #这种点方式是不能增加列的
data.d = 1 #点方式可以修改值
del data['d']  #删除一列
data.drop('fourth')#删除一行，生成副本。dropna()删除空值，drop_duplicates ()删除重复值
data.drop(['first','second'])#删除多行并返回一个副本
data.drop('first',inplace=True)#在源数据上删除

data.drop('a',axis=1)  #删除列
data.loc['fivth']=pd.Series([1,2,3,4],index=list('abcd'))#data 增加一行数据，行索
```

引为 fivth

```
    data.sort_index(ascending=False)#在行的方向上排序，即 axis=0
    data.sort_index(ascending=False,axis=1)#在列的方向上排序，即 axis=1
    data.sort_values(by='a') #按照 a 列进行排序，series 排序一样
    data.sort_values(by=['a','c']) #按照 a、c 列进行排序
    #其实在 pandas 中只要涉及多列多行，都以列表的形式给出

    data.sort_values(by=['a','c'],inplace=True) #修改了原数据

    data.rank() #排名，当有两个相同的值时，取其排名的值，可能会出现小数
    data.rank(method='first')#排名，当出现重复值时先出现的靠前

    data.reindex(columns=['b','a','c'])#对列按照指定的顺序排序

    data.head()#默认查看数据的前 5 条。查看前 100 条数据：data.head(100)
    data.tail()#默认查看数据的后 5 条
    data.describe()#查看 data 的数据统计描述
    data.sum()    #求 data 各列的和
    data.sum(1)    #这里的 1 也可以写成 axis=1
    data.mean()    #求 data 各列的平均值
    data.a.idxmax()#返回 a 列的最大值索引
    data.a[data.a.idxmax()] #返回 a 列的最大值
    data.a.unique()#返回唯一值，功能类似于 set()
    data.a.value_counts() #统计 a 列的数值频率
    data.pct_change()#上一行相当于下一行的百分比情况
    data.cumsum()#累计求和
    data.corr()#相关系数
    data.corrwith(data.a)#与 a 列的相关系数


    data = pd.read_csv('name.csv') #读取当前路径下的文件 name.csv
    #pd.read_csv('name.csv',sep=',') #读取当前路径下的文件 name.csv 以逗号为分隔符
    #pd.read_csv('name.csv',header=None)#没有头部
    #pd.read_csv('name.csv',names=[...])#添加头部
    #pd.read_csv('name.csv',index_col='a')#将 a 列作为索引
    #pd.read_csv('name.csv',nrows=3)#读取三行
    pd.read_table('name.csv',sep=',')#也可以用 read_table 读取 csv 文件
    data.describe() #查看数据的统计描述

    data.to_csv('name.csv') #保存为 csv
    data.to_csv('name.csv', index=False) #保存为 csv，不保留 index 列

    data = pd.read_excel('name.xlsx')
    data = pd.read_excel('name.xlsx', sheetnames='sheet1')
    data.to_excel('name.xlsx') #保存为 Excel 文件

    data1 = pd.DataFrame({'a':[1,2,3],'b':[4,3,2]})
    data2 = pd.DataFrame({'a':[1,4,3],'c':[6,5,1]})
    pd.merge(data1,data2)#默认合并的是两个数据框的交集，若没有相同的数据匹配，则返回空，类似于
Excel 的 vlookup
    data2.rename(columns={'c':'b'}, inplace = True)
```

```
#修改列名，把列名 c 换成 b，inplace=True 表示在原数据上直接修改
data2.columns=['a','b'] #作用同上，修改列名
pd.merge(data1,data2,on='a')#如果 data1 和 data2 的列名都相同，则可以指定列名匹配，如 b 列
df = pd.merge(data1,data2,left_on="a",right_on="a")#如果 data1 和 data2 列名都不相同，
则可以指定列名匹配，left_on="a1",right_on="a2"


pd.merge(data1,data2, how='innter')#innter 显示 data1 和 data2 的交集，outer 显示并集，
对于没有的则显示 NaN
pd.merge(data1,data2, how='right')#显示以右边的为准，即右边全部显示


pd.merge(data1,data2,left_index=True,right_index=True,how='outer')#按照索引链接
data1.join(data2)#类似于 merge 的 how='right'
data1.assign(e=np.arange(4))#直接增加列 "e"。等同于 data1['e']=np.arange(4)
pd.concat([data1,data2], ignore_index=True)#增加行，即叠加记录


df=pd.DataFrame({'a':[1,1,2,5,1,2],'b':list('yubg12')})
df.a.duplicated()#筛选出重复值为 True
df[df.a.duplicated()]#显示重复值
df[~df.a.duplicated()]#显示不重复值，即删除重复之后的数据
df.drop_duplicates()  #删除重复值
df.drop_duplicates(['a','b'])  #删除 a、b 列都相同的重复值


df = df.replace(1,np.nan)#将 df 中的 1 替换为 NaN
df.replace(['y','u'],0)#将 df 中的 y、u 替换为 0，也可以单个替换：[0,1]
df.b = df.b.replace('1','yubg')#将 df 中的 "1" 替换为 NaN


df.isnull()#检测是否含有空值
df.dropna()#删除所有空值行
df.dropna(how='all')#删除行中所有值为空值的行
df.dropna(how='all',axis=1)#删除所有值为空值的列
df.dropna(how='any',axis=0)#删除包含空值的行，也可以 df.where(df!=np.nan).dropna()


df.fillna(0)#将所有的 nan 用 0 填充
df.fillna({'a':0,'b':10})#按照填充要求进行填充
df.fillna({'a':0,'b':10},inplace=True)#在原数据上替换
df.a.fillna(df.a.mean())#用 a 列的均值填充 a 列的 nan
df.b.str.replace('y','Y')  #替换元素中字符串
df.b.str.contains('u')      #寻找包含 u 字符的行
df[df.b.str.contains('u')] #显示所有包含 u 字符的行


df.b.str.upper()#b 列所有字符大写
df.b.str.split('u')#把 b 列中的元素按照 u 字符切割


dic = {'yubg':66001,'jerry':66001,'cd':66003}
data = pd.Series(['yubg','jerry','cd'])
data.map(dic)   #map 方法仅针对 series


df0 = pd.DataFrame(np.random.randn(5,4),columns=list('abcd'))
df0.apply(lambda x: x.max()-x.min())  #apply 针对 dataframe，类似 map
df0.apply(lambda x: x.max()-x.min(),axis=1)
```

```
df0>0        #筛选 df0 中大于 0 的数据, 返回布尔值
df0[df0>0]#取筛选后的值
sum(df0.a>0)#统计 a 列大于 0 的值的个数
df0[df0>0].dropna(how='all')  #将所有的 nan 行删除,也可以将所有的 nan 列删除: axis=1
df0[~(df0>0).a]#删除大于 0 的行的方法。先找出大于 0 的布尔值, 取反, 再取值。


#【数据分段】
data = pd.DataFrame(np.random.randint(1,50,(20,2)),columns=['a','b'])
bins = [0,10,20,30,40,50]   #将数据分为 5 段
pd.cut(data.a,bins) #显示 a 列属于哪个数据段, 默认分段是左开右闭
pd.cut(data.a,bins).value_counts()#统计各个段内分布的数据个数
pd.cut(data.a,bins,right=False)  #设置数据段为左闭右开


df2 = np.random.randn(100)
pd.cut(df2,5).value_counts()#按照给定来分为 5 段, 且是等距离分段, 即每段的长度一样
pd.qcut(df2,5).value_counts()#按照给定来分为 5 段, 每段分得相同的数据个数, 每段的长度不一
定等长
pd.get_dummies(data.louceng)  #对数据进行独热编码
```

## 20. 绘图与数据可视化。

```
import matplotlib.pyplot as plt
x = list(range(0,10))
y = np.arange(0,1,0.1)
y1 =np.random.randn(10)


plt.plot(x,y) #画折线图
plt.show()#显示图形。在 notbook 中, 也可使用魔术函数%matplotlib inline


plt.bar(x,y)#画柱形图
plt.barh(x,y)#画横向柱形图
plt.scatter(x,y,marker='^')#画散点图


plt.bar(x,y)
plt.bar(x,y1,bottom=y)#叠加柱形图


plt.plot(y,linestyle='--',linewidth=2,color='r',marker='^')#x 参数默认, 也可简写成
plt.plot(x,y,st='--',lwh=2,c='r',marker='^')


plt.plot?  #查看参数情况、线型等
plt.rcParams['font.sans-serif']='SimHei'
plt.plot(x,y,'-b',x,y1,'r--')
plt.title("this's a title")#可以再加 2 个参数, 控制字体大小和距离的高度:
fontsize=18,y=1.05
plt.title("this's a title",fontsize=18,y=1.05)  #标题
plt.xlabel('X_data') #x 轴标注
plt.ylim(-3,2)   #显示 y 轴标尺范围
plt.axis([-2,8,-3.2,3])#设置 xy 轴显示的范围
plt.xticks([-1,0,8],['a','b','最大'])#在 x 轴指定的刻度处标注


x = np.linspace(-np.pi,np.pi,256,endpoint=True)
y1 = np.sin(x)
y2 = np.cos(x)
plt.plot(x,y1,label='sin')
```

```
plt.plot(x,y2,label='cos')
plt.legend(loc=2)#loc 表示示例的放置位置

plt.figure(figsize=(12,10))
plt.subplot(2,2,1)#在一行两列的（1，1）位置上画图
plt.plot(x,y1)
plt.subplot(2,2,2)#在一行两列的（1，2）位置上画图
plt.bar(x,y2)
plt.subplot(2,1,2)#第二行整行
plt.boxplot(x)#箱型图，体现最值、中值、四分位值

y=[1,2,3,5,4,2,6,7,8,3,1,5,3,1]
bins = 4
plt.hist(y,bins)#hist 可以画出数据分布情况直方图，但需要给出所需要分的段数，显示在每段上的
分布情况

import matplotlib as mpl
mpl.rcParams['font.size'] = 24.0  #设置整个图形中的标题等标签字体的大小
y=[1,2,3,5,4,2,6,7,8,3,1,5,3,1]
y0 = pd.value_counts(y) #统计 list 中元素出现的次数
plt.figure(figsize=(12,10))
plt.pie(y0,labels=y0.index,autopct='%3.1f%%',explode=[0,0,0,0,0,0,0,0.2])
#autopct 指定显示的百分数小数位数，explode 表示所有的数据块从整体中突出显示，数字越大，显示越明显
plt.grid(True)
plt.axis('equal')

#pandas 可视化数据
import numpy as np
from pandas import DataFrame
from pandas import Series
df = DataFrame({'age':Series([26,85,np.nan,65,85,35,65,34,30]),
'name':Series(['Yubg','John','Jerry','Cd','John','Jytreh','RDmuhanmod','THank
esdrf','DC'])})

df.age.isnull()#找出空缺值的布尔值
df[df.age.isnull()]#显示空缺值
df[~df.age.isnull()]#删除空缺值

#pandas 绘图
df.plot(x='name',y='age',rot=40,color='r')
plt.axhline(40,color='g')#画水平线

df.age.plot.pie(figsize=(10,10),autopct='%.1f%%')#画饼图，百分比保留 1 位有效数字

df.age[-5:].plot.bar(rot=40,color='r')#画出 age 列的最后 5 个数据的柱形图

df.age.plot.hist(bins=3)#画出 age 分 3 个段的数据分布图

xx=np.round(np.random.randn(1000),2)
yy=np.random.randint(1,10000,1000)
```

```
df0 = pd.DataFrame({'x':xx,'y':yy})
df0.plot.scatter(x='x',y='y')#做 x 和 y 两列的散点图

df.groupby('name')['age'].mean()
df.groupby('name')['age'].sum()
df.stack()  #对表格进行重排，stack()是 unstack()的逆操作
df.unstack() #unstack()针对索引进行操作，pivot()针对值进行操作
```

## B. 数据操作与分析函数速查

在这个速查手册中，可以使用如下缩写。

df：任意的 Pandas DataFrame 对象。

s：任意的 Pandas Series 对象。

同时我们需要做如下的引入。

```
import pandas as pd
import numpy as np
```

### 1. 导入数据

- pd.read_csv(filename)：从 CSV 文件导入数据。
- pd.read_table(filename)：从限定分隔符的文本文件导入数据。
- pd.read_excel(filename)：从 Excel 文件导入数据。
- pd.read_json(json_string)：从 JSON 格式的字符串导入数据。
- pd.read_html(url)：解析 URL、字符串或者 HTML 文件，抽取其中的 tables 表格。
- pd.read_clipboard()：从粘贴板获取内容，并传给 read_table()。
- pd.DataFrame(dict)：从字典对象导入数据，Key 是列名，Value 是数据。

### 2. 导出数据

- df.to_csv(filename)：导出数据到 CSV 文件。
- df.to_excel(filename)：导出数据到 Excel 文件。
- df.to_json(filename)：以 Json 格式导出数据到文本文件。

### 3. 创建测试对象

- pd.DataFrame(np.random.rand(20,5))：创建 20 行 5 列的随机数组成的 DataFrame 对象。
- pd.Series(my_list)：从可迭代对象 my_list 创建一个 Series 对象。
- df.index = pd.date_range('1900/1/30', periods=df.shape[0])：增加一个日期索引。

### 4. 查看、检查数据

- df.head(n)：查看 DataFrame 对象的前 *n* 行。
- df.tail(n)：查看 DataFrame 对象的最后 *n* 行。
- df.shape()：查看行数和列数。
- df.info()：查看索引、数据类型和内存信息。

- df.describe()：查看数值型列的汇总统计。
- s.value_counts(dropna=False)：查看 Series 对象的唯一值和计数。
- df.apply(pd.Series.value_counts)：查看 DataFrame 对象中每一列的唯一值和计数。

### 5. 数据选取

- df[col]：根据列名，并以 Series 的形式返回列。
- df[[col1, col2]]：以 DataFrame 形式返回多列。
- s.iloc[0]：按位置选取数据。
- s.loc['index_one']：按索引选取数据。
- df.iloc[0,:]：返回第一行。
- df.iloc[0,0]：返回第一列的第一个元素。
- df.values[:,:-1]：返回除了最后一列的其他列的所有数据。
- df.query('[1, 2] not in c')：返回 c 列中不包含 1 和 2 的其他数据集。

### 6. 数据清理

- df.columns = ['a','b','c']：重命名列名。
- pd.isnull()：检查 DataFrame 对象中的空值，并返回一个 Boolean 数组。
- pd.notnull()：检查 DataFrame 对象中的非空值，并返回一个 Boolean 数组。
- df.dropna()：删除所有包含空值的行。
- df.dropna(axis=1)：删除所有包含空值的列。
- df.dropna(axis=1,thresh=n)：删除所有小于 $n$ 个非空值的行。
- df.fillna(x)：用 x 替换 DataFrame 对象中所有的空值。
- s.astype(float)：将 Series 中的数据类型更改为 float 类型。
- s.replace(1,'one')：用 "one" 代替所有等于 1 的值。
- s.replace([1,3],['one','three'])：用 "one" 代替 1，用 "three" 代替 3。
- df.rename(columns=lambda x: x + 1)：批量更改列名。
- df.rename(columns={'old_name': 'new_ name'})：选择性更改列名。
- df.set_index('column_one')：更改索引列。
- df.rename(index=lambda x: x + 1)：批量重命名索引。

### 7. 数据处理：sort、groupby、filter

- df[df[col] > 0.5]：选择 col 列的值大于 0.5 的行。
- df[(3 <= df['tim_int']) & (df['tim_int'] < 5)]：显示 tim_int 列在[3, 5)区间段内的数据。
- df.sort_values(col1)：按照列 col1 排序数据，默认升序排列。
- df.sort_values(col2, ascending=False)：按照列 col1 降序排列数据。
- df.sort_values([col1,col2], ascending=[True,False])：先按列 col1 升序排列，再按 col2 降序排列数据。
- df.groupby(col)：返回一个按列 col 进行分组的 groupby 对象。
- df.groupby([col1,col2])：返回一个按多列进行分组的 groupby 对象。

- df.groupby(col1)[col2]：返回按列 col1 进行分组后，列 col2 的均值。
- df.pivot_table(index=col1, values=[col2,col3], aggfunc=max)：创建一个按列 col1 进行分组，并计算 col2 和 col3 的最大值的数据透视表。
- df.groupby(col1).agg(np.mean)：返回按列 col1 分组的所有列的均值。
- data.apply(np.mean)：对 DataFrame 中的每一列应用函数 np.mean。
- data.apply(np.max,axis=1)：对 DataFrame 中的每一行应用函数 np.max。
- s.unique()：取出 s 中的不同的值，类似于 set()。
- filter(f, S)：将条件函数 f 作用在序列 S 上，符合条件函数的则输出。
- map(f, S)：将函数 f 作用在序列 S 上。对序列中每个元素进行同样的操作。
- reduce(f(x,y), S)：将序列 S 中的第 1、2 个数用二元函数 f(x,y)作用后的结果与第 3 个数继续用 f(x,y)作用直到最后。

### 8. 数据合并

- df1.append(df2)：将 df2 中的行添加到 df1 的尾部。
- df.concat([df1, df2],axis=1)：将 df2 中的列添加到 df1 的尾部。
- df1.join(df2,on=col1,how='inner')：对 df1 的列和 df2 的列执行 SQL 形式的 join。

### 9. 数据统计

- df.describe()：一次性输出多个描述性统计指标。
- df.mean()：返回所有列的均值。
- df.corr()：返回列与列之间的相关系数。
- df.count()：返回每一列中的非空值的个数。
- df.max()：返回每一列的最大值。
- df.min()：返回每一列的最小值。
- df.median()：返回每一列的中位数。
- df.std()：返回每一列的标准差。
- df.idxmin()：最小值的位置，类似于 R 中的 which.min 函数。
- df.idxmax()：最大值的位置，类似于 R 中的 which.max 函数。
- df.quantile(0.1)：10%分位数。
- df.sum()：求和。
- df.median()：中位数。
- df.mode()：众数。
- df.var()：方差。
- df.std()：标准差。
- df.mad()：平均绝对偏差。
- df.skew()：偏度。
- df.kurt()：峰度。
- df.groupby('sex').sum()：分组统计。

## C. 操作 MySQL 库

Python 中操作 MySQL 的模块是 pymysql，在操作 MySQL 库时，需要安装 pymysql 模块。目前 Python3.x 仅支持 pymysql，对 MySQLdb 模块不支持。安装 pymysql 命令为 pip install pymysql。

在 Python 编辑器中输入 import pymysql，如果编译未出错，则表示 pymysql 安装成功，如附图 C-1 所示。

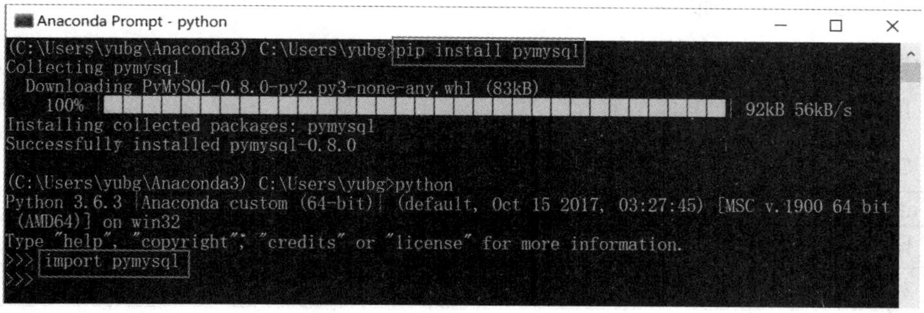

附图 C-1　安装 pymysql

### 1. 对 MySQL 的连接与访问

在新版的 Pandas 中，主要是以 sqlalchemy 方式与数据库建立连接，支持 MySQL、PostgreSQL、Oracle、MS SQLServer、SQLite 等主流数据库。

```python
import pymysql

#连接数据库
conn = pymysql.connect(host='192.168.1.152',  #访问地址
        port= 3306,           #访问端口
        user = 'root',        #登录名
        passwd='123123',      #访问密码
        db='test')            #库名

#创建游标
cur = conn.cursor()

#查询 test 库的 lcj 表中存在的数据
cur.execute("select * from lcj")

#fetchall:获取 lcj 表中所有的数据
ret1 = cur.fetchall()
print(ret1)

#获取 lcj 表中前三行数据
ret2 = cur.fetchmany(3)
print(ret2)
```

```
#获取 lcj 表中第一行数据
ret3= cur.fetchone()
print(ret3)

#关闭指针对象
cur.close()

#关闭连接的数据库
conn.close()
```

### 2．对 MySQL 的增删改查

现有以下 MySQL 数据库 test，如附表 C-1 所示，其数据表为 user1，现对数据表利用 Python 进行增、删、改、查的操作。

附表 C-1                               test 数据库 user1 数据表

| id | username | password |
|----|----------|----------|
| 1 | 张三 | 333333 |
| 2 | 李四 | 444444 |
| 3 | 刘七 | 777777 |
| 4 | 赵八 | 888888 |

（1）查询操作。

Python 查询 MySQL 使用 fetchone()方法获取单条数据，使用 fetchall()方法获取多条数据。

fetchone()：该方法获取下一个查询结果集。结果集是一个对象。

fetchall()：接收全部的返回结果行。

rowcount：这是一个只读属性，并返回执行 execute()方法后影响的行数。

```
import pymysql    #导入 pymysql

#打开数据库连接
db= pymysql.connect(host="localhost",
                    user="root",
                    password="123456",
                    db="test",
                    port=3307)

# 使用 cursor()方法获取操作游标
cur = db.cursor()

# 编写 SQL 查询语句，user1 为 test 库中的表名
sql = "select * from user1"
try:
    cur.execute(sql)                #执行 SQL 语句

    results = cur.fetchall()        #获取查询的所有记录
    print("id","name","password")
    #遍历结果
```

```
    for row in results :
        id = row[0]
        name = row[1]
        password = row[2]
        print(id,name,password)
except Exception as e:
    raise e
finally:
    db.close()   #关闭连接
```

（2）插入操作。

```
import pymysql
db= pymysql.connect(host="localhost",
                    user="root",
                    password="123456",
                    db="test",
                    port=3307)

# 使用cursor()方法获取操作游标
cur = db.cursor()

sql_insert ="insert into user1(id,username,password) values(4,'孙二','222222')"

try:
    cur.execute(sql_insert)
    db.commit()   #提交到数据库执行
except Exception as e:
    # 如果发生错误，则回滚
    db.rollback()
finally:
    db.close()
```

向 user1 表中插入一条记录：id=4,username='孙二',password='222222'。
上面代码中的 sql_insert 语句也可写成如下形式。

```
# SQL 插入语句
sql_insert = "INSERT INTO user1(id, username, password) \
        VALUES ('%d', '%s', '%s' )" % (4, '孙二', '222222')
```

（3）更新操作。

```
import pymysql
db= pymysql.connect(host="localhost",
                    user="root",
                    password="123456",
                    db="test",
                    port=3307)

# 使用cursor()方法获取操作游标
cur = db.cursor()

sql_update ="update user1 set username = '%s' where id = %d"

try:
    cur.execute(sql_update % ("xiongda",3))   #向sql语句传递参数
```

```
    db.commit()   #提交
except Exception as e:
    #错误提示返回
    db.rollback()
finally:
    db.close()
```

更新了 user1 表中 id=3 的记录 username：xiongda。

（4）删除操作。

```
import pymysql
db= pymysql.connect(host="localhost",
                    user="root",
                    password="123456",
                    db="test",
                    port=3307)


# 使用 cursor()方法获取操作游标
cur = db.cursor()


sql_delete ="delete from user1 where id = %d"


try:
    cur.execute(sql_delete % (3))   #向 SQL 语句传递参数
    db.commit()
except Exception as e:
    #错误提示返回
    db.rollback()
finally:
    db.close()
```

删除了表 user1 中 id=3 的记录。

### 3．创建数据库表

如果数据库连接存在，我们可以使用 execute()方法来为数据库创建表，如下所示创建表 YUBG。

```
import pymysql
db= pymysql.connect(host="localhost",
                    user="root",
                    password="123456",
                    db="test",
                    port=3307)


# 使用 cursor()方法创建一个游标对象 cursor
cursor = db.cursor()


# 使用 execute()方法执行 SQL，如果表存在，则删除
cursor.execute("DROP TABLE IF EXISTS YUBG")


# 使用预处理语句创建表
```

```
sql = """CREATE TABLE YUBG (
        Name  CHAR(20) NOT NULL,
        Nickname  CHAR(20),
        Age INT,
        Sex CHAR(1),
        Income FLOAT )"""

cursor.execute(sql)

# 关闭数据库连接
db.close()
```

## D．Pyecharts 本地挂载 js 静态文件方法

根据网站最新资源引用说明，Pyecharts 使用的所有静态资源文件存放于 pyecharts-assets 项目中，默认挂载在 https://assets.pyecharts.org/assets/ 上，所以 pyecharts 生成的图表默认会从该网站挂载 js 静态文件（echarts.min.js），但很多的项目有可能为离线项目，也很有可能网速不佳，这就造成打开生成的网页图表不能正常显示数据图，所以我们不希望在远端挂载 js，而是下载到本地，让打开数据图表网页从本地挂载 js 静态文件进行渲染。

Pyecharts 从本地挂载 js 的方法如下，分为两步。

第一步，下载 js 静态文件（echarts.min.js），并放置在合适的路径下（可以任意路径）。

通过 ECharts 官网下载 echarts.min.js。下载界面如附图 D-1 所示。

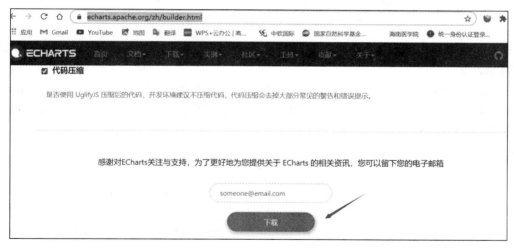

附图 D-1　echarts.min.js 下载界面

将下载好的 echarts.min.js 放到合适的位置，如果没有特殊的要求，可直接放在 c:/Users/yubg 路径下，如附图 D-2 所示。

第二步，代码中导入 CurrentConfig 模块并设置 echarts.min.js 路径。

接下来在写代码时导入配置模块并进行 echarts.min.js 路径设置即可，导入模块如下：

```
from pyecharts.globals import CurrentConfig
CurrentConfig.ONLINE_HOST = "c:/Users/yubg/"
```

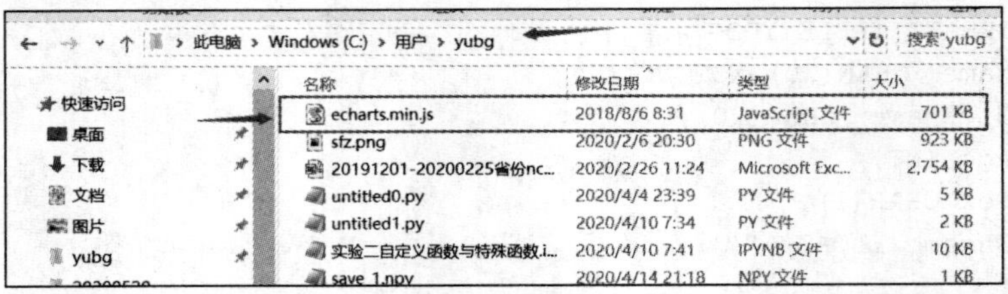

附图 D-2　echarts.min.js 文件

注意：路径最后要带上"/"。

这里给出一个完整的饼图案例：

```
from pyecharts.charts import Page, Pie
from pyecharts.globals import ThemeType
from pyecharts import options as opts

from pyecharts.globals import CurrentConfig
CurrentConfig.ONLINE_HOST = "c:/Users/yubg/"

name = ['草莓','芒果','葡萄','雪梨','西瓜','柠檬','车厘子']
value = [23,32,12,13,10,24,56]
data = [tuple(z) for z in zip(name, value)]

pie = (Pie()
       .add("",data)
       .set_global_opts(title_opts={"text":"Pie 示例", "subtext":"（副标题）"})
       )
pie.render('aaaa.html')
```

不过这种处理方式，有时候 pie.render_notebook()这句代码并不能让图直接在 ipynb 编辑页面显示。

注意：导入 Current Config 模块并设置 echarts.min.js 路径时，最好在启动 Jupyter Notebook 时就执行。当中途才需要执行使用本地加载 js 时，则需要重启服务。以 Jupyter Notebook 为例，在 Jupyter Notebook 菜单栏 Kernel 中重启 Restart，如附图 D-3 所示。

附图 D-3　重启服务

所以这种本地方式加载 js 需要第一次启动服务时，需要加载第二步中的两行代码导入 CurrentConfig 模块和设置路径。

278

## 参 考 文 献

[1] 余本国，基于 Python 的大数据分析基础及实战[M]．北京：中国水利水电出版社, 2018.

[2] 余本国，Python 数据分析基础[M]．北京：清华大学出版社, 2017.

[3] 余本国，孙玉林，Python 在机器学习中的应用[M]．北京：中国水利水电出版社, 2019.